远方旅游

JOURNEY TO HEART

江苏省“十四五”职业教育规划教材

中等职业教育专业技能课教材

中等职业教育中餐烹饪专业系列教材

烹饪原料与加工工艺

PENGREN YUANLIAO YU JIAGONG GONGYI（第 2 版）

主　　编　苏爱国

副 主 编　钱小丽　许　磊　穆　波　陈国春

参　　编　李心芯　许文广　闵二虎　张　瑜

高恩奎　仇杏梅　陈胜振　林海明

重庆大学出版社

内容提要

本书主要介绍了烹饪原料基础知识，谷物类、蔬菜类、果品类、菌藻类、家畜类、家禽类、水产类等原料的品种、烹调应用和加工技术，以及调辅料、刀工基础知识、鲜活原料的加工技术等内容。其主要特点为：浅显易懂，理实一体，实用性强。本书的读者对象为中餐烹饪专业中职学生，本书也可作为科普读物，面向大众群体。

图书在版编目（CIP）数据

烹饪原料与加工工艺 / 苏爱国主编. -- 2版. -- 重庆：重庆大学出版社，2023.1 (2025.5重印)
中等职业教育中餐烹饪专业系列教材
ISBN 978-7-5624-8901-6

Ⅰ. ①烹… Ⅱ. ①苏… Ⅲ. ①烹饪—原料—加工—中等专业学校—教材 Ⅳ. ①TS972.111

中国版本图书馆CIP数据核字（2021）第244337号

中等职业教育中餐烹饪专业系列教材
烹饪原料与加工工艺（第2版）
主　编　苏爱国
副主编　钱小丽　许　磊　穆　波　陈国春
参　编　李心芯　许文广　闵二虎　张　瑜
　　　　高恩奎　仇杏梅　陈胜振　林海明
责任编辑：沈　静　　版式设计：沈　静
责任校对：王　倩　　责任印制：张　策
*
重庆大学出版社出版发行
出版人：陈晓阳
社址：重庆市沙坪坝区大学城西路21号
邮编：401331
电话：（023）88617190　88617185（中小学）
传真：（023）88617186　88617166
网址：http://www.cqup.com.cn
邮箱：fxk@cqup.com.cn（营销中心）
全国新华书店经销
重庆升光电力印务有限公司印刷
*
开本：787mm×1092mm　1/16　印张：16.25　字数：419千
2015年7月第1版　2023年1月第2版　2025年5月第11次印刷
印数：29 001—32 000
ISBN 978-7-5624-8901-6　定价：59.00元

中等职业教育中餐烹饪专业系列教材

主要编写学校

北京市劲松职业高中

北京市外事学校

上海市商贸旅游学校

上海市第二轻工业学校

广州市旅游商务职业学校

江苏旅游职业学院

扬州大学旅游烹饪学院·食品科学与工程学院

河北师范大学旅游学院

青岛烹饪职业学校

海南省商业学校

宁波市鄞州区古林职业高级中学

云南省通海县职业高级中学（玉溪烹饪学校）

安徽省徽州学校

重庆市旅游学校

重庆商务职业学院

2012年3月19日教育部职业教育与成人教育司印发《关于开展中等职业教育专业技能课教材选题立项工作的通知》（教职成司函〔2012〕35号），我社高度重视，根据通知精神认真组织申报，与全国40余家职教教材出版基地和有关行业出版社积极竞争。同年6月18日教育部职业教育与成人教育司致函（教职成司函〔2012〕95号）重庆大学出版社，批准重庆大学出版社立项建设中餐烹饪专业中等职业教育专业技能课教材。这一选题获批立项后，作为国家一级出版社和教育部职教教材出版基地的重庆大学出版社珍惜机会，统筹协调，主动对接全国餐饮职业教育教学指导委员会（以下简称"全国餐饮行指委"），在编写学校邀请、主编遴选、编写创新等环节认真策划，投入大量精力，扎实有序推进各项工作。

在全国餐饮行指委的大力支持和指导下，我社面向全国邀请了中等职业学校中餐烹饪专业教学标准起草专家、餐饮行指委委员和委员所在学校的烹饪专家学者、一线骨干教师，以及餐饮企业专业人士，于2013年12月在重庆召开了"中等职业教育中餐烹饪专业立项教材编写会议"，来自全国15所学校30多名校领导、餐饮行指委委员、专业主任和一线骨干教师参加了会议。会议依据《中等职业学校中餐烹饪专业教学标准》，商讨确定了25种立项教材的书名、主编人选、编写体例、样章、编写要求，以及配套电子教学资源制作等一系列事宜，启动了书稿的撰写工作。

2014年4月为解决立项教材各书编写内容交叉重复、编写体例不规范统一、编写理念偏差等问题，以及为保证本套立项教材的编写质量，我社在北京组织召开了"中等职业教育中餐烹饪专业立项教材审定会议"。会议邀请了时任全国餐饮行指委秘书长桑建先生、扬州大学旅游烹饪学院路新国教授、北京联合大学旅游学院副院长王美萍教授和北京外事学校高级教师邓柏庚组成审稿专家组对各本教材编写大纲和初稿进行了认真审定，对内容交叉重复的教材在编写内容划分、表述侧重点等方面做了明确界定，要求各门课程教材的知识内容及教学课时，要依据全国餐饮行指委研制、教育部审定的《中等职业学校中餐烹饪专业教学标准》严格执行，配套各本教材的电子教学资源坚持原创、尽量丰富，以便学校师生使用。

本套立项教材的书稿按出版计划陆续交到出版社后，我社随即安排精干力量对书稿的编辑加工、三审三校、排版印制等环节严格把关，精心安排，以保证教材的出版质量。此套立项教材第 1 版于 2015 年 5 月陆续出版发行，受到了全国广大职业院校师生的广泛欢迎及积极选用，产生了较好的社会影响。

在此套立项教材大部分使用 4 年多的基础上，为适应新时代要求，紧跟烹饪行业发展趋势和人才需求，及时将产业发展的新技术、新工艺、新规范纳入教材内容，经出版社认真研究于 2020 年 3 月整体启动了此套教材的第 2 版全新修订工作。第 2 版修订结合学校教材使用反馈情况，在立德树人、课程思政、中职教育类型特点，以及教材的校企“双元”合作开发、新形态立体化、新型活页式、工作手册式、1+X 书证融通等方面做出积极探索实践，并始终坚持质量第一，内容原创优先，不断增强教材的适应性和先进性。

在本套教材的策划组织、立项申请、编写协调、修订再版等过程中，得到教育部职成司的信任、全国餐饮行指委的指导，还得到众多餐饮烹饪专家、各参编学校领导和老师们的大力支持，在此一并表示衷心感谢！我们相信此套立项教材的全新修订再版会继续得到全国中职学校烹饪专业师生的广泛欢迎，也诚恳希望各位读者多提改进意见，以便我们在今后继续修订完善。

重庆大学出版社

2021 年 7 月

前言

（第2版）

2014年，《中等职业学校中餐烹饪专业教学标准》正式颁布，《烹饪原料与加工工艺》根据教学标准编写，第1版于2015年出版。

《烹饪原料与加工工艺》第1版与其他同类教材相比，在编排上主要具有以下两个显著特征：一是简洁明快，理论知识以够用为主，对烹饪原料的生物学知识、生物化学知识、制品原料的加工原理等内容的介绍较少涉及；二是点、面结合精选内容，教材在内容的选择上，让学生较为全面地掌握烹饪原料的共性知识，对具体原料的选择注重实用性和典型性的结合，力求保证学生在有限的课时内掌握必备的知识。截至2022年9月，本书累计印刷8次，受到广大师生的普遍欢迎。

考虑到第1版教材出版距今已有7年多，而在2020年，全国人大常委会通过《全国人民代表大会常务委员会关于全面禁止非法野生动物交易、革除滥食野生动物陋习、切实保障人民群众生命健康安全的决定》（以下简称《决定》）。《决定》回应各方关切，确立了全面禁止食用野生动物的制度，从源头上防范和控制重大公共卫生安全风险。民以食为天，食以安为先，食品安全直接关系到人们的生命健康。在此背景下，我们对第1版教材进行了修订。本次修订对部分章节进行了调整，现将修订情况说明如下：

1. 将烹饪原料品质鉴别和储存保鲜部分的基础知识放入绪论部分，不再单作为一个项目。

2. 每一类烹饪原料都增补了品质鉴别和储存保鲜，以此增强学生对烹饪原料使用安全的意识。

3. 家畜、家禽、水产等动物性原料项目增加了原料基础知识，以提高学生对动物性原料的熟悉程度。

本书由江苏旅游职业学院苏爱国担任主编；江苏旅游职业学院钱小丽、许磊，江苏省涟水中等专业学校穆波、扬州会议中心陈国春担任副主编；江苏旅游职业学院李心芯、许文广、闵二虎、张瑜，江苏省宿豫中等专业学校高恩奎，宁波市鄞州区古林职业高级中学仇杏梅，海南省商业学校陈胜振，江苏省涟水中等专业学校林海明参加教材的编写、修订工作。

本书的修订得到了重庆大学出版社和编者所在院校的大力支持，在此表示衷心的感谢！

编 者

2022 年 10 月

（第1版）

随着餐饮行业不断发展，社会需要越来越多的餐饮一线从业者，并且对他们的专业素养和技术水平提出了更高的要求。作为高素质、高技能人才的主要培训途径，中餐烹饪专业职业教育的重要性更加明显。各职业院校都在根据教学标准紧锣密鼓地进行课程改革，努力提高教学质量，与此同时，相关教材的开发则是推进课程改革的重要保障。《烹饪原料与加工工艺》就是在这样的背景下，根据教育部《中等职业学校中餐烹饪专业教学标准》编写完成的，面向中餐烹饪专业中职学生。

随着人们生活水平的提高，餐饮业得到了快速发展，与此同时，也出现不少餐饮企业滥用、错用烹饪原料现象。为了让未来的餐饮工作者能够正确选择、检验、使用烹饪原料，使他们能成为一名合格的厨师，本书就是从这一实际出发，根据学生知识水平的特点，以常用原料为主，图文并茂、深入浅出地介绍烹饪原料的基本知识，体现教材的可读性、科普性。

本书的编写历时两年完成，由江苏省扬州商务高等职业学校苏爱国担任主编；江苏省扬州商务高等职业学校许磊、钱小丽和扬州市会议中心陈国春担任副主编；江苏省扬州商务高等职业学校李心芯、许文广、闵二虎、张瑜，江苏省宿豫中等专业学校高恩奎，宁波市鄞州区古林职业高级中学仇杏梅，海南省商业学校陈胜振等老师参与编写。在教材编写过程中，走访了许多企业的专家、社会的学者，参阅了很多烹饪类教材和书籍，在这里不一一列出，谨表示衷心的感谢。

鉴于作者水平有限，不足之处有待改进，恳请读者和同仁批评指正。

编 者

2015 年 3 月

目录

Contents

目录

Contents

目 录

Contents

情境导入

✧ 中华饮食文化博大精深。受传统饮食习惯的影响，中式菜肴在选用原料时，选料范围十分广泛。除鸡鸭鱼肉、蔬菜水果的常见品种可供食用外，一些特殊的品种也用来制作各种美味佳肴，其中就存在一定的安全问题，所以要正确认识烹饪原料的概念。中式菜肴还讲究原料的综合运用，对于不同部位的原料，可根据其特点分别采用不同的烹饪方法处理，烹饪原料种类丰富，风味各异。只有正确选择原料，才能达到物尽其用的目的。

教学目标

✧ 了解烹饪原料的概念和要求。
✧ 掌握烹饪原料的分类方法。
✧ 了解影响烹饪原料品质的基本因素。
✧ 掌握烹饪原料品质检验的基本要求。
✧ 掌握烹饪原料储存保鲜的基本方法。

任务1　烹饪原料基础知识

1.1.1　烹饪原料的基本概念

烹饪原料，又称食物原料、膳食原料。烹饪原料是指通过烹饪加工可以制作各种主食、菜肴、糕点或小吃的可食性原材料。

1）具有营养价值

烹饪原料的营养价值主要是由烹饪原料中所含营养素的种类和数量决定的。实际上，除极少数调辅原料（如糖精、人工合成色素、防腐剂、琼脂等）不含营养素外，绝大多数烹饪原料都或多或少含有糖类、蛋白质、脂类、维生素、矿物质和水这六大营养素。但在不同的烹饪原料中各类营养素的构成比例差别较大，例如，谷类粮食中含淀粉较多，蔬菜和水果中含维生素和矿物质较多，畜禽肉中含蛋白质较多。

2）具有良好的口感和口味

烹饪原料的口感和口味直接影响菜点成品的质量。因此，即使含有一定量的营养素，但口感和口味极差的不宜用作烹饪原料。

3）具有食用安全性

烹饪原料的食用安全性相对于前两者更为重要，有些动植物体具有营养价值且口感口味良好，但含有有害物质，不能用作烹饪原料，如含有毒素的鱼类、贝类、菌类等。此外，受化学污染或因微生物侵染而变质的原料也不能运用。

总之，作为烹饪原料必须具备营养价值高、口感口味好、食用安全无害等基本条件。此外，还应注意资源情况、是否易于繁殖或栽培等因素。

1.1.2　烹饪原料的应用历史

在历史发展的过程中，饮食文化也在逐渐发展，饮食品种异彩纷呈，这固然与烹饪技艺渐进提高有重要的关系，同时也与烹饪原料的不断丰富密不可分。

1）旧石器和新石器时代的烹饪原料

在这一时期，早期人类与其他动物一样茹毛饮血。经过漫长的实践过程，人类学会了用火制熟食物，由此诞生了烹饪技术，才真正形成了烹饪原料。

在旧石器时代（170万年前—1万年前），人类主要依靠采集、捕获的方式从自然界获取食物。在这一时期的生食阶段，获取的食物主要是植物的果实、种子、块状的根茎、幼嫩的芽叶及小型野生动物等。在这一时期的熟食阶段，人类学会了用火制熟食物，食物范围不断扩大，从这一时期的多处遗迹中发现了许多野生哺乳动物、鸟类、鱼类，以及软体动物的化石，渔猎生活使野生动物性原料成为这一阶段的主要食物。

在新石器时代（1万年前—4 000年前），陶器的发明使蒸煮食物成为现实。人类已不限于以野生动植物为食物，尝试将野生动植物驯化，便产生了原始的养殖业和种植业，进一步使栽培的植物性原料变为主要食物，使野生动植物原料退居次要的地位。据考古资料，在距今七八千年前人类已学会了驯养猪、牛（黄牛、水牛）、羊（绵羊、山羊）、马、犬、鸡等畜禽，种植粟（小米）、稷（黄米）、黍、籼稻等粮食作物，以及白菜、芜菁、芥菜、芋、薯蓣等蔬菜。

2）先秦时代的烹饪原料

在先秦时期诸子百家的著作中，尚未发现饮食专著，但在《诗经》《礼记》《仪礼》等文献中有反映殷商至战国时期我国中部地区对烹饪原料的认识和运用情况的文字材料。

①烹饪原料的种类更加丰富。在《诗经》等文献中所记载的烹饪原料已有140多种。夏、商、周时期，农业生产已占主导地位，种植、养殖提供的烹饪原料已相当丰富，有了所谓的五谷、六谷、八谷、九谷、五菜、五果、五畜、六畜、六禽等概念。

谷物：除了旧石器时代已有的粟、稷、黍、稻外，牟（大麦）、麦、粱（一种优质粟）、菽（大豆）、秬（黑粟）、菰等在食物中的比例逐渐增大。

蔬菜：周代已有了专门种植蔬菜的“圃”。当时种植的蔬菜现在仍普遍食用的有萝卜、蔓菁、芥、韭、葱、蒜、落葵、水芹、莼菜、瓠瓜、菜瓜等；有些现在则较少食用，如冬葵、蜀葵、锦葵、藿（嫩豆叶）、蓼、藜、蘩（白蒿）、荇、苹等。

果品：周代已有了果园。先秦时代的典籍记载的果品已有10余种，如桃、李、梅、杏、樱桃、枣、酸枣、杞(枸杞子)、桑葚、柿、柚、栗、榛等。

畜禽：从周代起，饲养的动物性原料已在动物性原料中占主要地位，如豚、牛、羊、犬、鸡、鸭等；狩猎也是动物性原料的来源之一，如对野猪、野兔、鹿、麝、野鹅、雁、鹌鹑等的捕猎。

水产品：从周代起，鱼、鳖等已成为民间较为常用的食物原料，《诗经》中提到的鱼就有10多种，如鲂、鲤、鲢、鲫等。

调料：先秦时期调和五味的调料和现在的调料不完全相同，调酸味主要用梅，调甜味主要用饴蜜（麦芽糖和蜂蜜），调辛辣味主要用姜（辣椒尚未传入）。此外，酿酒、制醋、制酱技术已有应用。

油脂：在先秦时期很少食用植物油，主要食用动物脂肪，如牛油、猪油、羊油、狗油、狼油等。

②对烹饪原料的优品、珍品有了一定的了解。在《吕氏春秋・本味篇》中记述了伊尹向商汤推荐的中国各地的美食原料，列举了肉、鱼、蔬菜、果品、谷物、调味料中的珍品。

③对烹饪原料的质量鉴别、卫生要求、原料选择的时令等方面的内容，在其他典籍中也有反映。

3）秦汉以后的烹饪原料

在秦汉以后的2 000多年中，烹饪原料的发展进入了鼎盛时期。在这一阶段，烹饪原料的种类发生了很大变化，对烹饪原料的研究、著述逐渐增多，对烹饪原料的认识和利用进入了新的阶段。

（1）烹饪原料的引进

①陆路引进。从汉代通西域到元末为陆路引进时期。在汉代由丝绸之路陆续引进的有胡瓜（黄瓜）、胡豆（蚕豆）、胡桃（核桃）、蒲桃（葡萄）、大蒜、芫荽、石榴等。此外经

越南传入中国的有甘蔗、芭蕉、胡椒等。盛唐时期，我国与外国往来频繁，引进的有莴苣、菠菜、无花果、椰枣等。五代时期，由非洲绕道西伯利亚引进了西瓜。宋元年间，由印度引进了丝瓜、茄子等。

②海路引进。元朝以后，东西方陆路的直接贸易越来越困难，在明代以后主要通过海路交流。从南洋引进了甘薯、玉米、花生、倭瓜（南瓜）、番石榴等，其中许多是从南美原产地经由东南亚而传入的。同时循海路引进了欧洲产的芦笋（石刁柏）、甘蓝，中亚产的洋葱，中南半岛产的苦瓜等。

③计划引进。新中国成立后，积极开展了由国外有计划的引种工作。仅以蔬菜为例，从各国引进的有根用芹菜、根用甜菜（红菜头）、美国防风、美国芹菜、抱子甘蓝、日本南瓜、朝鲜蓟、苦叶生菜、网纹甜瓜等数十种。

（2）烹饪原料的良种选育

在我国运用的烹饪原料中，凡是运用历史比较悠久、运用范围比较广的原料都有比较多的品种，这固然与自然适应和选择有一定关系，但主要是人工选育和改良的结果。秦汉以后，劳动人民致力于对已经运用的烹饪原料进行品种改良，积累了丰富的经验，培育了许多优良品种。特别是在20世纪中期以后，生物遗传育种技术的发展与运用，使高产优质的烹饪原料品种更加丰富。仅以稻为例，我国已收集到的地方品种资料达3 500余份；在粮食、蔬菜、果品、家畜、家禽中的许多原料也同样具有很多品种。

（3）野生原料的人工驯化

秦汉以后，野生烹饪原料的资源逐渐减少，人工驯化工作逐渐加强。对食用藻、食用菌、蔬菜的人工栽培，对兽类、鸟类、两栖爬行类、鱼类、海参、虾、蟹、贝类的人工养殖，都已取得巨大的成功。

（4）生鲜原料的再制加工

秦汉以后，加工性原料的种类更加丰富。加工性原料是利用腌渍、干制等方法对生鲜原料进行再制加工而成的，它们不仅丰富了烹饪原料的种类，而且提高了原料的储藏性能，改善了原料的风味特点。加工的方法有腌、渍、腊、熏、干、发酵等；加工的原料有粮食、蔬菜、果品、肉类、水产品等。因此加工制品按加工方法分，有腌制品、干制品、糟制品等；按原料分，有粮食制品、蔬菜制品、肉制品、蛋制品、奶制品、水产制品等。其中许多是具有中国烹饪特色的原料，如豆腐、面筋、粉丝、中式火腿、松花蛋、干制海参、干制鱼翅等；还形成了许多地方名产，如仅比较著名的中式火腿就有10余种。

（5）烹饪原料的淘汰与替代

自秦汉以后，有一些在先秦时期运用的原料已被逐渐淘汰或极少运用。有些原料是因为资源减少而不再运用，如犴鼻、象鼻、豹胎、单峰驼的驼峰、麋鹿、野马、锦鸡、褐马鸡等；有些原料是因为质量较差而被质优的原料代替，如小麦和稻等粮食取代了先秦时的菰米、沙蓬米、稗、麻籽等；品质好的蔬菜取代了先秦时的藿（大豆叶）、葵（冬葵）、韭等。调料和辅料也发生了变化，醋代替了梅汁，蔗糖代替了蜂蜜，辣椒成为主要辣味调料，植物油取代了动物油的主要地位。

总之，在不同的历史时期，由于生产力发展水平和科技水平不同，人们对烹饪原料的认识和利用情况也不相同，但总的趋势是：烹饪原料的种类随历史的发展而不断丰富。

1.1.3 烹饪原料资源的利用和保护

1）烹饪原料的开发利用仍具有较大的潜力

植物学家估计，地球上生长着可供人类食用的植物约有75 000种，但只有约3 000种被人们尝试过，人工栽培的只有200种左右。其中，我国已报道的食用菌有720多种，人工栽培的不足50种，形成大规模商业性栽培的仅15种左右。我国已报道的可食用的野菜有400余种，目前已开发利用的仅占蕴藏量的3%左右。许多食用藻、食用昆虫、鱼类、虾类、蟹类、贝类等也具有开发利用价值。因此，如何对烹饪原料资源进一步合理地开发利用是一个很值得研究的课题。对资源比较丰富的原料可进行深加工，以提高储藏性能；对资源比较紧缺的原料可尝试人工栽培或人工养殖，以扩大资源量。

2）烹饪原料资源的保护

目前地球上生存的生物种类，仅是地球上繁盛时期的物种残留下来的极少一部分。其原因除了自然环境的变化以外，更主要的是人类的破坏、盲目地开发、过度地向大自然索取造成的。目前，全世界濒临灭绝的野生动物已达1 700余种，其中，哺乳动物300余种，鸟类1 000余种，两栖爬行动物138种，鱼类193种。不仅如此，许多原本资源较丰富的原料，由于人类无节制地利用，超过了自然再生能力，资源趋于枯竭。例如，在20世纪六七十年代被称为我国“四大经济海产”的大黄鱼和小黄鱼现已罕见；民间所说的“长江三鲜”中的鲥鱼，在长江已趋于绝迹。

对自然资源的保护已成为全球关注的焦点，许多国家已制定了野生动物保护条例或法规。我国也颁布了《中华人民共和国陆生野生动物保护实施条例》，公布了保护动物名录，建立了野生动物自然保护区，这些都是保护野生动物的重要举措。但在饮食行业，违禁而将珍稀或濒危动物作为烹饪原料使用的情况仍时有发生。作为烹饪工作者应增强动物保护意识，坚决杜绝捕杀、销售、烹制国家保护动物的行为。

1.1.4 烹饪原料知识的研究内容

烹饪原料知识是一门以烹饪原料为研究对象，研究烹饪原料的化学组成、形态结构、分类体系、卫生营养、品质检验、储藏保鲜、烹饪工艺要求等一般运用规律的学科。

1）烹饪原料的化学组成

烹饪原料的化学组成是研究某一类或某一种原料的化学成分，以便了解烹饪原料的营养特点，以及烹饪原料在烹调过程中发生的化学变化。

2）烹饪原料的形态结构

烹饪原料的形态结构是介绍某一类或某一种原料的形态特征、组织结构，以便正确地识别和加工烹饪原料。

3）烹饪原料的分类体系

烹饪原料的分类体系是对种类繁多的烹饪原料进行分门别类，以了解烹饪原料知识的学科体系，了解某一类原料的共性知识和某一种原料的个性知识。

4）烹饪原料的品质检验

烹饪原料的品质检验是研究烹饪原料品质检验的标准和方法，以便准确地判断原料品质的优劣。

5）烹饪原料的储藏保鲜

烹饪原料的储藏保鲜是研究烹饪原料储存保鲜的原理和方法，以便阻止原料的品质劣变，减少原料的浪费。

6）烹饪原料的工艺要求

烹饪原料的工艺要求是总结某一类或某一种原料在初加工、烹制和调味等运用过程中的一般规律，以便合理地利用烹饪原料。

1.1.5 研究烹饪原料知识的目的和方法

1）研究烹饪原料知识的目的

研究烹饪原料知识有助于我们认识原料、运用原料。烹饪原料是烹饪的实施对象和物质基础，烹饪原料种类繁多，不同种类的烹饪原料因形态结构、化学成分和物理性质不同，烹饪运用特点也不同。学习烹饪原料知识的目的之一，就是在烹饪过程中合理地运用原料。只有充分地认识原料，才能合理地运用原料。古人有“烹调之功居六，买办之功居四”之说，其中，“买办之功”就是指正确地认识原料、选择材料，“烹调之功”就是指熟练地运用原料。所以，研究烹饪原料知识对于充分利用原料的使用价值，保证菜品的质量具有关键的作用。

研究烹饪原料知识有助于烹饪科学的发展。长期以来，人们限于科技发展的水平，对烹饪原料的认识缺乏系统性总结，对于烹饪原料的利用处于只知其然不知其所以然的经验状态。研究烹饪原料知识，有助于将我国传统的烹饪原料实践经验和现代的科学知识结合起来，对烹饪原料进行科学的研究、归纳、整理，总结烹饪原料发展和运用的内在规律。这不仅可以使烹饪原料知识这门学科更加完善，而且可以使烹饪原料知识理论体系更加完善、系统。

2）研究烹饪原料知识的方法

整理我国古代的烹饪原料研究成果。我国古代对烹饪原料的研究积累了丰富的资料。在先秦时期，未发现专门研究文献；在先秦以后，出现了《笋谱》《菌谱》《野菜谱》《鱼经》《蟹谱》《茶经》《酒谱》等数十种文献。还有许多内容散见于史籍、方志、笔记、类书等古籍中。古人的这些成就值得我们认真归纳、整理，以便进一步继承、发展。

吸收相关学科的现代科学知识。烹饪原料知识是一门边缘学科，它与生物学、化学、营养学、卫生学、商品学等有着密切的关系。相对于烹饪原料知识这门新学科来说，这些相关学科的内容和实验方法已比较成熟，我们应该有选择地吸收这些相关学科的知识，充实到烹饪原料知识中去。比如，对生物性原料的形态、结构、分类、鉴定等生物科学已进行了大量研究，积累了丰富的知识，完全可以借用。

重视对烹饪原料实物的观察研究。烹饪原料知识是一门直观性很强、对实践要求较高的课程，必须重视对烹饪原料实物的观察。例如，对种类繁多的蔬菜、鱼类、虾、蟹、贝等形

态的认识，不进行实物观察，单靠书面的描述很难做到正确的鉴别；对烹饪原料内部结构的认识，还应借助实验手段。

总结烹饪原料应用实践中的经验。广大烹饪工作者在烹饪过程中积累了丰富的经验，他们对烹饪原料的分档取料、刀工处理、火候掌握和调味选择等经过了长期的实践探索，许多做法是科学合理的，但缺乏系统的总结。我们应结合现代自然科学知识，将宝贵经验进一步升华，融入烹饪原料知识之中。

任务2 烹饪原料的分类

1.2.1 烹饪原料分类的意义

我国辽阔的疆域、复杂的地形、多变的气候，为各种动植物的生长繁衍提供了良好的自然环境。因此我国的生物种类繁多，由它们加工而成的原料种类也很丰富，在烹饪中运用的原料多达数千种。对如此众多的烹饪原料进行分类具有重要的意义。

1）有助于烹饪原料知识的学科体系更加科学化、系统化

烹饪原料知识作为一门刚建立起来的学科，同其他新兴学科一样还很不完善。由于目前对烹饪原料分类的几种方法差别较大，从高等级类群的划分到低等级类群的划分都存在较大分歧，因此，目前已出版的一些介绍烹饪原料内容的教材和其他书籍在编写体系上区别较大，这说明对这门学科的整体体系还缺乏统一的认识。

2）有助于全面深入地认识烹饪原料的性质和特点

每种烹饪原料都具有一定的个性，而每类烹饪原料往往具有一些共同的性质和特点。通过对烹饪原料的分类，有助于我们归纳总结烹饪原料的共性和个性，深化对烹饪原料的认识。

3）有助于科学合理地利用烹饪原料

通过对烹饪原料进行分类、编制名录，有利于我们了解烹饪原料的利用情况，调查烹饪原料的资源状况，进一步开发新的烹饪原料资源。

1.2.2 烹饪原料分类的原则

1）科学性原则

烹饪原料的分类应尽可能做到科学研究，反映出原料的自然属性。

2）合理性原则

烹饪原料的分类应便于检索利用，易于被烹饪工作人员所接受。这就需要兼顾商品流通领域和烹饪行业已有的分类习惯。

实际上，烹饪原料分类的科学性和合理性是比较难统一的。例如，对种类繁多的植物性

原料，如果按生物学分类分为十字花科原料、伞形科原料、禾本科原料等几十个类群，是很科学严谨的，但很难被烹饪工作人员所理解。如果按商品学分为粮食、蔬菜、果品3类，符合烹饪行业的分类习惯，但这3类之间缺乏严格的界限，例如，马铃薯既可做粮食又可做蔬菜，番茄既可做蔬菜又可做果品等。

正如对动物、植物和微生物分类系统的建立经过了系统的调查、深入的研究、长期的努力一样，对烹饪原料分类系统的建立也需要做深入细致的研究工作，然后从宏观着眼，从微观入手，确定各个等级的分类标准，才能使烹饪原料分类系统更加完善。

1.2.3 烹饪原料分类的方法

由于对烹饪原料分类的角度不同，即采用的分类标准不同，出现了多种分类的方法。

1）国内采用的一些分类方法

（1）按来源属性分类

①植物性原料。

②动物性原料。

③矿物性原料。

④人工合成原料。

（2）按加工与否分类

①鲜活原料。

②干货原料。

③复制品原料。

（3）按烹饪运用分类

①主料。

②配料。

③调味料。

（4）按商品种类分类

①粮食。

②蔬菜。

③果品。

④肉类及肉制品。

⑤蛋奶。

⑥野味。

⑦水产品。

⑧干货。

⑨调味品。

2）国外采用的一些分类方法

（1）按食品资源分类

①农产食品。

②畜产食品。

③水产食品。
④林产食品。
⑤其他食品。
（2）按营养成分分类
①热量素食品（又称黄色食品，主要含碳水化合物）。
②构成素食品（又称红色食品，主要含蛋白质）。
③保全素食品（又称绿色食品，主要含维生素和绿叶素）。

任务3　烹饪原料的品质检验

1.3.1　烹饪原料品质检验的意义

烹饪原料品质的好坏对所烹制菜肴的质量有着决定性的影响。如果烹饪原料的品质好，厨师就能烹饪出色、香、味、形俱佳，既营养丰富又卫生安全的菜肴。反之，即使厨师的技艺再高，如果烹饪原料的品质不好，那么也不能保证菜肴的质量。

烹饪原料品质的好坏与人类的健康甚至生命安全有着极为密切的关系。营养丰富的原料，有时会因为微生物的生长繁殖而腐败变质，或是在生长、采收（屠宰）、加工、运输、销售等过程中受到有害、有毒物质的污染，这样的原料一旦被利用，就可能引发传染病、寄生虫病或食物中毒。更有假冒伪劣原料鱼目混珠流入市场，不仅影响菜肴的制作质量，而且会对顾客的身体健康构成严重威胁。因此，掌握烹饪原料的品质检验方法，客观、准确、快速地识别原料品质的优劣，对保证烹饪制品的食用安全性具有十分重要的意义。

1.3.2　影响烹饪原料品质的基本因素

绝大部分烹饪原料来自自然界的动、植物，它们的品质往往受很多因素的影响。

1）原料的产季

生物性原料的生长受季节、气候影响较大。一年之中，有生长的旺盛期，也有生长的停滞期；有肥壮期，也有瘦弱期；有生长期，也有繁殖期；有幼稚期，也有成熟期；等等。所有这些，都与原料的生长季节有关。因此，我们必须掌握这些特点，在不同的季节选择不同的原料，从而烹制出不同的时令佳肴。例如，螃蟹以9月、10月品质最佳；甲鱼以菜花和桂花开时为最好；刀鱼以清明前上市的质量最佳；韭菜有“六月韭，驴不瞅；九月韭，佛开口”之说，等等。所有这一切，都说明原料的品质与其生长的季节有密切关系。

2）原料的产地

由于各地区自然环境不同，加上气候条件、动植物饲养和种植的方法不同，所在的原料品质也有差异，因此在各地形成了不同特点的烹饪原料，即所谓的地方名特产品。如加工金华火腿，必须选用当地的瘦肉型猪“两头乌”的后腿为原料，榨菜以涪陵榨菜最为有名，还有东北的哈士蟆、松口蘑，江苏的太湖莼菜，南京板鸭等。这些地方名特品种，在菜肴制作中都具有非常重要的作用。

3）原料的部位

同一原料的不同部位，其质地、结构、特点都不相同，也就影响了原料的品质。如家畜肉、家禽肉是由肌肉组织、结缔组织、脂肪组织、骨骼组织等组成，而且各个部位的肉有肥、瘦、老、嫩之别，因此，必须根据各部分的不同特点使用不同的烹制方法，有的适合爆炒，有的适合烧煮，有的适合酱卤，有的适合煨汤。只有这样，才能保证菜肴的质量和特色。

4）原料的卫生状况

烹饪原料大多来自动、植物，其品质极易发生变化，甚至劣变。不卫生的原料不仅直接影响菜肴的质量，更重要的是影响人体健康。如有病或带有病菌的原料、含有毒物质的原料、受微生物污染而腐败变质的原料、受化学物质污染的原料等，这些原料不仅品质下降，而且直接影响其食用价值。

5）原料的加工储存

原料的加工储存也直接影响原料的品质，加工不当或储存不好，都将使原料的品质下降，营养价值降低，感官性状发生劣变，严重时甚至会影响原料的食用价值。

1.3.3 烹饪原料品质检验的基本要求

不同的烹饪原料有不同的质量要求，但也有一些共同的需求。根据菜点制作的需要，选择烹饪原料的基本要求有4个方面。

①掌握原料的品种特点，熟悉各种原料的最佳上市季节，充分发挥原料的最佳效能，做到物尽其用。

②掌握各地的地方名特产品，发挥其优势，制作特色菜肴。

③掌握原料的真伪鉴别方法，做到去粗取精、去伪存真，杜绝假冒伪劣的出现。

④掌握各类原料的卫生要求，把好卫生关，使腐败变质、有毒或被污染的原料迅速地剔除，以保证食用者的身体健康。同时，要能识别原料的新鲜度，对不同新鲜度的原料作不同的加工处理。

1.3.4 烹饪原料品质检验的指标

从国家标准局审批发布的一部分烹饪原料质量的国家标准来看，烹饪原料品质检验的指标主要包括3个方面。

1）感官指标

原料品质检验的感官指标主要是原料的色泽、气味、滋味、外观形态、杂质含量及水分含量等。

2）理化指标

原料品质检验的理化指标主要指原料的营养成分、化学组成、农药残留量、重金属含量等。

3）微生物指标

原料品质检验的微生物指标主要指原料中细菌总数、大肠杆菌群数、致病菌的数量和种类等。

不同的原料，感官指标、理化指标和微生物指标各不相同。对每一种原料的具体的质量指标，本书将在对每一种原料的介绍中具体阐述。

1.3.5 烹饪原料品质检验的方法

烹饪原料品质检验的方法主要是理化检验和感官检验两大类。

1）理化检验

理化检验是指利用仪器设备和化学试剂对原料品质的好坏进行判断。

理化检验包括理化方法和生物学方法两类。理化方法可以分析原料的营养成分、风味成分、有害成分等。生物学方法主要是测定原料或食品有无毒性或生物污染，常用小动物进行毒理试验或利用显微镜等进行微生物检验，从而检查出原料中所含细菌或寄生虫的情况。

运用这类方法鉴别检验原料的品质比较精确，能具体而深刻地分析食品的成分和性质，作出原料品质和新鲜度的科学结论，还能查出其变质的原因。理化检验精确可靠，但运用该法检验时必须具有相应的设备和专业技术人员，且检验周期较长，需要一定时间才能得出结论，故此法在烹饪行业通常使用较少。但某些原料（如家畜肉）必须经过我国专门的检验机构检验合格后才能上市。

2）感官检验

感官检验就是凭借人体自身的感觉器官，即凭借眼、耳、鼻、口（包括唇和舌）和手等感觉器官，对原料品质的好坏进行判断。

感官检验根据运用的感官的不同，可分为视觉检验、嗅觉检验、听觉检验、触觉检验和味觉检验5种具体方法。

视觉检验是利用人的视觉器官鉴别原料的形态、色泽、清洁程度等。这是判断原料感官品质运用范围最广的一个重要手段。原料的外观形态和色泽对于判断原料的新鲜程度、原料是否有不良改变及原料的成熟度等有着重要意义，而这些均可利用视觉检验来判别。视觉检验应在白昼的散射光线下进行，以免灯光隐色发生错觉，检验时应注意整体外观、大小、形态、块型的完整程度、清洁程度，表面有无光泽、颜色的深浅等。在检验料酒、酱油、醋等液体调料时，要将它们倒入无色的玻璃器皿中，透过光线来观察，也可将瓶子倒过来，观察其中有无沉淀物或絮状悬浮物。

嗅觉检验就是利用人的嗅觉器官来鉴别原料的气味。人的嗅觉相当敏感，有些极细微的变化用仪器分析的方法也不一定能检验出来，而人的嗅觉器官能够辨别出来。许多烹饪原料都有其固定的气味，当它们发生腐败变质时，就会产生异味，如核桃仁变质后产生哈喇味，肉类变质后产生尸臭味，西瓜变质产生馊味等。这些异味是我们利用嗅觉来检验原料品质好坏的依据。原料中的气味是一些具有挥发性的物质产生的，因此在进行嗅觉检验时可适当加热，以增加挥发性物质的散发量和散发速度。但最好是在15～25 ℃的常温下进行，因为原料中的挥发性物质会随着温度的变化而变化，从而影响检验结果的准确性。在检验液态原料时，可将其滴在清洁的手掌上摩擦，以增加气味的挥发。在检验畜肉等大块原料时，可用尖刀或牙签等刺入深部，拔出后立即嗅闻气味。应该注意的是，原料嗅觉检验的顺序应当是先识别气味淡的，后检验气味浓的，以免影响嗅觉的灵敏度。此外，在检验前禁止吸烟，否则会影响检验结果的准确性。

听觉检验是利用人的听觉器官鉴别原料的振动声音来检验其品质。例如，用手摇鸡蛋听蛋中是否有声音，来确定蛋的好坏；挑西瓜时，用手敲击西瓜听其发出的声音，来检验西瓜的成熟度等。

触觉检验是通过手的触觉检验原料的质量、质感（弹性、硬度、膨松状况）等，从而判断原料的品质。这也是常用的感官检验法之一。例如，根据鱼体肌肉的硬度和弹性，可以判断鱼是否新鲜；根据蔬菜的柔韧性可以判断其老嫩等。在利用触觉检验法检验原料的硬度（或稠度）时，要求温度应在15～20 ℃，因为温度的升降会影响原料的状态。

味觉检验是利用人的味觉器官来检验原料的滋味，从而判断原料品质的好坏。味觉检验对于辨别原料品质的优劣是很重要的，尤其是对调味品和水果等。味觉检验不仅能尝到食品的滋味，而且对于食品原料中极轻微的变化也能敏感地察觉。味觉检验的准确性与食品的温度有关，在进行味觉检验时，最好使原料在20～45 ℃，以免因温度变化而影响检验结果的准确性。对几种不同味道的原料在进行感官评价时，应当按照刺激性由弱到强的顺序，最后检验味道最强烈的原料。

在以上5种感官检验方法中，以视觉检验和触觉检验应用较多，这5种方法也不是孤立的，根据需要可同时并用。

感官检验法是烹饪行业常用的检验原料品质的方法，通过对食品感官性状的综合性检查，可以及时鉴别出食品品质有无异常。感官检验方法直观，手段简便，不需要借助特殊仪器设备、专用的检验场所和专业人员，并且能够察觉理化检验方法所无法鉴别的某些微小变化。但感官检验也有它的局限性，因为它只能凭人的感觉对原料某些特点作粗略的判断，并不能完全反映其内部的本质变化，而且每个人的感觉和经验有一定的差别，所以检验的结果不如理化检验精确可靠。因此，对于感官检验难以作出结论的原料，应借助于理化检验。

任务4　烹饪原料的储存保鲜

绝大部分烹饪原料来自动、植物，这些新鲜原料在收获、运输、储存、加工等过程中，仍在进行新陈代谢，从而影响到原料的品质。尤其在原料的储存保管过程中，如果保管不善，将直接影响到原料品质的好坏，进而影响菜品品质。因此，必须采用一些措施，尽可能地控制原料在储存过程中的品质变化。

烹饪原料的储存保管任务就是根据各种原料的特点，采取相应的保护措施，防止原料发生霉烂、腐败、虫蛀等不良变化，并尽可能地保持原料固有的品质特点，如营养成分、色泽、形态、质地等，以保持原料的食用价值，延长原料的使用时间。

1.4.1 烹饪原料在储存过程中的质量变化和影响因素

烹饪原料在储存过程中往往根据本身的新陈代谢作用和外界条件，可以采取相应的措施，确定适宜的方法来储存和保管原料。

1）烹饪原料自身新陈代谢引起的质量变化

新陈代谢是生命活动的基本现象。鲜活的烹饪原料时刻在进行着新陈代谢，进行着各种各样的生理生化反应，这些反应是在酶的作用下发生的，而这些反应的结果是烹饪原料品质发生改变。

呼吸作用是生鲜蔬菜和水果在储存过程中发生的一种生理活动。新鲜的蔬菜、水果虽然已脱离了植株或土壤，不能继续生长，但其生命活动还在继续，即新陈代谢活动还在进行，此时的新陈代谢活动主要表现为呼吸作用。呼吸作用包括有氧呼吸和无氧呼吸两大类型，蔬菜和水果在储存过程中进行上述两种呼吸。一般来说，葡萄糖是植物细胞呼吸最常用的物质。

植物学上的后熟作用是指许多植物的种子脱离母体后，在一定的外界条件下经过一定时间达到生理上成熟的过程。烹饪原料学上的后熟作用常指果品采收后继续成熟的过程。果品在后熟过程中，细胞中的物质在酶的催化下发生一系列的生理生化反应，如淀粉水解为单糖而产生甜味；单宁物质聚合成不溶于水的物质而使涩味降低；叶绿素分解而使绿色消退，呈现出叶黄素、胡萝卜素等色素的颜色而使果蔬色泽变艳；有机酸类物质被金属离子中和或转换成其他物质而使得酸味降低，产生挥发性芳香物质而增加它们的芳香气味；淀粉的水解和果胶的分解又使果实由硬变软。总之，后熟作用能改善有些原料的食用品质，如香蕉、柿子、京白梨、哈密瓜、菠萝等只有经过后熟作用，才具有良好的食用价值。但是，果蔬完成后熟作用后，实际上已经处于生理衰老的阶段，容易腐烂变质，较难进行储存保管。因此，该类原料应在其未完全成熟时采收，然后采取措施控制后熟的速度，延长后熟的时间，从而达到延长储存期的目的。

发芽和抽薹：发芽和抽薹是两年或多年生植物终止休眠状态，开始新的生长时发生的一系列变化。该变化主要发生在那些以变态的根、茎、叶作为食用对象的蔬菜，如土豆、大蒜、芦笋、洋葱、萝卜、大白菜等。休眠是蔬菜适应不利环境条件暂时停止生长的现象。休眠时，蔬菜生理代谢极低，组织与外界物质交换减少，营养成分变化极微，其品质的变化很小，这对保持蔬菜的食用价值和储存蔬菜都是极为有利的。而当环境条件适宜时，蔬菜可解除休眠而重新发芽生长，也称为萌发。抽薹是根菜类、叶菜类、鳞茎类等蔬菜在花芽分化以后，花茎从叶丛中伸长生长的现象。发芽和抽薹时，植物细胞各种生理生化反应加剧，营养物质向生长点部位转移，而蔬菜中储存的养分大量消耗，组织变得粗老，其食用价值大大降低。

僵直和自溶：僵直和自溶是动物性原料在储存过程中发生的生理生化变化。当动物被宰杀后，氧的供应停止，肌肉细胞中的分解酶类在无氧的条件下，将肌肉中的糖原最终分解成乳酸。与此同时，肉中的三磷酸腺苷也逐渐减少。这些生物化学变化的进行，导致肌肉纤维紧缩，从而使肌肉呈僵硬状态，这种现象称为僵直。在僵直阶段的肉，弹性差，无鲜肉的自然气味，烹饪时不易煮烂，由于该阶段肉中构成风味的成分还没有完全产生，因此烹饪后的风味也很差。在自然温度下，僵直的肉在细胞内酶的作用下，引起乳酸、糖原、呈味物质之间的变化，使原有僵直状态的肉变得柔软而且有弹性，表面微干，带有鲜肉的自然气味，味鲜而易烹饪，这种变化称为肉的成熟。当肉的成熟作用完成后，肉中的生化变化就转向自溶，自溶是腐败的前奏。在溶解酶的作用下，肉类发生自体溶解，其结果是肉中所含的复杂有机化合物进一步水解为分子量较低的小分子物质，使肉带有令人不愉快的气味，肉的组织结构也变得松散。同时，由于空气中的氧气与肉中肌红蛋白、血红蛋白相互作用，使肉色发暗。处于自溶阶段的肉，虽尚可食用，但其品质已大大降低。当该阶段的肉被微生物污染后，很容易发生腐败现象。

2）微生物引起的质量变化

（1）变质

变质是指食品发生物理变化使外形变化，以及在以微生物为主的作用下所发生的腐败变质，包括食品成分与感官性质的各种酶性、非酶性变化及夹杂物污染，从而使食品降低或丧失食用价值的一切变化。

食品腐败变质的原因是多方面的，归纳起来有以下几种：因微生物的繁殖引起食品腐败变质；因空气中氧的作用，引起食品成分的氧化变质；因食品内部所含氧化酶、过氧化酶、淀粉酶、蛋白酶等的作用，促进食品代谢作用的进行，产生热、水蒸气和二氧化碳，致使食品变质；因昆虫的侵蚀繁殖和有害物质间接与直接污染，致使食品腐败。

在食品腐败的诸因素中，微生物的污染是最活跃、最普遍的因素，起主导作用。一般来说，鱼、肉、果蔬类食品以细菌作用最为明显，粮食、面制品则以霉菌作用最为显著。

（2）霉变

霉变是一种常见的自然现象，食物中含有一定的淀粉和蛋白质，而且或多或少地含有一些水分，而霉菌和虫卵生长发育需要水的存在和暖和的温度。水分活度值低，霉菌和虫卵不能吸收水分，而在受潮后水分活度值升高，霉菌和虫卵就会吸收食物中的水分进而分解和食用食物中的养分，从而导致霉变。

（3）发酵

发酵是微生物在无氧情况下，利用酶分解原料中单糖的过程，其分解的产物中有酒糖和乳酸等。引起原料发酵的主要物质是厌氧微生物，如酵母菌、厌氧细菌等。原料经微生物发酵后，会产生不正常的酒味、酸味等令人不愉快的味道，使原料的食用价值降低。

3）影响原料品质变化的其他因素

影响烹饪原料品质变化的外界因素较多，有物理因素，如温度、湿度、渗透压、空气等；有化学因素，如金属盐类、酸碱度、氧化剂等。这些因素在原料储存过程中对原料的品质变化有相当大的影响，它们对原料品质的影响有两个方面。

①影响原料储存过程中的新陈代谢速率，即影响酶的活性。

②影响微生物对原料污染的能力和速度，即影响微生物生长繁殖的速度。

1.4.2 烹饪原料储存的方法和原理

烹饪原料储存保鲜的方法较多，传统方法有腌渍、干燥和加热等。随着现代科学技术的发展，出现了低温储存法、气调储存法、辐射储存法等新方法。现将烹饪中常用的储存保鲜方法介绍如下：

1）低温储存法

低温储存法是指低于常温，在15 ℃以下环境中储存原料的方法。

原料在储存过程中会发生品质的变化，包括生理生化变化、物理变化、化学变化及微生物引起的变化，这些变化的发生与温度条件有密切关系。在一定的温度范围内，温度升高能加速原料品质的变化过程，缩短原料的储存期。而降低温度则可延缓原料品质劣变的过程，增加储存期。其作用原理表现在如下4个方面。

①低温抑制了原料中酶的活性，能减弱鲜活原料的新陈代谢强度和生鲜原料的生化变化，从而较好地保持原料中的各种营养成分的含量。

②低温抑制了微生物的生长繁殖活动，可有效防止微生物污染引起的原料的品质变化。污染原料的微生物绝大部分属于中温微生物，中温微生物在0 ℃的条件下即可停止繁殖，而低温细菌在0 ℃或微冻结状态的原料中仍可繁殖。要防止这类细菌的污染，就需要以更低的温度条件来储存原料。

③低温延缓了原料中所含的各种化学成分之间发生的变化，有利于保持原料的色、香、味等品质。

④低温降低了原料中水分蒸发的速度，从而减少原料的干耗。

根据储存时采用温度的高低，又可分为冷却储存和冷冻储存两类。

冷却储存：冷却储存又称冷藏，是指将原料置于0～10 ℃尚不结冰的环境中储存。主要适合于蔬菜、水果、鲜蛋、牛奶等原料的储藏以及鲜肉、鲜鱼的短时间储存。冷藏的原料一般不发生冻结的现象，能较好地保持原料的风味品质。但在冷藏温度下，因为原料中酶的活性及各种生理活动并未完全停止，同时一些微生物仍能繁殖，所以原料的储存期较短，一般为数天到数周不等。

冷藏过程中，由于原料的类别不同，它们各自所要求的冷藏温度也有差异。动物性原料，如畜、禽、鱼、蛋、乳等的适宜储存温度一般在0～4 ℃。植物性原料，如蔬菜水果等冷藏温度的要求很不一致。原产温带的蔬果如苹果、梨、大白菜、菠菜等适宜的冷藏温度为0 ℃左右。而原产热带、亚热带地区的蔬果原料，由于其生理特性适应较高的环境温度，如果采用0 ℃左右的低温进行冷藏，反而会使正常生理活动受到干扰。

冷冻储存：冷冻储存又称冻结储存，是将原料置于冰点以下的低温中，使原料中大部分水冷结成冰后再以0 ℃以下的低温进行储存的方法。冷冻储存适用于肉类、禽类、鱼类等原料的储存。

冷冻储存的原料在加工前应先解冻。所谓解冻，就是使冻结的原料中的冰晶体融化，恢复到原料的生鲜状态的过程。冰冻的原料在解冻过程中品质也会发生变化，原料解冻的速度和环境温度对原料品质的恢复影响很大，解冻的速度越慢，环境温度越低，汁液损耗越小，原料的品质变化也就越小；反之，则品质变化越大。烹饪中最常用的解冻方法是低温流水解冻法。

2）高温储存法

高温储存法是通过加热对原料进行储存的方法。经过加热处理，原料中的酶被破坏失去活性，绝大多数微生物被杀灭，从而达到长期储存原料的目的。原料加热处理后还需及时冷却并密封，以防止温度过高后微生物的二次污染而造成原料的变质。

巴氏灭菌法：也称低温消毒法、冷杀菌法，是一种利用较低的温度既可杀死病菌又能保持食品中营养物质风味不变的消毒法，常常用于定义需要杀死各种病原菌的热处理方法。在一定温度范围内，温度越低，细菌繁殖越慢；温度越高，繁殖越快（一般微生物生长的适宜温度为28～37 ℃）。但温度太高，细菌就会死亡。不同的细菌有不同的最适生长温度和耐热、耐冷能力。巴氏消毒其实就是利用病原体不耐热的特点，用适当的温度和保温时间处理，将其全部杀灭。但经巴氏消毒后，仍保留了小部分无害或有益、较耐热的细菌或细菌芽孢。因此，巴氏消毒牛奶要在4 ℃左右的温度下保存，且只能保存3～10天，最多16天。

煮沸灭菌法：将原料在水中煮沸至100 ℃后，持续15～20分钟。煮沸灭菌法可杀灭一般细菌。压力锅内蒸气压力可达127.5千帕，锅内最高温度可达124 ℃左右，10分钟即可灭菌，是目前效果最好的煮沸灭菌方法。高原地区气压低、沸点低，用压力锅煮沸可以保证灭菌成功。

3）干燥储存法

干燥储存法是将原料中的大部分水分去掉，从而保持原料品质的方法，又称脱水保藏法。食品干燥、脱水的方法主要有：日晒、阴干、喷雾干燥、减压蒸发和冷冻干燥等。生鲜食品干燥和脱水保藏前，一般需破坏其酶的活性，最常用的方法是热烫（也称杀青、漂烫）或硫黄熏蒸（主要用于水果）或添加抗坏血酸（0.05%～0.1%）及食盐（0.1%～1.0%）。肉类、鱼类及蛋中因含0.5%～2.0%肝糖，干燥时常发生褐变，可添加酵母或葡萄糖氧化酶处理或除去肝糖再干燥。

4）腌渍储存法

腌渍储存法有提高酸度腌渍法、糖腌渍法和盐腌渍法3种。

酸腌渍法有两种:一是利用食用酸，如利用醋酸抑制细菌生长，防止食品腐败变质。这种方法常用于蔬菜类，通常情况下，使用的醋酸浓度为1.7%～6%，也可根据食品性质决定醋酸使用浓度。在2%左右基本可抑制腐败菌生长，6%可抑制生命力强的腐败菌，如酸黄瓜、糖醋蒜。因此，这些食品对人体无害。另一种是酸发酵腌渍法，是利用发酵微生物在食品中发酵产酸，利用其酸抑制细菌生长，最常用的是乳酸菌（因为乳酸菌常常是蔬菜自身携带的），这是蔬菜常用腌渍方法，主要有泡菜、酸菜。

盐腌渍法是将高浓度盐渗入食品的组织内，提高食品组织外的渗透压，将组织内水分降低。用这种方法可以抑制或破坏细菌体内酶活性，抑制细菌生长。这种方法常用于腌渍鱼、肉、虾、蛋和蔬菜，如咸鱼、咸肉、咸鸭蛋、海米、腌雪里蕻、芥菜头等。需要注意的是，盐腌渍的浓度必须在15%以上才可抑制细菌生长。

糖腌渍法是用高浓度的糖腌渍食品，常用于将水果制成果脯或果酱保藏。糖腌渍法的原料是蔗糖，因为蔗糖渗透压低，只有用高浓度才可抑制细菌生长，如浓度低于70%就不能抑制肉毒杆菌和酵母菌，所以用于果脯腌渍的蔗糖浓度往往大于70%。

5）烟熏储存法

烟熏储存法是在腌制的基础上，利用木柴不完全燃烧时产生的烟气来熏制原料的方法。烟熏主要适用于动物性原料的加工，少数植物性原料也可采用此法。烟熏时，由于加热减少了原料内部的水分，同时温度升高也能有效地杀死细菌，降低微生物的数量。

6）气调储存法

气调储存法是指通过调整和控制食品储藏环境的气体成分和比例，以及环境的温度和湿度来延长食品的储藏寿命和货架期的一种技术。在一定的封闭体系内，通过各种调节方式得到不同于正常大气组成的调节气体，以此来抑制食品本身引起食品劣变的生理生化过程或抑制作用于食品的微生物活动过程。气调以调节空气中的氧气和二氧化碳为主。许多食品的变质过程要释放二氧化碳，二氧化碳对许多引起食品变质的微生物有直接抑制作用。气调储藏技术的核心是使空气中的二氧化碳浓度上升，氧气的浓度下降，配合适当的低温条件，延长食品的寿命。

7）辐照储存法

辐照储存法是利用射线照射食品（包括原材料），延迟新鲜食物某些生理过程（发芽和成熟）的发展，或对食品进行杀虫、消毒、杀菌、防霉等处理，达到延长保藏时间，稳定、提高食品质量目的的操作过程。其优点包括以下7点。

①杀死微生物效果显著，剂量可根据需要进行调节。

②一定剂量的照射不会使食品发生感官上的明显变化。

③即使使用高剂量照射，食品中总的化学变化也很微小。

④没有非食品物质残留。

⑤产生的热量极小，可以忽略不计，可保持食品原有的特性，在冷冻状态下也能进行辐射处理。

⑥放射线的穿透能力强、均匀、瞬间即逝，而且对其辐照过程可以进行准确控制。

⑦食品进行辐照处理时，对包装无严格要求。

8）活养储存法

活养储存法是对一些动物性原料的特殊储存方法，主要包括水产品。这些原料在购进时是活的，可在一段时间内活动。在烹饪时宰杀加工，这样既可保持其鲜活状态，又可去除其消化道等部位的污物和泥土，使味道更鲜美。

[小组探究]

1. 利用图书馆资源，查阅各类烹饪原料教材，试比较各教材对原料分类的方法。
2. 试比较各种储存方法的区别。

[练习实践]

1. 阐述烹饪原料的基本概念。
2. 论述烹饪原料利用与环保、可持续发展的关系。

3. 阐述影响烹饪原料品质的基本因素。
4. 阐述烹饪原料在储存过程中的质量变化和影响因素。
5. 利用周末，班级分小组走进菜场，用感官检验的方法对各类原料进行品质检验。

项目2

谷物类原料

（2课时）

情境导入

✧ 古人提出五谷为养的观点，是在长期的生活实践中总结出来的。无论多么恶劣的环境，只要有了粮食和水，就能保证人们的生存。现代医学研究发现，粮食中几乎包括了人体生长发育所需要的基本营养。其中，含量最多的是碳水化合物，水解后能够释放出能量以维持人体的各项生理活动，是人类生存的基础物质。粮食中也含有丰富的植物蛋白质，是构成细胞不可缺少的基本物质。粮食中还含有丰富的维生素群，其中，B族维生素含量最多；同时，还含有维生素A、维生素C、维生素E等。另外，粮食中的矿物质、膳食纤维、糖类、脂肪等营养成分虽然不像水果蔬菜那样丰富，但也能够满足人类生长发育的最低要求。可见，不吃主食，维持人体正常生长的基本营养就有所欠缺，会严重影响人体的发育，影响健康。

教学目标

✧ 了解谷物类原料的概念，常用谷物类品种的名称、品质要求、产地、上市季节等。

✧ 掌握常见谷物类原料的分类和烹饪运用、谷物类原料品种与谷物制品的烹饪运用。

任务1　谷物类原料基础知识

谷物类原料是我们日常生活主食的主要来源。同时，谷物类原料还可以制成多种调味品，对我们的烹饪起着十分重要的作用。

2.1.1　谷物类原料的概念及化学成分

1）谷物类原料的概念及分类

谷物是庄稼和粮食的总称，主要包括谷类、豆类、薯类以及它们的制品原料。

五谷是指麻、黍、稷、麦、豆。

八谷是指黍、稷、稻、粱、禾、麻、菽、麦。

2）谷物类原料的化学成分

糖：含量最丰富，是人类膳食中的热量来源。其存在的主要形式是淀粉，一般含量在70%以上，最高可达80%以上，还有少量的可溶性单糖及多糖形式的半纤维素和纤维素。淀粉主要存在于谷物颗粒的胚乳中。

蛋白质：含量不是很高，占8%～10%，而且必需氨基酸不完全，赖氨酸、苯丙氨酸、蛋氨酸偏低，特别是高粱、玉米中含量很低，荞麦中赖氨酸含量最高。

无机盐：主要有钙、磷、硫、铁、钾、钠等，总含量在1.5%～3%。绝大多数以有机化合物的形式存在，不易被人体吸收。钙的含量更少，且人体吸收很少。玉米、高粱中钙含量略高。

维生素：主要有B族维生素和维生素E，存在于谷粒的糊粉层和胚乳中。因此，在加工中损失较大，一般保留量只有10%～30%。

脂肪：含量很低，多在2%以下。但玉米中含量较多，约为4%，其脂肪多为不饱和脂肪酸和少量的植物固醇和卵磷脂。

水分：含量的正常范围在11%～14%。

2.1.2　谷物类原料的组织结构及谷类原料在烹饪中的运用

1）谷物类原料的组织结构

谷皮：包括果皮和种皮两部分，也称为表皮或糠皮，位于谷粒的外部，由坚实的木质化细胞组成，对胚和胚乳起保护作用。

糊粉层：由大型多角形细胞组成，除含有较多纤维素外，还有蛋白质、脂肪、维生素等。

胚乳：由许多淀粉细胞构成，位于谷粒的中部，一般占谷粒全重的80%左右。含大量的淀粉和少量的蛋白质。

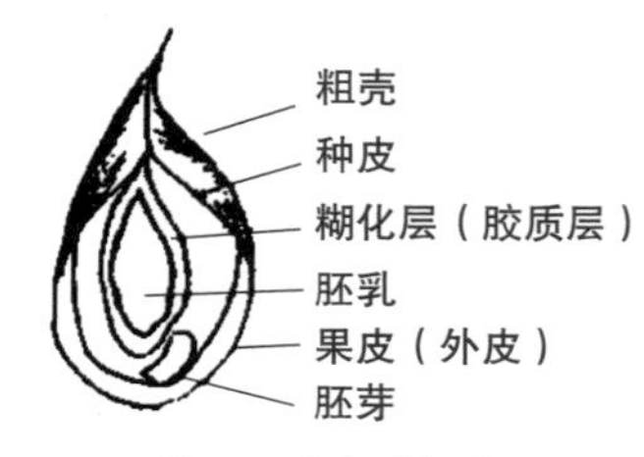

图2.1　米粒的切面

胚：位于谷粒的下部，主要由胚根、胚轴、胚芽和子叶4部分组成。

米粒的切面如图2.1所示。

2）谷粒在烹饪中的运用

①制作主食。
②制作面点。
③制作菜肴。
④制作菜肴的调料和辅助料。

任务2　谷物类原料的种类

2.2.1　大米

稻谷经脱壳制成大米，按米粒的性质可分为籼米、粳米、糯米，见表2.1。

表2.1　大米的分类

种　类	籼　米	粳　米	糯　米
外　形	粒形细长，色泽灰白，透明或不透明	粒形短圆，色泽蜡白，透明或半透明	白色不透明
产　地	四川、湖南、广东	华北、东北和江苏	江苏南部及浙江
品质特点	硬度小，易碎，含直链淀粉较多，胀性大，出饭率高，但黏性小，口感干而粗糙	质地硬而有韧性，不易碎。煮后柔软可口、香甜，胀性小	硬度低，煮熟后透明，黏性强，胀性最小，出饭率低
烹调应用	制作干饭、稀粥，磨成粉做米糕、米粉等（可发酵）	制作干饭、稀粥，磨成粉做米糕、米粉等（不可发酵）	一般不作主食，多用于制作糕点（不可发酵）

扬州炒饭：火腿、鸭肫、鸡脯肉、冬菇、冬笋、猪肉均切成略小于青豆的方丁，鸡蛋打入碗内，加精盐、葱末搅打均匀。炒锅上火烧热，舀入熟猪油烧热，放入虾仁划油至成熟，捞出沥油，再放入海参、鸡肉、火腿、冬菇、冬笋、干贝、鸭肫、猪肉煸炒，加入绍酒、精盐、鸡清汤烧沸，盛入碗中作什锦浇头。炒锅置火上，放入熟猪油，烧至五成热时，倒入蛋液炒散，加入米饭炒匀，倒入一半浇头，继续炒匀，将饭的2/3分装盛入小碗后，将余下的浇头和虾仁、青豆、葱末倒入锅内，同锅中余饭一同炒匀，盛放在碗内盖面即成。扬州炒饭如图2.2所示。

图2.2　扬州炒饭

2.2.2 面粉

小麦经加工后即为面粉。面粉按加工精度和用途可分为等级粉和专用粉。

1）等级粉

等级粉分为特制粉（富强粉）、标准粉（八五粉）和普通粉，具体见表2.2。

表2.2 等级粉

项 目	色 泽	面筋质（湿重）	水 分
特制粉（富强粉）	白（质细）	不低于26%	不超过14.5%
标准粉（八五粉）	稍黄	不低于24%	不超过14%
普通粉	较黄	不低于22%	不超过12.5%

2）专用粉

专用粉是利用特殊品种小麦磨制而成的，或在等级粉的基础上加入脂肪、糖、发粉、香料及其他成分混合均匀而制成的。

面包粉：用硬质小麦和部分中硬小麦混合加工而成的。要求蛋白质含量较高，为10.8%～11.3%。面包粉具有强度高、发气性好、吸水量大等特点。

饼干、糕点粉：一般先用含淀粉多的软质小麦加工而成。蛋白质含量在8.5%～9.5%。具有细、酥、松脆的口感。

面条粉：大部分用蛋白质含量高的硬质小麦磨制而成。其劲力强，弹性好，制出的面条耐煮、不断条。

2.2.3 杂粮

1）玉米

别名：苞米、苞谷、棒子。

外形及种类：按颜色不同分为黄玉米、白玉米和杂色玉米。按粒质可分为硬粒型、马齿型、半马齿型、粉质型、糯质型、甜质型、爆裂型、有稃型8种。

图2.3 玉米虾仁

产地：集中在华北、东北和西南。

品质特点：玉米的胚乳含有大量的淀粉和部分蛋白质。玉米胚十分发达，约占全部体积的1/3。玉米胚中除含有大量的无机盐和蛋白质外，还富含脂肪，约占胚重的30%，可提炼成食用油。玉米易于酸败，这与其富含脂肪有关。

烹调应用：可磨成粉制作窝头、丝糕及冷点中的白粉冻，与面粉掺和则可做各式发酵糕点。

玉米虾仁：毛豆子开水烫一下，去掉外面

的浮皮，胡萝卜去皮切成小萝卜丁。

两根玉米，剥成玉米粒，用开水煮熟。基围虾烫熟，剥掉外壳，取出虾仁，切成小粒。去油烧热，倒入毛豆子和胡萝卜丁炒至七成熟。下虾仁和玉米粒炒匀，调入适量的盐和白糖，用生粉水勾芡淋入少许的油，起锅装入盘饰内即可。玉米虾仁如图2.3所示。

2）小米

小米是由谷子碾制而成。

外形：卵圆形、滑硬、色黄。

产地及品种：山东、河北及西北、东北各地。山西沁县黄小米、山东章丘龙山米、河北桃花米和新疆小米。按粒籽黏性可分为糯粟和硬粟；按谷壳的颜色可分为白色、黄色、赤褐色、黑色等品种。

营养：含有较多的维生素，其硫胺素和核黄素的含量也比较丰富，此外，还含有较多的胡萝卜素。玉米对治疗食欲不振、水肿、尿道感染、糖尿病、胆结石等症有一定的作用。脾胃气虚、气血不足、营养不良、动脉硬化、高血压、高脂血症、冠心病、肥胖症、脂肪肝、癌症、习惯性便秘、慢性肾炎水肿、维生素A缺乏症等疾病患者适宜食用。

烹调应用：制作干饭、小米稀粥。磨成粉可做饼、窝头、丝糕、发糕等。

3）高粱

产地及品种：主要产地是东北地区。按颜色不同可分为白、黄、黑、红等品种，白高粱米的质量最好。按其性质可分为粳、糯两种。

营养：味甘、涩，性温。能益脾温中，涩肠止泻。用于脾胃虚弱，消化不良，便溏腹泻。其脂肪及铁的含量高于大米，高粱米皮层中含有鞣酸，如加工过粗则饭色变红，味涩，妨碍人体对蛋白质的消化吸收。

烹调应用：可制作干饭、稀粥，糯性高粱米磨成粉可制作糕、团、饼等，高粱米也是酿酒、酿醋、提取淀粉及制造饴糖的原料。

4）大麦

外形：籽实扁平，中间宽，两端较尖。

产地：北方地区及云南、四川西北部、西藏和青海等地。

营养：其营养价值和小麦差不多，但粗纤维含量较高，面粉不如小麦粉。大麦味甘，性凉。能健脾消食，除热止渴，利小便。含淀粉、蛋白质、钙、磷、尿囊素等成分。尿囊素可促进溃疡的愈合。用于脾胃虚弱，食积饱满、胀闷，烦热口渴，小便不利，也可用于胃与十二指肠溃疡，慢性胃炎等。

烹调应用：可制作各式小吃如麦片粥、麦片糕等，其最大用途是制造啤酒和麦芽糖。

5）荞麦

别名：乌麦、三角麦。

产地：南北各地均有栽培，以北方地区为多。

营养：荞麦的谷蛋白含量很低，主要的蛋白质是球蛋白。荞麦中（必需氨基酸中的）赖氨酸含量高而蛋氨酸的含量低。荞麦的碳水化合物主要是淀粉。因为颗粒较细小，所以和其他谷类相比，具有容易煮熟、容易消化、容易加工的特点。荞麦含有丰富的膳食纤维，其含量是一般精制大米的10倍；荞麦含有的铁、锰、锌等微量元素也比一般谷物丰富。

烹调应用：磨成粉可作主食，也可以面粉掺和制作扒糕等食品。

6）燕麦

别名：皮燕麦，成熟时内外稃紧包，籽粒不易分离。

产地：西北、内蒙古、东北一带。

营养：富含淀粉、蛋白质、脂肪、B族维生素、尼克酸、叶酸、泛酸、钙、铁等营养成分，具有益肝和胃、养颜护肤等功效。燕麦还具有抗细菌、抗氧化的功效，在春季能够有效地增加人体的免疫力，抵抗流感。燕麦片在国外被称为营养食品，因为它含有大量的可溶性纤维素，对降低和控制血糖及血中胆固醇的含量均有明显作用。

烹调应用：须蒸熟后磨粉，可直接作粮食用，制作小吃、点心、面条等，也可加工成燕麦片。

7）莜麦

别名：油麦。

外形：与燕麦相似，区别在于成熟的籽粒与外稃分离，籽粒质软皮薄。

产地：西北、东北、内蒙古等地。

营养：莜麦的营养价值很高，蛋白质含量平均达15.6%，高出大米100%、玉米75%、小麦面粉66%、小米60%，8种氨基酸组成较平衡，赖氨酸含量还高于大米和小麦面粉；脂肪和热能都很高，脂肪是大米的5.5倍，小麦面粉的3.7倍。莜麦是营养丰富的粮食作物，在禾谷类作物中蛋白质含量最高。由于莜麦营养丰富，耐饥抗寒，在内蒙古自治区西部被誉为一宝。莜麦含糖分少、蛋白多，是糖尿病患者较好的食品。又因脂肪中含有较多的亚油酸，非常适合老年人食用。

烹调应用：食用前应经过“三熟”，即加工时要炒熟、和面时要烫熟、制坯后要蒸熟，否则不易消化。莜麦磨成粉可加工成多种独具风味的莜麦食品，食法多样，可蒸、炒、烩、烙等。

8）甘薯

别名：山芋、番薯、白薯、地瓜、红苕等。

产地：各地均有栽培，品种多样。

营养：甘薯的营养成分如胡萝卜素、维生素B_1、维生素B_2、维生素C、铁、钙等含量都高于大米和小麦粉。非洲、亚洲的部分国家以此作主食。此外，还可制作粉丝、糕点、果酱等食品。工业加工以鲜薯或薯干提取淀粉，广泛用于纺织、造纸、医药等工业。甘薯淀粉的水解产品有糊精、饴糖、果糖、葡萄糖等。酿造工业用曲霉菌发酵使淀粉糖化，生产酒精、白酒、柠檬酸、乳酸、味精、丁醇、丙酮等。根、茎、叶可加工成青饲料或发酵饲料，营养成分比一般饲料高3～4倍，也可用鲜薯、茎叶、薯干配合其他农副产品制成混合饲料。

烹调应用：食用方法多样，在菜肴操作中可作甜食，甘薯还可酿酒、制造淀粉等。

9）大豆

品种：有黄豆、青豆、黑豆等。

产地：各地均有栽培，以东北大豆质量最优。

营养：大豆含脂肪约20%，蛋白质约40%，还含有丰富的维生素，营养丰富。除供直接食用外，可做酱、酱油和各种豆制食品；茎、叶、豆粕及粗豆粉作肥料和优良的牲畜饲料。豆粕经加工制成的组织蛋白、浓缩蛋白、分离蛋白和纤维蛋白可为多种食品如人造肉、干酪素、味精及造纸、塑胶工业、人造纤维、火药等的原料。豆油除主要供食用外，并为润滑油、油漆、肥皂、瓷釉、人造橡胶、防腐剂等的重要原料。榨油后的下脚料可提炼出许多重要产品，如用于食品工业的磷脂，以及利用豆甾醇、谷甾醇为医药工业取得廉价的甾醇激素原料。大豆在工业上的用途约有500种以上。此外，大豆药用有滋补养心、祛风明目、清热利水、活血解毒等功效。

烹调应用：使用广泛，可鲜食，也可煮熟之后食用，还可制成豆制品。用大豆制作的食品种类繁多，可用来制作主食、糕点、小吃等。大豆磨成粉与米粉掺和，可制作团子及糕饼，用玉米面做窝头或丝糕时，可掺入大豆粉以改善口味，增加营养。大豆还是制作豆制品的原料和重要的食用油原料。

10）绿豆

别名：吉豆。

外形：色浓绿而有光泽，以粒大整齐者为佳品。

品种：栽培广，品种多，著名的品种有安徽明光绿豆、河北宣化绿豆、山东绿豆及四川绿豆。按种皮颜色可分为青绿、黄绿、墨绿3大类。

营养：可消肿通气，清热解毒。将生绿豆研碎绞成汁水吞服，可医治丹毒、烦热风疹、药石发动、热气奔腾，补肠胃。可作枕头，使眼睛清亮。可治伤风头痛，消除呕吐。经常吃，可补益元气，和调五脏，安神，通行十二经脉，除去皮屑，滋润皮肤。煮汁汤可解渴，解一切药草、牛马、金石之毒。

烹调应用：可与其他豆类煮粥或熬制绿豆汤等，用绿豆粉可制优质淀粉，也可加工成绿豆粉皮、绿豆糕等。用水浸泡可发绿豆芽。

11）红豆

别名：赤豆、小豆。

外形：种皮多为赤褐色，也有茶、绿、淡黄色。

产地：我国栽培较广，以天津红小豆和东北大红袍最为著名。

营养：红豆可利水除湿，和血排脓，消肿解毒。治水肿，脚气，黄疸，泻痢，便血，痈肿。红豆的营养成分不如大豆，除含蛋白质、脂肪外，还含有维生素A、B族维生素、维生素C、植物皂素，以及铝、铜等微量元素。另据元代贾铭《饮食须知》介绍，赤小豆的花叫“腐婢”，能解酒毒，食之令人多饮不醉。

烹调应用：可与米、面等掺和做主食，也可直接做小豆羹、赤豆汤。煮熟后去皮制豆沙、豆泥，是制作糕点馅心的常用原料。

12）豌豆

别名：毕豆、麦豆、荷兰豆。

外形：有黄褐、绿、玫瑰等颜色。

营养：豌豆味甘、性平，归脾、胃经，具有益中气、止泻痢、调营卫、利小便、消痈肿、解乳石毒之功效。对脚气、痈肿、乳汁不通、脾胃不适、呃逆呕吐、心腹胀痛、口渴泻痢等病症，有一定的食疗作用。

烹调应用：一般以嫩豆芽作蔬菜食用，也可磨成粉，是制作糕点、豆馅、粉丝、凉粉、面条等的常用原料。豌豆可制成罐头，其嫩茎豌豆苗是营养丰富的优质蔬菜。

13）蚕豆

别名：胡豆、罗汉豆、佛豆。

品种：按种皮颜色不同可分为青皮、白皮、红皮蚕豆等。

产地：蚕豆在我国栽培已久，四川、云南、江苏、湖北等地为主要产区。

营养：蚕豆含蛋白质、碳水化合物、粗纤维、磷脂、胆碱、维生素B_1、维生素B_2、烟酸，以及钙、铁、磷、钾等，磷和钾含量较高。

烹调应用：豆荚果大而肥厚，种子椭圆扁平。蚕豆的嫩豆荚摘下，取其豆料，是做菜的原料，可炒、烩、焖等；老豆料可煮粥、制糕或制豆酱，可提取淀粉。

任务3　谷物制品

2.3.1　豆制品

1）油皮

别名：豆腐皮、豆腐衣、挑皮。

外形：将豆浆加热煮熟后再用小火煮浆浓缩。保持豆浆表面平静，豆浆表面逐渐凝固成薄膜。用长竹筷将薄膜揭出晾干，即为油皮。其颜色奶黄，有光泽，表面润滑，柔软不黏。

营养：中医认为，油皮性平味甘，有清热润肺、止咳消痰、养胃、解毒、止汗等功效。油皮营养丰富，蛋白质、氨基酸含量高，据现代科学测定，还有铁、钙、钼等人体所必需的18种微量元素。儿童食用能提高免疫能力，促进身体和智力的发展。老年人长期食用可延年益寿。特别对孕妇产后期间食用既能快速恢复身体健康，又能增加奶水。油皮还有易消化、吸收快的优点，是一种妇、幼、老、弱皆宜的食用佳品。

烹调应用：可单独烹制，也可与其他原料配用，炸、拌、烧、焖均可。油皮可用于制作素鸡、素火腿、素香肠等。

2）腐竹

腐竹制作工序与油皮相似，将豆浆表面的薄膜挑起后，卷成杆状，经充分干燥后制成。

营养：同油皮。

烹调应用：腐竹色泽黄白，油光透亮，含有丰富的蛋白质及多种营养成分，用清水浸泡（夏凉冬温）3～5小时即可发开。可荤、素、烧、炒、凉拌、汤食等，食之清香爽口，荤、素食别有风味。腐竹适于久放，但应放在干燥通风之处。过伏天的腐竹，要经阳光晒、凉风吹数次即可。

3）豆腐

豆腐是以大豆为原料，经浸泡磨浆、滤浆、煮浆、点卤等工序，使豆浆中的蛋白质凝固后压制而成。

营养：豆腐的营养价值很高，它不仅含有大豆的全部营养成分，而且去掉了大豆中的粗纤维、豆腥味等，有助于提高人体对豆腐中各类营养物质的吸收。豆腐以高蛋白质、低脂肪、不含胆固醇、物美价廉、制作简便、制作方法多样等特点广受消费者的欢迎。

烹调应用：在烹饪中广泛使用。可用多种烹调方法烹制多种菜肴。

麻婆豆腐：豆腐切成小块备用，肉末撒少许食盐，倒适量的料酒腌制备用；锅中倒入水，撒少许盐煮沸，下豆腐块，焯水，可以使豆腐的口感细嫩、爽口，而且在炒的过程中还不容易碎；锅中倒入适量的炒菜油，油温约六成热的时候放入肉馅，中火炒散；肉馅翻炒变色后放入两大勺郫县红油豆瓣酱（此步如果不怕麻烦可以把肉末盛出后重新倒油炒红油豆瓣酱）；炒出红油后放入葱花和豆豉，爆香锅；倒入热水（也可以用高汤）；下入之前汆烫好的豆腐块，盖上锅盖中小火略煮3～4分钟，水多的话可以大火收汁，勾芡撒上鸡精，出锅后装盘撒上适量的花椒粉即成。麻婆豆腐如图2.4所示。

图2.4　麻婆豆腐

4）豆腐干

品种：豆腐干是将豆腐用布包成小方块或盛入模具，压去大部分水分制成半干性豆制品。常见的有白豆腐干、五香茶干、茶干等。

营养：豆腐干营养丰富，含有大量蛋白质、脂肪、碳水化合物，还含有钙、磷、铁等多种人体所需的矿物质。豆腐干在制作过程中会添加食盐、茴香、花椒、大料等调料，既香又鲜，久吃不厌，被誉为“素火腿”。

烹调应用：可作为多种冷菜或热菜的主配料。

大煮干丝：先把鸡肉洗净；准备鸡汤一份（锅内加水，放入鸡肉、葱、姜、料酒，大火烧开，小火煮30分钟）；将豆腐皮切成细丝，放入热水中焯一下；把火腿肉切成细丝，将笋切成细丝；锅内加水和鸡汤，锅内放入豆腐丝；放入鸡脯丝，大火烧开；15分钟后放入虾仁，再放入盐调味，然后放入火腿丝；盛入碗中即成。大煮干丝如图2.5所示。

图2.5　大煮干丝

5）百叶

别名：千张、豆皮等。制法与豆腐干基本相似。

烹调应用：百叶韧而不硬、嫩而不糯，是应用非常广泛的烹饪原料。其食法同豆腐干。

6）腐乳

腐乳是用大豆或豆饼先制成腐乳白坯，然后接入培养的菌种进行发酵、腌制，加汤料、装坛、封盖而成。

品种：腐乳根据外观颜色不同可分为红色、白色、青色3种。米黄色腐乳味偏甜，红色和青色腐乳味偏咸，是烹饪常用的调味品。

营养：含有多种氨基酸，不仅产生鲜味而且是人体必需的营养成分。

烹调应用：一般用作菜肴的调味料。

7）豆芽

豆芽是将豆类的种子在一定的湿度、温度条件下，无土培养的芽菜的统称，常见的有黄豆芽、绿豆芽、豌豆芽等。

别名：巧芽、豆芽菜、如意菜、掐菜、银芽、银针、银苗、芽心、大豆芽、清水豆芽、芽苗菜。

品种：香椿芽苗菜、荞麦芽苗菜、苜蓿芽苗菜、花椒芽苗菜、绿色黑豆芽苗菜、相思豆芽苗菜、葵花籽芽苗菜、萝卜芽苗菜、龙须豆芽苗菜、花生芽苗菜、蚕豆芽苗菜等30多个品种。

营养：日本科学家发现，在绿豆发芽过程中，部分蛋白质可分解为氨基酸，从而增加原有氨基酸含量。其中还含有纤维素，若与韭菜同炒或凉拌，用于老年及幼儿便秘，既安全又有良效。取食绿豆芽，可治疗因缺乏维生素A而引起的夜盲症、缺乏维生素B_2而引起的舌疮口炎及阴囊炎、缺乏维生素C引起的坏血病等。烹食绿豆芽时最好加点醋，这样可使蛋白质尽快凝固，既可保持豆芽体坚挺美观，又可保存营养。同时应热锅快炒，使维生素C免致过多破坏。

烹调应用：在烹饪中广泛使用。可用多种烹调方法烹制多种菜肴。

2.3.2 面粉制品

面粉制品中主要有面筋。

别名：面根、白搭菜。

品种：把小麦粉加水裹成面团，在水中搓洗，除去淀粉，得到有弹性的胶状物质称为面筋。面筋易发酵变质，不易储存，常按不同的加工方法制成以下品种。

①水面筋。将面筋切块，用冷水煮熟，色灰白，有弹性。

②烤麸。将大块面筋经保温发酵后，放在盘中蒸制，呈海绵状，有弹性。

③油面筋，又称面筋泡。将面筋摘成小块后，经油炸后成圆球状，金黄色，质地酥脆。

营养：面筋的营养成分尤其是蛋白质含量高于瘦猪肉、鸡肉、鸡蛋和大部分豆制品，属于高蛋白、低脂肪、低糖、低热量食物，还含有钙、铁、磷、钾等多种微量元素，是传统美食。

烹调应用：适合多种烹调方法，炸、烧、烩等，油面筋还可做填馅菜肴。

糖醋面筋：将生面筋切成2厘米见方的块。荸荠削皮，笋肉切成指甲大小的丁。炒锅置中火上烧热，下菜油，至六成热（约150 ℃）时，倒入面筋，用手勺翻动，炸至略带深黄发松，倒入漏勺。在原锅中放入荸荠丁、笋丁、豌豆，加水、白糖和酱油适量，沸起

后用湿淀粉和醋调匀勾芡，倒入面筋，立即颠翻，出锅装盘即成。糖醋面筋如图2.6所示。

图2.6　糖醋面筋

2.3.3　米粉制品

1）米粉

米粉是指大米经加工磨碎而成的粉末状原料。

品种：生米粉、熟米粉。

烹调应用：根据加工方法和大米种类的不同，可制成多个品种。米粉可以制作糕、团等油炸食品，如年糕等。

2）米线

别名：米粉、米团等。

营养：米线含有丰富的碳水化合物、维生素、矿物质及酵素等，具有熟透迅速、均匀，耐煮不烂，爽口滑嫩，煮后汤水不浊，易于消化的特点，特别适合作为火锅和休闲快餐食品。米线在泡制过程中营养容易流失，因此米线需搭配各种蔬菜、肉、蛋和调料来增加营养，适当的调料又能让米线更美味。

烹调应用：米线是以大米为原料，经过洗米、浸泡、磨浆、搅拌、蒸粉、压条、干燥等工序制成的粉丝状制品。米线的食用方法很多，可以做主食，也可以做小吃，如云南过桥米线、广东的炒河粉。

图2.7　云南过桥米线

云南过桥米线：将肉料分别切薄片，有味的焯水后漂凉装盘。其余各料另锅焯水，漂凉后切段装盘。香菜、葱切碎和油辣椒及烫过的米线一同上桌。鸡油烧至七成热时装入碗中，倒入烧开的清汤，加调料上桌。食用时，先将肉片烫至白色，下绿菜稍烫，再下米线，撒少许葱花、香菜即成。云南过桥米线如图2.7所示。

2.3.4　杂粮制品

1）粉丝

别名：粉条、线粉。

品种：粉丝品种繁多，如绿豆粉丝、豌豆粉丝、蚕豆粉丝、魔芋粉丝，更多的是淀粉制的粉丝，如红薯粉丝、甘薯粉丝、土豆粉丝等。粉丝按其开联有粗、细、圆、扁及片状等多种；按其主要用料又有豆类、薯类、苕类等。除大豆以外的豆类淀粉均可制作粉丝，但以绿豆淀粉制品为最佳。

营养：粉丝的营养成分主要是碳水化合物、膳食纤维、蛋白质、烟酸和钙、镁、铁、

图2.8　鸭血粉丝汤

钾、磷、钠等矿物质。粉丝有良好的附味性，它能吸收各种鲜美汤料的味道，加上粉丝本身柔润嫩滑，更加爽口宜人，凉拌更佳。

烹调应用：粉丝是以豆类或薯类等淀粉做原料，经过多道工序，利用淀粉糊化和老化的原理，加工成丝状或条状的制品。粉丝是烹制菜肴的常用原料，适合于多种烹调方法，如粉丝汤、猪肉炖粉条等。

鸭血粉丝汤：取不锈钢烫粉漏勺，加入粉丝、豆腐果煮1分钟；取碗，在碗中放入盐、味精、鸡粉、鸭血汤调味料、榨菜和鸭料油，倒入烫好的粉丝与鸭汤，泼上香辣鸭血、鸭肠、鸭肝，粉丝上撒香菜、香葱即成。鸭血粉丝汤如图2.8所示。

2）粉皮

别名：拉皮。

品种：粉皮在不同地区以大米、绿豆、红薯淀粉、马铃薯淀粉等原料制作。一般是磨浆后，摊平在容器或蒸具上水汽蒸熟，形成平整、软薄的皮状食品，色泽银白光洁，半透明，有弹性、韧性，人们把这种皮状食品称为粉皮。

营养：粉皮的主要营养成分为碳水化合物，另外，还含有少量蛋白质、维生素及矿物质，具有柔软嫩滑、口感筋道等特点。

烹调应用：绿豆淀粉制作的粉皮为上品，是绿豆淀粉经过多道工序蒸制而成的。主要食用方法是冷食，如鸡丝拉皮、红油拉皮等。干粉皮发水后食用，可冷食也可用烧、炒等方法加工后食用。

任务4　谷物类原料的品质鉴别与保藏

1.4.1　谷物类原料的品质鉴别

1）谷物类原料的感官鉴别要点

感官鉴别谷类质量的优劣时，一般根据色泽、外观、气味、滋味等方面进行综合评价。眼睛观察可感知谷类颗粒的饱满程度，是否完整均匀，质地的紧密和疏松程度，以及其本身固有的正常色泽，并且可以看到有无霉变、虫蛀、杂物、结块等异常现象。鼻嗅和口尝则能够体会到谷物的气味和滋味是否正常，有无异臭、异味。其中，观察其外观与色泽在对谷类作感官鉴别时有着极为重要的意义。

2）稻谷的品质鉴别

（1）色泽鉴别

进行稻谷色泽的感官鉴别时，先在黑纸上撒上薄薄的一层样品，在散射光下仔细观察。然后用小型出白机或装入小帆布袋揉搓脱去样品的稻壳，看有无黄粒米，如有，则拣出称重。

①良质稻谷。外壳呈黄色、浅黄色或金黄色，色泽鲜艳一致，具有光泽，无黄粒米。

②次质稻谷。色泽灰暗无光泽，黄粒米超过2%。

③劣质稻谷。色泽变暗或外壳呈褐色、黑色，肉眼可见霉菌菌丝，有大量黄粒米或褐色米粒。

（2）外观鉴别

进行稻谷外观的感官鉴别时，可在纸上撒上薄薄的一层样品，仔细观察其外观，并观察有无杂质。

①良质稻谷。颗粒饱满，完整，大小均匀，无虫害及霉变，无杂质。

②次质稻谷。有未成熟颗粒，少量虫蚀粒、生芽粒及病斑粒等，大小不均，有杂质。

③劣质稻谷。有大量虫蚀粒、生芽粒、霉变颗粒，有结团、结块现象。

（3）气味鉴别

进行稻谷气味的感官鉴别时，取少量样品于手掌上，用嘴哈气使之稍热，然后立即嗅其气味。

①良质稻谷。具有纯正的稻香味，无其他任何异味。

②次质稻谷。稻香味微弱，稍有异味。

③劣质稻谷。有霉味、酸臭味、腐败味等不良气味。

3）早米与晚米的品质鉴别

根据稻谷栽培季节的不同，可以将大米分为早米与晚米两类。

（1）早米

因为早稻的生长期短，只有80～120天，因此生产出来的早米，米质疏松，腹白度较大，透明度较小，缺乏光泽，吸水率比晚米大，黏性小，糊化后体积大，所以，用早米煮成的饭，吃起来口感差，质干硬，肚易饱。早米中含的稗粒和小碎米比晚米多。一般来说，早米的食用品质比晚米差。

（2）晚米

由于晚稻的生长期较长，通常为150～180天，并在秋高气爽的时节成熟，有利于营养物质的积累，因此，晚米的品质特征好，如米质结构紧密，腹白度小或无，透明度较大，富有光泽。煮熟的晚米吃起来质地细腻，黏稠适中，松软可口。晚米中的稗粒和小碎米的数量比早米少。大多数人爱食晚米，特别是老年人。根据米粒的营养成分测定，早米与晚米中的蛋白质、脂肪、B族维生素、矿物质等含量及产热量均相差无几。

4）大米的品质鉴别

根据稻谷加工深度的不同，将大米分为4个等级，即特等米、标准一等米、标准二等米和标准三等米。

①特等米的背沟有皮，而米粒表面的皮层除掉在85%以上。由于特等米基本除净了糙米

的皮层和糊粉层，粗纤维和灰分含量很低，因此，米的胀性大，出饭率高，食用品质好。

②标准一等米的背沟有皮，而米粒面留皮不超过1/5的占80%以上，加工精度低于特等米。食用品质、出饭率和消化吸收率略低于特等米。

③标准二等米的背沟有皮，而米粒面留皮不超过1/3的占75%以上。米中的灰分和粗纤维较高，出饭率和消化吸收率均低于特等米和标准一等米。

④标准三等米的背沟有皮，而米粒面留皮不超过1/3的占70%以上。由于米中保留了大量的皮层和糊粉层，米中的粗纤维和灰分增多。虽然出饭率没有特等米、标准一等米和标准二等米高，但所含的大量纤维素对人体生理功能起到很多有益的作用。

5）米粉的品质鉴别

米粉又名米粉条，它是用特等米或加工精度高的米做原料，经过洗米、浸泡、磨浆、搅拌、蒸粉、压条、干燥等一系列工序加工制成的米制品。在市场上选购米粉时，其品质的鉴别有以下几个方面。

（1）色泽

洁白如玉，有光亮和透明度的，品质最好；无光泽、色浅白的品质差。

（2）状态

组织纯洁，质地干燥，片形均匀、平直、松散，无结疤，无并条的，品质最好；反之，品质差。

（3）气味

无霉味，无酸味，无异味，具有米粉本身新鲜味的品质最好；反之，品质差。如果有霉味或酸败味重，不得食用。

（4）加热

煮熟后不糊汤、不黏条，不断条，品质最好。这种米粉吃起来有韧性，清香爽口，色、香、味、形俱佳；反之，品质次。

6）小米的品质鉴别

小米的品质特征是：

①色泽均匀一致，富有光泽，气味正常，不含杂质，碎米含量不超过6%。

②如果小米色泽混杂，碎米和杂质多，则品质不好。

小米是一种营养丰富的粮食，蛋白质含量高于大米和玉米，脂肪、热量、硫胺素和维生素E含量高于大米和小麦粉。用小米煮饭或熬粥，色、香、味俱佳，并且容易被人体消化吸收。小米是孕妇、老、弱、婴和病人较理想的食品。

7）小麦的品质鉴别

（1）色泽鉴别

进行小麦色泽的感官鉴别时，可在黑纸上撒上薄薄的一层样品，在散射光下观察。

①良质小麦。去壳后小麦皮色呈白色、黄白色、金黄色、红色、深红色、红褐色，有光泽。

②次质小麦。色泽变暗，无光泽。

③劣质小麦。色泽灰暗或呈灰白色，胚芽发红，带红斑，无光泽。

（2）外观鉴别

进行小麦外观的感官鉴别时，可在黑纸或白纸上（根据品种，色浅的用黑纸，色深的用白纸）撒上薄薄的一层样品，仔细观察其外观，并注意有无杂质。最后，取样用手搓或用牙咬，以感知其质地是否紧密。

①良质小麦。颗粒饱满、完整、大小均匀，组织紧密，无虫害和杂质。

②次质小麦。颗粒饱满度差，有少量破损粒、生芽粒、虫蚀粒，有杂质。

③劣质小麦。严重虫蚀，生芽，发霉结块，有多量赤霉病粒（被赤霉苗感染，麦粒皱缩、呆白，胚芽发红或带红斑，或有明显的粉红色霉状物，质地疏松）。

（3）气味鉴别

进行小麦气味的感官鉴别时，取少量样品放于手掌上，用嘴哈热气，然后立即嗅其气味。

①良质小麦。具有小麦正常的气味，无任何异味。

②次质小麦。略有异味。

③劣质小麦。有霉味、酸臭味或其他不良气味。

（4）滋味鉴别

进行小麦滋味的感官鉴别时，可取少许样品进行咀嚼，品尝其滋味。

①良质小麦。味佳微甜，无异味。

②次质小麦。乏味或微有异味。

③劣质小麦。有苦味、酸味或其他不良滋味。

8）面粉的品质鉴别

（1）色泽鉴别

进行面粉色泽的感官鉴别时，在黑纸上撒上薄薄的一层样品，然后与标准颜色或标准样品进行比较，仔细观察其色泽。

①良质面粉。色泽呈白色或微黄色，不发暗，无杂质。

②次质面粉。色泽暗淡。

③劣质面粉。色泽呈灰白色或深黄色，发暗，色泽不均。

（2）组织状态鉴别

进行面粉组织状态的感官鉴别时，在黑纸上撒上薄薄的一层样品，仔细观察有无发霉、结块、虫蚀及杂质等，然后用手捻捏，以试手感。

①良质面粉。呈细粉末状，不含杂质，手指捻捏时，无粗粒感，无虫子，无结块，置于手中紧捏后放开不成团。

②次质面粉。手捏时有粗粒感，生虫或有杂质。

③劣质面粉。面粉吸潮后霉变，有结块或手捏成团。

（3）气味鉴别

进行面粉气味的感官鉴别时，取少量样品置于手掌中，用嘴哈气使之稍热。为增强气味，也可将样品置于有塞的瓶中，加入60 ℃热水，紧塞片刻，然后将水倒出嗅其气味。

①良质面粉。具有面粉的正常气味，无其他异味。

②次质面粉。微有异味。

③劣质面粉。有霉臭味、酸味、煤油味或其他异味。

（4）滋味鉴别

进行面粉滋味的感官鉴别时，可取少量样品细嚼，如遇可疑情况，应将样品加水煮沸后尝试。

①良质面粉。味道可口，淡而微甜，没有发酸、刺喉、发苦、发甜或其他滋味，咀嚼时没有沙声。

②次质面粉。淡而乏味，微有异味，咀嚼时有沙声。

③劣质面粉。有苦味、酸味、甜味或其他异味，有刺喉感。

9）面筋的品质鉴别

面筋质存在于小的胚乳中，其主要成分是小麦蛋白质中的胶蛋白和谷蛋白。这两种蛋白是人体需要的营养素，也是面粉品质的重要质量指标。鉴别面筋质的质量，有以下4个方面的内容。

（1）颜色

品质好的面筋质呈白色，稍带灰色；反之，面筋质的品质就差。

（2）气味

新鲜面粉加工出的面筋质，具有轻微的面粉香味。受虫害影响、含杂质多的以及陈旧的面粉，加工出的面筋质，则带有不良气味。

（3）弹性

正常的面筋质具有弹性，变形后可以复原，不黏手；品质差的面筋质，无弹性、黏手、容易散碎。

（4）延伸性

品质好的软面筋质拉伸时，具有很大的延伸性；品质差的面筋质，拉伸性小，易拉断。

10）玉米的品质鉴别

（1）色泽鉴别

进行玉米色泽的感官鉴别时，可以取玉米样品在散射光下进行观察。

①良质玉米。具有各种玉米的正常颜色，色泽鲜艳，有光泽。

②次质玉米。颜色发暗，无光泽。

③劣质玉米。颜色灰暗无光泽，胚部有黄色或绿色、黑色的菌丝。

（2）外观鉴别

进行玉米外观的感官鉴别时，可以在纸上撒上薄薄的一层样品，在散射光下观察，并注意有无杂质，最后用牙咬的方式观察样品的质地是否紧密。

①良质玉米。颗粒饱满完整，均匀一致，质地紧密，无杂质。

②次质玉米。颗粒饱满度差，有破损粒、生芽粒、虫蚀粒、未熟粒等，有杂质。

③劣质玉米。有多量生芽粒、虫蚀粒，或发霉变质，质地疏松。

（3）气味鉴别

进行玉米气味的感官鉴别时，可以取少量样品置于手掌中，用嘴哈热气立即嗅其气味。

①良质玉米。具有玉米固有的气味，无任何其他异味。

②次质玉米。微有异味。

③劣质玉米。有霉味、腐败变质味或其他不良异味。

（4）滋味鉴别

进行玉米滋味的感官鉴别时，可取样品进行咀嚼，品尝其滋味。

①良质玉米。具有玉米的固有滋味，微甜。

②次质玉米。微有异味。

③劣质玉米。有酸味、苦味、辛辣味等不良滋味。

11）高粱的品质鉴别

（1）色泽鉴别

进行高粱色泽的感官鉴别时，可以在黑纸上撒上薄薄的一层样品，并在散射光下进行观察。

①良质高粱。具有该品种应有的色泽。

②次质高粱。色泽暗淡。

③劣质高粱。色泽灰暗或呈棕褐色、黑色，胚部呈灰色、绿色或黑色。

（2）外观鉴别

进行高粱外观的感官鉴别时，可以在白纸上撒上薄薄的一层样品，借助散射光进行观察，并注意有无杂质，最后用牙咬籽粒的方式观察质地。

①良质高粱。颗粒饱满、完整，均匀一致，质地紧密，无杂质、虫害和霉变。

②次质高粱。颗粒皱缩不饱满，质地疏松，有虫蚀粒、生芽粒、破损粒，有杂质。

③劣质高粱。有大量虫蚀粒、生芽粒、发霉变质粒。

（3）气味鉴别

进行高粱气味的感官鉴别时，可以取少量高粱样品置于手掌中，用嘴哈热气，然后立即嗅其气味。

①良质高粱。具有高粱固有的气味，无任何其他的不良气味。

②次质高粱。微有异味。

③劣质高粱。有霉味、酒味、腐败变质味或其他异味。

（4）滋味鉴别

进行高粱滋味的鉴别时，可以取少许样品，用嘴咀嚼，品尝其滋味。

①良质高粱。具有高粱特有的滋味，味微甜。

②次质高粱。乏而无味或略有异味。

③劣质高粱。有苦味、涩味、辛辣味、酸味或其他不良滋味。

1.4.2 谷物类原料的保管

粮食是有生命的，它不断地进行新陈代谢。有效抑制新陈代谢、防止病虫害等污染，是粮食保管的目的。餐饮业的粮食保管是短时间的。一般来说，在保管中应注意调节温度、控制湿度、避免感染等几个问题。

1）调节温度

粮食本身在呼吸中会释放热量，积聚在粮堆的热量，会引起粮食温度的升高。因此，粮食在保管中不要堆积过多，应通风，温度在20 ℃以下较为适宜。

2）控制湿度

粮食具有吸水性，在潮湿环境中容易吸收水分，会发生结块或霉变。因此，在保管中，除注意温度的影响外，堆放时还要用高架，并有铺垫物。

3）避免污染

粮食中的蛋白质、淀粉具有吸收各种气味的特性。所以，粮食不能与有异味的物质如咸鱼、熏肉、香料等堆放在一起，否则会感染异味，影响粮食的品质。

因此，根据粮食的特性，保管粮食时要做到：

①存放地点必须干燥、通风，切忌潮湿。

②避免异味、异物的污染，堆放要保持一定空间，与墙壁保持一定的距离。

③注意防止鼠害、虫害等。

[小组探究]

我国地方风味品种丰富，请尝试制作一些具有地方特色的主食，并探究其工艺特点。

[练习实践]

1. 谷物类原料种子的结构如何？
2. 大米和面粉的品质应从哪几个方面进行鉴别？
3. 谷物类原料在烹饪中如何运用？
4. 举例说明谷物类原料的品质鉴别标准。

情境导入

✧ 蔬菜是维持生命不可缺少的食物，人们可以长期不吃荤菜，却不能不吃蔬菜。由于蔬菜中含有丰富的维生素，营养价值很高，素有“维生素仓库”的美名。蔬菜中含有大量的维生素C，能增强血管壁的韧性和弹性，防止血管壁破裂。其中，白菜、萝卜、辣椒、西红柿、芹菜、韭菜、菠菜维生素C的含量丰富。各种蔬菜中还含有大量的维生素A、B族维生素、维生素D、维生素E、维生素K等。人体内摄入了这些维生素，可以预防很多疾病。

蔬菜中含有人体所需要的丰富的矿物质，如菠菜中的铁和钙，黄花菜中的磷，芹菜中的钙等。

蔬菜所含纤维素、半纤维素、木质素和果胶是膳食纤维的主要来源。虽然膳食纤维在体内不参与代谢，但可促进肠蠕动，利于通便，减少或阻止胆固醇等物质的吸收，有益于健康。

蔬菜中还含有酶类、杀菌物质和具有特殊功能的生理活性成分。如萝卜中含有淀粉酶，生吃有助消化；大蒜中含有植物杀菌素和含硫化合物，具有抗菌消炎、降低血清胆固醇的作用；洋葱、甘蓝、西红柿等含有生物类黄酮，为天然抗氧化剂，能维持微血管的正常功能。蔬菜具有防癌抗癌作用，这是因为蔬菜中含有维生素C、维生素A、维生素B_2和纤维素、酶等物质。

教学目标

✧ 了解蔬菜类原料的分类方法和在烹饪中的应用。

✧ 了解常用蔬菜类原料品种的名称、产地。

✧ 掌握蔬菜类原料品质鉴别的方法和保管方法，以及常用蔬菜类原料与蔬菜制品的烹饪运用。

任务1　蔬菜类原料基础知识

3.1.1　蔬菜类原料的概念及化学成分

1）蔬菜的概念

蔬菜是指可以用来制作菜肴或面点及馅心的草本植物，包括少数木本植物和部分菌藻类。

2）蔬菜的化学成分

水：含量在65%～90%。

无机盐：钙、磷、铁、钾等。

白扁豆、雪里蕻、苋菜、芫荽、芹菜、香椿芽、萝卜、银耳、海带等含钙较高，比肉类、谷类、果品（柑橘除外）的钙含量高几倍至十几倍。

豌豆、雪里蕻、苋菜、芹菜、香椿芽、大白菜、木耳、香菇等含铁较多，比肉类、果品高2～3倍。

黄豆芽、毛豆、马铃薯、山药、冬笋、小白菜、雪里蕻、苋菜、菠菜、芫荽、芹菜、韭菜、青蒜、葱、荠菜、香椿芽、冬瓜、辣椒、蘑菇、木耳等含磷较多，比果品高，但比水产品、肉类和谷物低。

韭菜、苋菜、芹菜、油菜、菜花、荠菜、香椿芽、芫荽、黄花菜等含钾较多。

①含维生素C较多的有辣椒、香椿芽、苦瓜、韭菜、青蒜、藕、小白菜、菠菜、大白菜、大葱、苋菜、茴香苗、蕹菜等。

②含维生素A原（胡萝卜素）较高的有胡萝卜、芫荽、菠菜、小白菜、韭菜、蕹菜、南瓜、苋菜、茴香苗等。

碳水化合物：是蔬菜类物质的主要成分，包括糖、淀粉、纤维素、半纤维素、果胶。含糖较多的蔬菜主要有胡萝卜、南瓜、洋葱等；含淀粉较多的主要有马铃薯、山药、芋头、慈菇和豆类等。

有机酸：番茄含有较多的有机酸，有机酸主要指苹果酸、柠檬酸，其他蔬菜有机酸的含量较少。有些蔬菜如菠菜、竹笋等含有较多的草酸、鞣酸，如与食物中的钙结合生成草酸钙，影响人体对钙的吸收，所以含草酸较多的蔬菜在烹调前可用开水焯一下，以除去大部分的草酸。

挥发油：如大蒜、葱、姜、洋葱、芹菜等蔬菜中含有较多的挥发油。

色素：蔬菜之所以有颜色，主要是因为所含色素不同。

①叶绿素。具有不稳定的性质，不溶于水而溶于酒精，很容易被氧化和被酸、热破坏。

②类胡萝卜色素。主要有番茄红素、胡萝卜素、叶黄素、椒红素等。能显示出红色、黄色、橙红、橙黄色。当蔬菜进入成熟阶段，叶绿素减少，这些色素含量便会增加。类胡萝卜素主要存在于胡萝卜、番茄、红辣椒等蔬菜中。

③花青素。花青素可以使蔬菜呈现出蓝、红、紫色。大多数蔬菜属于碱性食品，因此蔬菜对人体维持酸碱平衡有十分重要的作用。

3.1.2 蔬菜类原料分类方法和烹调应用

1）蔬菜分类的方法

（1）植物学分类法

植物学分类法是根据蔬菜的亲缘关系，从生理、遗传、形态特征等方面进行分类。

（2）农业生物学分类法

农业生物学分类法是根据蔬菜生长发育的习性和栽培方法，取其相似的各种蔬菜归纳分类。

（3）食用部位分类法

食用部位分类法是根据人们食用蔬菜的不同部位归纳分类。

①叶菜类蔬菜。是指以叶片和叶柄为主要食用部分的蔬菜。

②茎菜类蔬菜。是指以植物的嫩茎或变态茎为食用部分的蔬菜，包括地上茎和地下茎。

③根菜类蔬菜。是指植物根部粗大且具有食用价值的一类蔬菜。

④果菜类蔬菜。是指以植物的果实或幼嫩的种子为食用部分的蔬菜，包括瓠果类、茄果类、荚果类蔬菜。

⑤花菜类蔬菜。是指以植物的花部为食用部分的蔬菜。

⑥芽苗类蔬菜。是指以植物的嫩芽为食用部分的蔬菜。

2）蔬菜类原料的烹调应用

①部分蔬菜类原料是重要的调味蔬菜。

②部分蔬菜类原料是面点中重要的馅心原料。

③部分蔬菜是食品雕刻原料。

3）蔬菜的品质鉴别

蔬菜的品质主要从其感官指标来判别。蔬菜的品质取决于色泽、质地、含水量、病虫害和农药残留量等情况。

（1）色泽

正常的蔬菜都有其固有的颜色。优质的蔬菜色泽鲜艳，有光泽；次质的蔬菜虽然有一定的光泽，但其色泽较优质蔬菜暗淡；劣质的蔬菜色泽较暗，无光泽。

（2）质地

质地是检验蔬菜品质的重要指标。优质的蔬菜质地鲜嫩、挺拔、发育充分、无黄叶、无刀伤；次质的蔬菜梗硬，叶子较老且枯黄干瘪；劣质的蔬菜黄叶多，梗粗老，有刀伤，萎缩严重。

（3）含水量

蔬菜是水分含量较多的原料。优质的蔬菜有正常的水分，表面有润泽的光亮，刀口断面会有汁液流出；劣质的蔬菜外形干瘪，失去光泽。

（4）病虫害

病虫害是指昆虫和微生物侵蚀蔬菜的情况。优质的蔬菜无霉烂及虫害的情况，植株饱满完整；次质的蔬菜有少量霉斑或病虫害；劣质的蔬菜严重霉烂，有很重的霉味或虫蛀、空心现象，基本失去食用价值。

（5）毒物残留量

毒物残留量，是指每千克食品中最多允许残留有毒物质的质量。用毫克/千克表示。毒物残留量的意义在于，超过这一指标即有可能发生中毒。《中华人民共和国农药管理条例》规定，剧毒、高毒农药不得用于蔬菜和瓜果，克百威、甲胺磷等高毒农药在蔬菜、水果上的残留标准“不得检出”。蔬菜、瓜果中的重金属汞、铅、铬、镉、铜、砷等的含量以及普通农药残留量的指标应全部符合国家标准规定。

此外，蔬菜的品质与存放的时间也有很大的关系。存放时间越长，蔬菜的品质就下降得越多。

任务2　叶菜类蔬菜

3.2.1　白菜类蔬菜

白菜类蔬菜是指大白菜、小白菜、油菜等几种烹饪食物的总称。

1）大白菜

别名：结球白菜、黄芽菜。

品种：为一年生或两年生草本植物。其外形大致为3种：卵圆形、平头形、直筒形。北京白菜，叶浅绿色，有皱，叶球抱合紧密。天津白菜，叶球细长，圆柱状。大白菜浅根性，须根发达，再生力强，适于育苗移栽。茎在营养生长期为短缩茎，遇高温或过分密植时也会伸长。短缩茎上生莲座叶，为主要食用部分，又是同化器官。大白菜在美国栽培已久，用作沙拉蔬菜。韩国泡菜是常见的食品，常用大白菜制成。

产地：大白菜原产地为地中海沿岸和中国。长江以南为主要产区，种植面积占秋、冬、春菜播种面积的40%～60%。20世纪70年代后，中国北方栽培面积也迅速扩大，各地普遍栽培，其栽培面积和消费量在中国居各类蔬菜之首。主产区为山东、河南、河北等地：主产山东的品种有山东福山包头白、胶县白菜；主产河南中部的品种有洛阳包头白、郑州黑叶；主产河北的品种有天津青麻叶、玉田包头菜。

产季：上市季节9—11月。

营养：含钙和维生素C较多，同时还有较多的锌和粗纤维。大白菜微寒、味甘、性平，归肠、胃经。有解热除烦、通利肠胃、养胃生津、除烦解渴、利尿通便、清热解毒之功效，可用于肺热咳嗽、便秘、丹毒、漆疮。

烹调应用：金糕拌白菜、炝白菜、奶汤白菜、醋溜白菜、海米扒白菜、开水白菜。

2）小白菜

别名：青菜。

品种：为一年生或两年生草本植物。其叶片形呈勺形、圆形、卵形或长椭圆形等，浅绿色或深绿色。它生长期短，适应性强，质地脆嫩。

根据形态特征、生物学特性及栽培特点，小白菜可分为秋冬白菜、春白菜和夏白菜，各

包括不同类型品种。

①秋冬白菜。中国南方广泛栽培、品种多。株型直立或束腰，以秋冬栽培为主，依叶柄色泽不同分为白梗类型和青梗类型。白梗类型的代表品种有南京矮脚黄、常州长白梗、广东矮脚乌叶、合肥小叶菜等；青梗类型的代表品种有上海矮箕、杭州早油冬、常州青梗菜等。

②春白菜。植株多开展，少数直立或微束腰。冬性强、耐寒、丰产。按抽薹早晚和供应期又分为早春菜和晚春菜。早春菜的代表品种有白梗的南京亮白叶、无锡三月白及青梗的杭州晚油冬、上海三月慢等。晚春菜的代表品种有白梗的南京四月白、杭州蚕白菜等及青梗的上海四月慢、五月慢等。

③夏白菜。夏秋高温季节栽培，又称火白菜、伏菜，代表品种有上海火白菜、广州马耳白菜、南京矮杂一号等。

产地：原产我国，在南方广泛栽培。

产季：常在春秋两季蔬菜较少时上市。

营养：含有较多的无机盐和维生素，还含有较多的粗纤维。性凉，味甘，易伤脾胃。入肝、脾、肺经。种子辛、温。可行滞活血、消肿解毒、痈肿丹毒、劳伤吐血、热疮，产后心、腹诸疾及恶露不下、产后泄泻；蛔虫肠梗阻、破气消肿、血痢、胃痛、神经痛、头部充血。

烹调应用：适合于炒及制汤等烹调方法，也可作辅料。可制作椒油小白菜、鸡茸小白菜。

香菇青菜：锅内放油，油热时放青菜炒制，快熟时加入少许鸡精和盐，加入蒜末翻炒后盛出。锅内放油，将香菇整个放在锅里略炒后加盖用小火焖5分钟；开盖，加入生抽与盐、鸡精调味，将调料调匀后再加入适量上汤调匀。香菇盛出，用筷子整齐地摆放在青菜上，最后将锅内的汁淋在菜上即成。香菇青菜如图3.1所示。

图3.1　香菇青菜

3）油菜

品种：为一年生或两年生草本植物。按其叶柄颜色可分为青帮油菜、白帮油菜。

产地：油菜栽培历史十分悠久，中国和印度是世界上栽培油菜最古老的国家。全世界栽植油菜以印度最多，中国次之，加拿大居第三位。北方小油菜原产中国西部，分布于中国的西北、华北、内蒙古及长江流域各省（区），世界各地也广泛分布。在中国，油菜主要分布在长江流域一带，为两年生作物。它们在秋季播种育苗，次年5月收获。春播秋收的一年生油菜主要分布在新疆西南地区、甘肃、青海和内蒙古等地。

品质特点：质地脆嫩，色泽翠绿。

营养：含有丰富的维生素A、维生素C、钙和铁等，含粗纤维较多。油菜性凉，味甘，入肝、脾、肺经，种子辛、温。能行滞活血，消肿解毒。可用于痈肿丹毒、劳伤吐血、热疮，产后心、腹诸疾及恶露不下、产后泄泻；蛔虫肠梗阻、破气消肿、血痢、胃痛、神经痛、头部充血。

烹调应用：在烹调中可作高料制作菜肴，如海米扒油菜、鸡茸油菜、香菇扒油菜，另外还可当辅料使用。

4）乌塌菜

别名：瓢儿菜、油塌菜、太古菜、塌棵菜。

外形：叶成椭圆形或倒卵形，叶色浓绿至墨绿，叶面平滑或皱缩。

品种：按叶形及颜色可分为乌塌菜和油塌菜两类。乌塌菜叶片小，色深绿，叶色多皱缩，代表品种有小八叶、大八叶。油塌类系乌塌菜与油菜的天然杂种，叶片较大，浅绿色，叶面平滑，代表品种有黑叶油塌菜。按乌塌菜植株的塌地程度可分为塌地类型和半塌地类型。

塌地型植株塌地与地面紧贴，代表品种有常州乌塌菜，叶椭圆形或倒卵形，墨绿色，叶面微皱，有光泽，全缘，四周向外翻卷，叶柄浅绿色，扁平，生长期较长，品质优良。

半塌地型植株不完全塌地，代表品种有南京瓢菜，叶片半直立，叶圆形，墨绿色，叶有皱褶，叶脉细稀，叶全缘，叶柄扁平微凹，白色，叶尖外翻，有菊花心之称。

产地：主产于长江流域。

产季：一般在春节前后收获。

品质特点：以叶色深绿、呈卵圆形、外形整洁、质嫩清香者为佳。

营养：中医认为，乌塌菜味甘、性平，可滑肠，利五脏，增强人体防病抗病能力，泽肤健美。

烹调应用：一般切成片状，适宜烧、煮、焖、炖、熬等烹调方法，也可做汤，为冬日家常菜，烹调宜长时间加热，调味忌加酱油。

3.2.2 香辛类蔬菜

1）芹菜

别名：旱芹、药芹。

品质特点：为一年生草本植物。叶柄发达，中空或实，色绿白或翠绿。有特殊香味，脆嫩爽口。

品种：津南冬芹品种叶柄较粗，淡绿色，香味适口。株高90厘米，单株重0.25千克，分枝极少，最适冬季保护地生产使用。铁杆芹菜植株高大，叶色深绿，有光泽，叶柄呈绿色，实心或半实心。

产地：芹菜原产于地中海沿岸的沼泽地带，世界各国已普遍栽培。我国芹菜栽培始于汉代，至今已有2 000多年的历史。起初仅作为观赏植物种植，后作食用，经过不断地驯化培育，形成了细长叶柄型芹菜栽培种，即本芹(中国芹菜）。本芹在我国各地广泛分布，而河北遵化和玉田县、山东潍县和桓台、河南商丘、内蒙古集宁等地都是芹菜的著名产地。

产季：四季均产，但其性喜冷凉，不耐炎热，故以秋、冬季较多。

品质鉴别：按其呈柄组织结构，可分为空心芹菜和实心芹菜。空心芹菜根大，空心，叶细长，柄呈绿色，香味浓，纤维较粗，品质较差，一般作馅心或菜码；实心芹菜根小，叶柄宽，实心，香味较淡，纤维较细小，质地脆嫩，一般多作炒、拌用。

营养：芹菜含有丰富的维生素A、维生素B_1、维生素B_2、维生素C和维生素P，钙、铁、

磷等矿物质含量也多，此外，还有蛋白质、甘露醇和食物纤维等成分。叶茎中还含有药效成分的芹菜苷、佛手苷内酯和挥发油，具有降血压、降血脂、防治动脉粥样硬化的作用；对神经衰弱、月经失调、痛风、抗肌肉痉挛也有一定的辅助食疗作用；它还能促进胃液分泌，增加食欲。特别是老年人，身体活动量小、饮食量少、饮水量不足而易患大便干燥，经常吃芹菜可刺激胃肠蠕动利于排便。

烹调应用：宜炒、拌、炝等烹调方法。刀工成型以成段较多，如芹菜炒肉丝、海米拌芹菜、炝芹菜、茶干炒芹菜等。

2）西芹

别名：西洋芹菜。

品质特点：西芹是芹菜的一个孪种，其外形同芹菜相似，株型较芹菜大，纤维比芹菜少，故更脆嫩。西芹叶柄发达，色翠绿，有特殊香味，脆嫩爽口，净菜率高达80%。

品种：可以分黄色种、绿色种和杂色种3种。

产地：西芹原产地中海沿岸的沼泽地带，是欧美各国主要蔬菜之一，我国自20世纪80年代中后期引入，沿海及大中城市均有栽培。

产季：一般秋、冬季收获较多。

营养：含有丰富的糖分、维生素及多种无机盐。纤维素含量少，有较高的营养保健功能。早在2 000年前古希腊人作药用栽培，后作香辛蔬菜栽培，经长期培育成具肥大叶柄的芹菜类型。西芹和本芹（中国芹菜）具有相同的营养和食疗价值。西芹性凉、味甘。实验表明，芹菜有明显的降压作用，其持续时间随食量增加而延长，并且还有镇静和抗惊厥的功效。西芹一方面含有大量的钙质，可以补“脚骨力”；另一方面也含有钾，可减少身体的水分积聚。

烹调应用：西芹食用方法较多，可生食凉拌，可荤素炒食、做汤、做馅、做菜汁、腌渍、速冻等。其汁可直接和面制成面条或饺子皮，极具特色。

西芹百合：将西芹切成2厘米的段，百合摘成瓣入沸水中焯一下，锅中加入适量的油，放入葱花，姜末炝出香味，加入西芹、百合翻炒均匀，再加入盐、味精、胡椒粉、鲜汤，白糖加热至熟，勾芡出锅即成。西芹百合如图3.2所示。

图3.2　西芹百合

3）荷兰芹

别名：洋芹菜、香芹。

品质特点：叶面卷曲，呈鸡冠状，叶缘有深锯齿，叶色浓绿，叶味辛香软嫩，风味独特。

品种：普通香芹或称板叶香芹主根肉质，长圆锥形。基生叶黄，平直，叶缘缺刻粗大而尖，主根可食或作药用。叶片适用于作调味汁和酱汁。

板叶香芹与普通香芹相似，区别在于其植株较大，叶片和叶柄较粗厚。食用方法类似芹菜。

皱叶香芹和矮生皱叶香芹叶缘缺刻细、深裂而卷曲，并成三回卷皱，如重瓣鸡冠状。矮生皱叶香芹的基生叶成簇平展生长，叶片呈宽厚的羽毛状。外观雅致，用作青枝绿叶装饰菜肴或沙拉。

蕨叶香芹叶片不卷皱，但深裂成许多分离的细线状，外观轻而优美。主要用作盘菜的装饰。

产地：原产欧洲南部地中海沿岸。

产季：一般在1—5月。

营养：有较高的营养价值，含有丰富的蛋白质、碳水化合物、胡萝卜素、维生素C及多种无机盐，还含各种芳香物质，具有一定的药用价值。香芹的叶片大多用作香辛调味用，做沙拉配菜、水果和果菜沙拉的装饰及调香。香芹叶可除口臭，如吃葱蒜后，咀嚼一点香芹叶，可消除口齿中的异味。香芹的果实(即种子）和根群中还含有利尿精油，其中含有类黄酮的成分，有利尿和防腐作用。果实中利尿精油的含量为2.6%，根中的含量为0.1%～0.3%，所以果实的药效要比根的药效高。在西方国家，医学界把香芹推荐用于治疗膀胱炎和前列腺炎的蔬菜膳食谱中，或与利尿草药混合使用。

烹调应用：西餐中不可缺少的辛香菜，现中餐的应用越来越多，一般作为菜品装饰、生食和制汤。

4）芫荽

别名：香菜。

品质特点：叶小茎细，色泽浓绿，质地脆嫩，具有浓烈的芳香气味。

产地：原产欧洲地中海地区，中国西汉时由张骞从西域带回，现中国东北、河北、山东、安徽、江苏、浙江、江西、湖南、广东、广西、陕西、四川、贵州、云南、西藏等地均有栽培。

产季：四季均产，但以秋、冬季应用较多。

营养：含有较多维生素C、钙、铁等，因含有挥发油，故具有浓烈的特殊芳香气味，使人食后有芳香浓郁、醇味爽口之感，并有开胃促进食欲的作用。芫荽性温，味辛，具有发汗透疹、消食下气、醒脾和中之功效，主治麻疹初期透出不畅、食物积滞、胃口不开、脱肛等病症。芫荽辛香升散，能促进胃肠蠕动，有助于开胃醒脾，调和中焦；芫荽提取物具有显著的发汗清热透疹的功能，其特殊香味能刺激汗腺分泌，促使机体发汗、透疹。

烹调应用：在烹调中可冷拌，也可在热菜中切末撒在成熟的菜肴上，以增加菜肴的香味。

5）茴香苗

外形：茴香苗是茴香的嫩茎及叶，其梗叶瘦小，叶色浓绿，呈羽状分裂。

产地：原产地中海地区，现我国南北各地均产。

产季：一般可常年收获。

营养：含有挥发油，故具有强烈的芳香气味，含有较多的维生素A原和无机盐。

烹调应用：在烹调中多用作面点馅心，也可炒食，还可做冷盘的点缀原料。

6）葱

别名：葱，青葱，葱白(鳞茎），大葱叶，香葱，细香葱，小葱，四季葱，火葱，分葱。

品种：葱属百合科，多年生草本植物，两年生栽培。我国主要栽培大葱、龙爪葱（大葱的变种）、分葱、细香葱和韭葱。

产地：主要产于淮河、秦岭以北黄河中下游地区。分葱和细香葱则以南方栽培较多。韭葱我国只有少数地方栽培。

产季：大葱11月初上市。葱可以四季常长，终年不断，但主要是以冬、春两季较多。

品质特点：我国著名大葱品种有山东的章丘大葱、鸡腿葱等。章丘大葱白长而粗，纤维少，肥大脆嫩多汁，辣味淡，稍有清甜之味，称为“大梧桐”。鸡腿葱形似鸡腿，茎洁白粗厚，品质致密，味道辣香浓郁，葱白短。

营养：葱本身性温、味辛，具有散寒、健胃、发汗、去痰、杀菌的功效。含有丰富的蛋白质、脂肪、糖类、维生素A、维生素B_1、维生素B_2、维生素C、钙、磷、铁、镁及膳食纤维等。适宜伤风感冒，发热无汗，头痛鼻塞，咳嗽痰多，腹部受寒引起的腹痛、腹泻，以及胃寒、食欲缺乏、胃口不开者食用。

烹调应用：葱在刀工成型上也是多种多样的，可以加工成丝、段、末、马蹄葱、灯笼葱等。在烹调中是重要的调味蔬菜，可起到去腥解腻调和多种口味的作用，很多较油腻的菜肴都要配生大葱同食。大葱还可作为主要原料制作菜肴，如葱烧海参、葱烧蹄筋、葱爆肉等。

葱烧豆腐：将豆腐用沸水焯透后捞出；豆腐沥净水分，顶刀切成0.5厘米厚的片；将葱白切成4厘米长的段，然后切成细丝；取碗一只，将精盐、味精、料酒、酱油、高汤兑成调味汁，待用；旺火坐勺，注油，烧至七成热，将豆腐片滚上一层面粉；挂水淀粉下入油勺内，滑散，炸呈浅黄色后捞出；待油温升至八成热时，复炸至呈金黄色，倒入漏勺内沥净油；原勺留底油，烧热后下入葱丝，煸炒出葱香味；倒入豆腐、调味汁，迅速颠勺，淋麻油，出勺装盘即成。葱烧豆腐如图3.3所示。

图3.3　葱烧豆腐

7）韭菜

韭菜为多年生宿根草本植物，分蘖力强。因一种而久，故谓之“韭菜”。

外形：叶细长扁平而柔软，翠绿色。

产地：原产亚洲东部，现我国各地已普遍栽培。

产季：四季均有，但因韭菜喜凉冷天气，故以春、秋两季为佳。

品种：按其食用部位的不同分为叶韭、花韭、叶花兼用韭。叶韭的叶片较宽而柔软，抽薹少，以食叶为主。叶韭可分为宽叶韭和细叶韭两种。宽叶韭叶面宽而柔软，叶色淡绿，纤维少，但香味不及细叶韭，性耐寒，在北方有较多栽培；细叶韭叶片狭小而长，色深绿，纤维较多，香味浓，性耐热，在南方有较多栽培。韭菜按栽培的方法不同可分为盖韭、冷韭、敞韭、青韭、黄韭。多为冬春在保护地里栽培，其质地鲜嫩，含水量大，但怕风、怕热、怕晒、怕冷。我国著名的品种有陕西汉中的冬韭、山东寿光九巷的马蔺韭、甘肃兰州的小韭等。

营养：含有一定的维生素、无机盐，还含有挥发油和硫化物等成分，具有兴奋和杀菌作用。韭菜的粗纤维较多，且较坚韧，不易消化，故不宜一次多食。有消化道疾病的人不宜食韭菜。韭菜根味辛，性温；入肝、胃、肾经。有温中开胃、行气活血、补肾助阳、散瘀的功效。韭菜叶味甘、辛、咸，性温，入肝、胃、肾经。温中行气，散瘀解毒。韭菜种子味辛、咸、性温，入肝、肾经。补肝肾，暖腰膝，壮阳固精。全韭可补肾益胃，充肺气，散淤行滞，安五脏，行气血，止汗固涩，干呃逆。主治阳痿、早泄、遗精、多尿、腹中冷痛、胃中虚热、泄泻、白浊、经闭、白带、腰膝痛和产后出血等病症。

烹调应用：适宜炒、拌等烹调方法，是很多面点馅心的上乘原料。

8）茼蒿

别名：同蒿、蓬蒿。

外形：叶呈倒卵状，叶狭小而薄。

产地：原产地中海，在中国已有900余年的栽培历史，且分布广泛，但南北各地栽培面积很小。分布在安徽、福建、广东、广西、广州、海南、河北、湖北、湖南、吉林、山东、江苏等地。

产季：性喜冷凉，冬春上市。

营养：蓬蒿具有调胃健脾、降压补脑等效用。常吃茼蒿，对咳嗽痰多、脾胃不和、记忆力减退、习惯性便秘均有较好的疗效。而当茼蒿与肉、蛋等共炒时，则可提高其维生素A的吸收率。将茼蒿焯一下水，拌上芝麻油、味精、精盐，清淡可口，最适合冠心病、高血压病人食用。

烹调应用：炒、拌、制汤。

3.2.3 其他叶菜类

1）卷心菜

别名：结球甘蓝、包心菜、圆白菜、洋白菜。

品种：叶片厚，卵圆形，叶柄短，叶心包合成球。按颜色可分为两类：一种为蓝绿色，在我国产量最多；另一种为紫色。按叶球形状的不同，可分为尖头形、圆头形、平头形。

产地：原产地中海。

产季：尖头形卷心菜叶球较小，呈牛心形，叶球内茎高，结球不太紧实，成熟于5—6月；圆头形卷心菜叶球中等，叶球内茎较短，结球结实，品质较好，耐存放，6月上市；平头形卷心菜叶球大而扁，叶球内茎短，结球紧实，品质佳，7月或10月上市。

营养：中医认为，卷心菜性甘平，无毒，经常食用有补髓，利关节，壮筋骨，利五脏，调六腑，清热止痛等功效。卷心菜新鲜汁液能治疗胃和十二指肠溃疡，有止痛及促进愈合的作用。经常吃卷心菜对皮肤美容也有一定的功效，能防止皮肤色素沉淀，减少青年人雀斑，延缓老年斑的出现。世界卫生组织推荐的最佳食物中，蔬菜首推为红薯（山芋），山芋含丰富维生素，又是抗癌能手；其次是芦笋、花椰菜、芹菜、茄子、胡萝卜等。

烹调应用：适用于炒、拌、炝及制汤，可利用其叶片大的特点卷上馅、做菜卷。紫包菜还可作点缀。可将生的卷心菜切碎，加入蛋黄酱、色拉调料、酸性稀奶油、醋等做成菜丝色拉；也可加工成酸泡菜食用；还可与多种肉类、其他蔬菜一起煮、炒、煎和烤。需要注意的是，烹调过度会使香味丢失而产生不良的味道，大大减少其营养价值。因此，在烤、炒、煮等时，应在最后加入卷心菜。相关食谱、食物搭配浓汤把一个完整的卷心菜、土豆、大蒜、葱和带骨头的鸡肉放在一起煮，简单且营养均衡，是一道美味佳肴。

2）菠菜

别名：菠棱、赤根菜。

品种：秋菠菜8—9月播种，播后30～50天可分批采收。品种宜选用较耐热、生长快的早熟品种，如犁头菠、广东圆叶、春秋大叶等。越冬菠菜10中旬—11月上旬播种，春节前后分批采收，宜选用冬性强、抽薹迟、耐寒性强的中、晚熟品种，如圆叶菠、迟圆叶菠、辽宁圆叶菠等。春菠菜开春后气温回升到5 ℃以上时即可开始播种，3月为播种适期，播后30～50天采收，品种宜选择抽薹迟、叶片肥大的迟圆叶菠、春秋大叶、沈阳圆叶、辽宁圆叶等。夏菠菜5—7月分期播种，6月下旬—9月中旬陆续采收，宜选用耐热性强，生长迅速，不易抽薹的春秋大叶、广东圆叶等。

产地：原产波斯，最早被摩尔人引进西班牙，然后在欧洲广泛传播开来，此后又传播到世界各地，于公元647年传入中国。

产季：北方春收为主，南方则春、秋季各地均产。

营养：含多种维生素和无机盐，特别是维生素A原、维生素C、维生素K、磷、蛋白质等含量较一般蔬菜高。菠菜中含草酸较多，烹制时应焯一下水去掉草酸。菠菜味甘、性凉，入大肠、胃经。可补血止血，利五脏，通肠胃，调中气，活血脉，止渴润肠，敛阴润燥，滋阴平肝，助消化。主治高血压、头痛、目眩、风火赤眼、糖尿病、便秘、消化不良、跌打损伤、衄血、便血、坏血病、大便涩滞，也可用以治疗贫血。

烹调应用：适于塌、冷拌、炒、制汤等烹调方法。如锅塌菠菜等。

3）蕹菜

别名：空心菜、藤藤菜、蕹菜、通心菜、无心菜、瓮菜、空筒菜、竹叶菜。

外形：中空，叶长呈心脏形，叶柄较长，色绿。

产地：原产我国南部。

产季：夏、秋两季。

营养：维生素A、维生素C、钙、铁、粗纤维等含量较高。中医认为蕹菜性寒，味甘，有清热、凉血、止血之功效。

图3.4　炒空心菜

烹调应用：宜炒食，一般烹调加蒜会更出味。

炒空心菜：空心菜洗干净，然后摘段，锅内放油，油热，葱段、蒜末炒10秒钟。倒入摘好的空心菜，大火煸炒1分钟；加少许精盐用大火急炒，菜软时加点香油、精盐和味精，出锅即成。炒空心菜如图3.4所示。

4）苋菜

品种：苋菜按其叶片颜色的不同，可以分为3个类型。

绿苋：叶片绿色，耐热性强，质地较硬。品种有上海的白米苋、广州的柳叶苋及南京的木耳苋等。

红苋：叶片紫红色，耐热性中等，质地较软。品种有重庆的大红袍、广州的红苋及昆明的红苋菜等。

彩苋：叶片边缘绿色，叶脉附近紫红色，耐热性较差，质地软。有上海的尖叶红米苋及广州的尖叶花红等。

产地：苋菜原产中国、印度及东南亚等地，中国自古就作为野菜食用。作为蔬菜栽培以中国与印度居多，中国南方又比北方多，在中国的南方各地均有一些品质优、营养高的苋菜品种。因苋菜的抗性强，易生长，耐旱、耐湿、耐高温，加之病虫害很少发生，故苋菜不论是在中国还是国外，都渐渐被人们所认识而得到发展。

产季：北方产于夏季，南方春、夏、秋季均产。

营养：含有维生素A原、维生素C、钙、铁，特别是铁含量较高。苋菜能补气、清热、明目、滑胎、利大小肠，且对牙齿和骨骼的生长可起到促进作用，并能维持正常的心肌活动，防止肌肉痉挛。还具有促进凝血、增加血红蛋白含量并提高携氧能力、促进造血等功能，也可以减肥，促进排毒，防止便秘。

烹调应用：素炒、清炒时宜加蒜。

5）生菜

别名：叶用莴苣、鹅仔菜、莴仔菜。

产地：原产地在欧洲地中海沿岸，过去生菜在中国栽培不多，多在南方种植。随着改革开放、对外交往频繁，近年来在一些大城市及沿海一些开放城市生菜的种植面积逐渐多起来，继而内地的许多城市也引入试种，受到消费者欢迎。目前生菜已成为我国发展较快的绿叶蔬菜。我国东南沿海大部分地区有栽培。

产季：四季均产。

品种：生菜分为结球生菜、散叶生菜和皱叶生菜3种。结球生菜卷成球形，又分青口、白口、青白口3种。散叶生菜又称花叶生菜，皱叶生菜又称玻璃生菜。

营养：中医认为其味苦、性寒，可治热毒、疮肿、口渴。

烹调应用：生菜是最适合生吃的蔬菜。生菜含有丰富的营养成分，其纤维和维生素C比白菜多。生菜除生吃、清炒外，还能与蒜蓉、蚝油、豆腐、菌菇同炒，不同的搭配，生菜所发挥的功效是不一样的。

6）木耳菜

别名：落葵、紫角叶、胭脂菜等。

产地：原产亚洲热带地区。我国南北方各地多有种植，南方大部分是采用的普通栽培，也有野生的。因为气候方面的问题，南方的产量比北方的产量要高出很多。在北方一般采用大棚、温室栽培。

品质特点：含黏液，通体鲜嫩滑润，清爽香糯。

营养：木耳菜不仅美味，而且营养素含量极其丰富，尤其钙、铁等元素含量甚高，除蛋白质含量比苋菜稍少之外，其他营养成分与苋菜不相上下。其中富含维生素A、维生素C、B族维生素和蛋白质，而且热量低、脂肪少，经常食用有降血压、益肝、清热凉血、利尿、防止便秘等功效，极适宜老年人食用。木耳菜的钙含量很高，且草酸含量极低，是补钙的优选经济菜。同时木耳菜菜叶中富含一种黏液，对抗癌防癌有很好的作用。

烹调应用：木耳菜宜做汤羹，也可做凉拌菜或炒食，如清炒木耳菜、蒜泥木耳菜，其味清香、清脆爽口。

7）马齿苋

别名：蚂蚱菜、瓜子菜、马踏菜、马生菜、马齿菜。

产地：中国南北各地均产，广布全世界温带和热带地区。马齿苋常生在荒地、田间、菜园、路旁，分布在中国各地，华南、华东、华北、东北、中南、西南、西北较多。

产季：多产于夏季。

外形：茎是紫色，叶为绿色，呈倒形匙状，鲜马齿苋不怕晒，不怕旱，生命力强盛。

营养：马齿苋含有蛋白质、脂肪、碳水化合物、膳食纤维、钙、磷、铁、铜、胡萝卜素、维生素B_1、维生素B_2、尼克酸、维生素C等多种营养成分，尤其是维生素A、维生素C、核黄素等维生素和钙、铁等矿物质。其ω-3脂肪酸含量在绿叶菜中占首位。马齿苋清热解毒，散血消肿。治热痢脓血、热淋、血淋、带下、痈肿恶疮、丹毒和瘰疬。用于湿热所致的腹泻、痢疾，常配黄连、木香。内服或捣汁外敷，治痈肿。也用于便血、子宫出血，有止血作用。

烹调应用：马齿苋生食、烹食均可，柔软的茎可像菠菜一样烹制。不过如果对它强烈的味道不太习惯的话，就不要用太多。马齿苋茎顶部的叶子很柔软，可以像豆瓣菜一样烹食，可用来做汤或用于做沙司、蛋黄酱和炖菜。马齿苋和碎萝卜或马铃薯泥一起做，味道很好，也可以和洋葱或番茄一起烹饪，其茎和叶可用醋腌泡食用。

8）西洋菜

别名：豆瓣菜、水田芥、凉菜、耐生菜、水芥、水蔊菜。

品种：广州西洋菜，小叶卵形，深绿色。在广州地区栽培不开花结果，但在北京能开花结实。百色西洋菜别名青叶西洋菜，主产区在广西、武汉。叶色绿，在南方能开花结籽。大叶豆瓣菜是从英国引进的品种，植株粗大，匍匐茎长60厘米以上。茎易中空，叶片大，小叶圆形，全缘，绿色，辛香味较广州种淡。在北京栽培4—5月开花，种子产量高。武汉大叶豆瓣菜植株茎叶粗大，小叶宽大，近似菱形，深绿色。主茎粗，纤维稍多，产量高。耐寒菜北京郊区河溪边自然生长。茎、叶较小，极耐寒，冬季能在常流水的河溪或泉水边以宿根越冬，春季即发芽生长，花期5—6月，结籽后能继续生长枝叶，采收期为6—9月。

产地：黑龙江、河北、山西、山东、河南、安徽、江苏、广东、广西、陕西、四川、贵州、云南、西藏等地均产。欧洲、亚洲及北美也有分布。

产季：冬、春季市场上常见的畅销菜。

营养：中医认为西洋菜性凉，味甘，具有清肺热、润肺燥功效。现代医学发现它含有较多的抗衰老素SOD。国外的研究资料报道，西洋菜有通经的作用，并能干扰卵子着床，阻止妊娠。我国医学认为，西洋菜味甘微苦，性寒，入肺、膀胱。具有清燥润肺、化痰止咳、利尿等功效。西方国家和我国广东人民认为，西洋菜是一种能润肺止咳、益脑健身的保健蔬菜。罗马人用西洋菜治疗脱发和坏血病。在伊朗，人们认为西洋菜是一种极好的儿童食品。西洋菜还可以有效预防自由基的积累，锻炼前2小时食用西洋菜可以有效预防剧烈运动带来的损伤。

烹调应用：食用部位是其嫩茎叶，茎柔多汁、质脆少纤维、香嫩不腻。在烹调中可冷拌、可炒，也可炖肉、炖鸡，还可制汤，特别是广东人更喜用此煲汤，可做润肺西洋菜汤、鱼片西洋菜汤、西洋菜炒牛肉等。

9）荠菜

别名：荠、净肠草、血压草、清明草。

品种：板叶荠菜又称大叶荠菜，上海市地方品种。植株塌地生长，开展度18厘米。叶片浅绿色，大而厚，叶长10厘米，宽2.5厘米，有18片叶左右。叶缘羽状浅裂，近于全缘，叶面平滑，稍具绒毛，遇低温后叶色转深。该品种抗寒和耐热力均较强，早熟，生长快，播种后40天即可收获，产量较高，外观商品性好，风味鲜美。其缺点是香气不够浓郁，冬性弱，抽薹较早，不宜春播，一般用于秋季栽培。

散叶荠菜又叫百脚荠菜、慢荠菜、花叶荠菜、小叶荠菜、碎叶荠菜、碎叶头等。植株塌地生长，开展度18厘米。叶片绿色，羽状全裂，叶缘缺刻深，长10厘米，叶窄较短小，有20片叶左右，绿色，叶缘羽状深裂，叶面平滑绒毛多，遇低温后叶色转深，带紫色。该品种抗寒力中等，耐热力强，冬性强，比板叶荠菜迟10～15天。香气浓郁，味极鲜美，适于春季栽培。

产地：各地均产，原为野菜。

产季：一直视为春季野菜佳品。

营养：除含有较多的蛋白质、钙、维生素C外，还有一定的钾、磷、铁、钠、核黄素、胡萝卜素，其中胡萝卜素的含量与胡萝卜相仿，含氨基酸达11种之多。中医认为，荠菜性平味甘，有止血、明目、降压、解毒、利水的功能。

烹调应用：宜炒、拌和制汤、做馅心等。如荠菜丸子、荠菜鱼卷、荠菜春卷、荠菜饺子等。

10）莼菜

别名：水葵。

外形：为多年水生草本植物，叶片椭圆形，深红色。

产地：分布在江苏、浙江、江西、湖南、四川、云南等地；东亚其他地区、印度、大洋洲、非洲、北美均有。宜于在清水中生长，主要分布于太湖、西湖、洞庭湖等地，以浙江萧山湘湖产量最大。

产季：春、夏两季采其嫩叶做蔬菜。

营养：含有维生素和多种氨基酸，其黏液具有抗癌作用。中医认为其味甘、性寒，具有清热、利水、消肿、解毒的功效。治热痢、黄疸、痈肿、疔疮。以全草入药。主治清热解毒、止呕、高血压病、泻痢、胃痛、呕吐、反胃、痈疽疔肿、热疖。鲜品煮食或捣烂吞服，外用鲜品捣烂敷患处。

烹调应用：具有色绿、脆嫩、清香的特点。莼菜有黏液，食用时口感滑润、风味淡雅。

莼菜宜制汤，如西湖莼菜汤、鸡丝莼菜汤等，可拌、烩，也可作多种菜肴的辅料。烹调时不宜加热过度，可先用沸水焯热再放入汤中或菜中。

任务3　茎菜类蔬菜

3.3.1　地上茎类蔬菜

1）竹笋

别名：笋。

种类：中国优良笋的主要竹种有长江中下游的毛竹（产于江西、安徽南部、浙江等地）、早竹，以及珠江流域、福建等地的麻竹和绿竹等。

产地：主要分布在珠江流域和长江流域。

产季：毛竹鞭抽生后3～6年为发笋盛期，冬季可挖冬笋，清明前后开始采收春笋，早竹的春笋品质比毛竹佳。麻竹、绿竹等丛生型竹栽植两年后开始收笋，每年4—11月为采收期，7—8月为盛收期。竹笋的笋头刚露出土面为采收适期，过迟采收，纤维多、具苦味。竹笋，又称玉兰片，在一年中，冬、春、夏3季均可吃到鲜笋。

营养：中医认为，竹笋味甘、性微寒，归胃、肺经具有滋阴凉血、和中润肠、清热化痰、解渴除烦、清热益气、利膈爽胃、利尿通便、解毒透疹、养肝明目、消食的功效，还可开胃健脾、宽肠利膈、通肠排便、开膈豁痰、消油腻、解酒毒。主治食欲不振、胃口不开、大便秘结、痰涎壅滞、形体肥胖、酒醉恶心等病症。

烹调应用：鲜竹笋细嫩、肉厚质脆、味清鲜、无邪味，是优良烹饪原料，在烹调中应用极为广泛。刀工成型时可加工成块、片、丝、条、丁等；宜焖、烩、烧、炖、蒸、煨等烹调方法；做主料可制作油焖冬笋、虾子烧冬笋、火腿蒸笋鞭、红烧冬笋、干烧冬笋、炝冬笋、番茄笋尖、糟烩春笋等多种菜肴；上至山珍海味，下至普通原料，均可用笋作辅料制作菜肴，所以竹笋是理想的烹饪原料。

炝竹笋：鲜冬笋肉切成5厘米长的片，放入碗中加鲜笋汤少许，上笼蒸约1小时取出沥去汤汁。酱油、精盐、味精、鲜汤下锅烧热调成卤汁，浇在蒸熟的冬笋片上，撒上姜末、胡萝卜末，淋上麻油即成。炝竹笋如图3.5所示。

图3.5　炝竹笋

2）芦笋

别名：学名石刁柏，又称龙须菜。

外形：为多年生草本植物，生在凹、湿地。芦笋的根状上有鳞芽，鳞芽春季自地下茎抽生嫩茎，长12～16厘米，粗1.2～3.8厘米，白色，经软化后可供食用。

产地：原产欧洲，现世界各地均有栽培。近年来，我国栽培量逐渐增多。

产季：春季。

品种：在未出土前采收的幼茎色白，称为白芦笋，适宜加工罐头；出土后见阳光变成绿色的，称为绿芦笋，适宜鲜食。绿芦笋虽不如白芦笋柔嫩，但香味浓、栽培省工、收获方便，可以密植、产量高。

营养：芦笋有鲜美芳香的风味，膳食纤维柔软可口，能增进食欲，帮助消化。现代营养学分析，芦笋蛋白质组成具有人体所必需的各种氨基酸，含量比例符合人体需要，无机盐元素中有较多的硒、钼、镁、锰等微量元素，还含有大量以天门冬酰胺为主体的非蛋白质含氮物质和天门冬氨酸。芦笋含有丰富的维生素A、维生素C以及钾和锌。一杯芦笋汁就可以提供67%每天所需的叶酸。

烹调应用：其纤维柔软细嫩，具有清香的特点。在烹调中出工成型较少，一般是整条或切段使用，适合炝、扒、烩、锅塌等烹调方法。作主料时可制作白扒芦笋、锅塌芦笋、炝芦笋、鸡茸芦笋等菜肴，也可作辅料。用芦笋制作菜肴时加热不可过度。

3）莴苣

别名：茎用莴苣、莴笋。

品种：基处叶狭长，茎处叶较短。莴苣分尖叶莴苣和圆叶莴苣。尖叶莴苣呈披针形，前端尖，叶簇较小，茎似上细下粗的棒状；圆叶莴苣叶片呈长倒卵形，茎部稍圆，叶面多皱，叶簇大，茎粗大，中下部较粗，品质较好。

产地：莴苣原产地中海沿岸，公元前4 500年时莴苣在地中海沿岸栽培普遍。16世纪在欧洲出现结球莴苣和紫莴苣；16—17世纪有皱叶莴苣和紫莴苣的记载。莴苣约在5世纪传入中国。中国各地均有栽培，也有野生。中国各地以茎用莴苣——莴笋栽培为主，而叶用莴苣多分布在华南地区。20世纪80年代后期，结球莴苣在北京及沿海一些城市也有发展。

产季：秋、冬、春3季均产。

营养：莴苣中碳水化合物的含量较低，而无机盐、维生素则含量较丰富，尤其是含有较多的烟酸。烟酸是胰岛素的激活剂，糖尿病人经常吃莴苣，可改善糖的代谢功能。莴苣中还含有一定量的微量元素锌、铁，特别是莴苣中的铁元素很容易被人体吸收，经常食用新鲜莴苣，可防治缺铁性贫血。莴苣中的钾离子含量丰富，是钠盐含量的27倍，有利于调节体内盐的平衡。对于高血压、心脏病等患者，具有促进利尿、降低血压、预防心律失常的作用。莴苣还有增进食欲、刺激消化液分泌、促进胃肠蠕动等功能。

烹调应用：肉质脆嫩、色翠绿，在烹调中应用广泛。刀工成型时可加工成块、片、条、丝、丁等；适宜于生拌、炝、炒等烹调方法；既可作主料，如海米拌莴苣、炝莴苣、珊瑚莴苣等，又可作多种菜肴的辅料。可与鸡、鱼、肉、虾等多种原料搭配制作菜肴。莴苣肉质呈淡绿色，在菜肴中还能起到改善色泽的作用。

4）茭白

别名：茭笋、菰。

外形：为多年生水生宿根草本植物，根际有白色匍匐茎，春季萌生新株。初夏或秋季抽生花茎，以菰黑粉菌侵入寄生后，不能正常抽薹开花而刺激其细胞增生，形成肥大的嫩茎，即食用的茭白。茭白外披绿色叶鞘、茎部尖、中下部粗，略呈纺锤形，去皮后长

10～30厘米。

品种：我国茭白品种较多，主要分为单季茭和双季茭两类。主要品种有京茭三号、宁波四九茭、六月白、水珍1号、丽水高山茭等。

产地：河北、江苏、浙江、安徽、江西、福建、河南、湖南、湖北、海南、广东、广西、四川、云南、黑龙江等。茭白原产中国及东南亚，是一种较为常见的水生蔬菜作为蔬菜栽培的，为禾本科植物菰的嫩茎秆被菰黑粉菌刺激而形成的纺锤形肥大部分。古人称茭白为“菰”。在唐代以前，茭白被当作粮食作物栽培，它的种子叫菰米或雕胡，是“六谷”(稌、黍、稷、粱、麦、菰）之一。只有中国和越南，其中，以中国栽培最早。

产季：每年6—10月上市，按其采集季节可分秋季单季茭、夏秋双季茭两种。

营养：茭白主要含蛋白质、脂肪、糖类、维生素B_1、维生素B_2、维生素E、微量胡萝卜素和矿物质等。医用茭白清湿热、解毒，催乳汁，其中的豆甾醇能清除体内活性氧，抑制酪氨酸酶活性，从而阻止黑色素生成，它还能软化皮肤表面的角质层，使皮肤润滑细腻，肉质鲜嫩。

烹调应用：茭白肉质爽口柔嫩，色泽洁白，纤维少，味清香。可刀工成型为块、片、丁、丝、条等多种形状，适宜于拌、炝、烧等多种烹调方法。又因其无特殊口味，所以可以和鸡、鱼、肉等多种原料搭配制作菜肴。作主料时可制作虾子炝茭白、糟煎茭白、奶汤茭白等菜肴，也可制作面点馅心。

5）蕨菜

别名：蕨儿菜、拳菜。

外形：为多年生草本植物，叶从根茎上长出，顶上幼叶芽苞呈拳形，待幼叶舒展后，纤维韧而且硬，便不能食用。

产地：在我国各山野都有生长。

产季：宜在春季采集食用。

营养：中医认为，蕨菜其味甘、性寒，可清热、滑肠、化痰。现代研究认为，蕨菜中的纤维素有促进肠道蠕动，减少肠胃对脂肪吸收的作用。蕨菜味甘性寒，入药有解毒、清热、润肠、化痰等功效，经常食用可降低血压、缓解头晕失眠。蕨菜还可以止泻利尿，其所含的膳食纤维能促进胃肠蠕动，具有下气通便、清肠排毒的作用，还可治疗风湿性关节炎、痢疾、咳血等病，并对麻疹、流感有预防作用。

烹调应用：以嫩茎供食用，可用拌、炝、炒等烹调方法制作菜肴。蕨菜清淡爽口，质地滑润柔脆，有特殊清香，烹制菜肴时喜重油，可制作滑炒里脊蕨菜、海米炝蕨菜、拌蕨菜等菜肴。

3.3.2 地下茎类蔬菜

1）马铃薯

别名：土豆、地蛋、山药蛋。

外形：为多年生草本植物，地下块茎呈圆、卵、椭圆等形，有芽眼，皮有红、黄、白或紫色。

产地：世界上的马铃薯主要生产国有波兰、中国、美国等。我国山东省滕州市是著名的中国马铃薯之乡，是马铃薯农业标准化示范县（市），承担了万亩马铃薯高产示范创建项目，拥有绿色食品马铃薯原料标准化示范基地。我国内蒙古自治区乌兰察布市特产乌兰察布马铃薯，是中国地理标志产品（农产品地理标志）。中国食品工业协会授予乌兰察布市中国马铃薯之都称号，甘肃定西市安定区是中国马铃薯之乡。甘肃省定西市渭源县被命名为“中国马铃薯良种之乡”。马铃薯在河南开封、郑州等地也有大面积种植。

中国马铃薯的主产区是西南、西北、内蒙古和东北地区。得天独厚的地理环境和自然条件使定西成为中国乃至世界马铃薯最佳适种区之一。定西已成为全国马铃薯三大主产区之一和全国最大的脱毒种薯繁育基地、全国重要的商品薯生产基地和薯制品加工基地。

产季：产于初夏，耐储存。

营养：营养丰富，富含糖类、钙、磷、铁和维生素C、维生素B_1、维生素B_2、胡萝卜素等，还能提供人体大量的热能。既可作蔬菜，也可作主食，被列为世界五大粮食作物之一（玉米、小麦、水稻、燕麦、土豆），被一些国家称为蔬菜之王、第二面包。

烹调应用：马铃薯便于成型，本身滋味清淡，色泽呈淡黄色等特点，故在烹调中有着广泛的应用。适宜多种刀工成型；适用于炸、炒、炖、烧、拔丝等多种烹调方法；做主料时可制作炸土豆片、炒土豆丝、土豆烧牛肉、拔丝土豆等菜肴。马铃薯含有多酚类的鞣酸，切制后在氧化酶的作用下会变成褐色，故切制后应放在水中浸泡一会儿并及时烹制。因为发芽的土豆含有对人体有毒的物质龙葵素，所以发芽的土豆不能食用。

图3.6　青椒土豆丝

青椒土豆丝：将土豆去皮切丝（准备一盆清水，将切好的土豆丝放入水中，以免土豆生锈变色），将青椒去把、去籽、去筋、切丝，把大蒜拍碎。将土豆丝过水（在烹制过程中容易熟透），将青椒丝用油煸一下。锅中放入底油，葱花煸香，放入青椒、土豆丝煸炒，放入调好的料汁继续煸炒，待锅中料汁包裹住原料，淋少许麻油装盘即成。青椒土豆丝如图3.6所示。

2）山药

别名：薯蓣、淮山药。

品种：为多年生缠绕藤木，地下茎是呈圆柱形肉质的块茎。山药块茎周皮褐色，肉色白，表面多生根须。山药按栽培可分为普通山药（也称家山药）和甜薯两大类。甜薯在我国广东、广西、江西等地栽培较多，块茎特大，有的重5千克以上。普通山药在我国中部和北部较多，块茎圆且较小。山药按其形状可分为扁形、块形、长柱形。

产地：南北各地均产，以河南沁阳、博爱、武陟、温县一带的怀山药最为著名。

产季：秋季。

营养：含糖类、蛋白质、黏液质等多种对人体有益的物质。现代医学认为，山药对心血管、肝、肾都有一定的保健作用。中医认为，性平、味甘，能补中益气、滋养强壮，对身体虚弱、精神倦怠、糖尿病等有一定的疗效，是良好的滋补食物。

烹调应用：肉质脆嫩，易折断，多黏液，在烹调中作辅料，用旺火速成的烹调方法。做

主料时一般应较长时间加热，成熟后软糯适口。刀工成型时可加工成块、片、条、茸泥等。做主料时主要以甜菜为主，可制成拔丝山药、蜜汁山药、拔丝金枣等。山药还可做配料，是制作素菜的重要原料，可作素排骨、素鱼等。

图3.7 素排骨

素排骨：铁棍山药去皮切1厘米见方、5厘米长的段。切好的山药泡在淡盐水中可以防止氧化。油豆皮切成比山药段稍窄一些的长条。将山药条放在一张切好的豆皮上，将山药条一圈圈卷起来。可以用2～3张切好的豆皮来卷，把所有的山药都用豆皮卷好。炒锅放油置火上，放入卷好的山药豆皮卷，小火煎制，煎制定型，呈金黄色盛出备用。锅中留底油，放入葱、姜片煸香。放入煎好的山药豆皮卷。加入两大勺蚝油、一大勺番茄酱。加入适量清水没过山药卷。加入一勺白糖，加入酱油调色。用中小火焖15分钟。山药绵软后，大火把汤汁收浓稠裹在豆皮山药卷上即成。素排骨如图3.7所示。

3）芋头

别名：芋艿、毛芋头。

外形：芋头的地下球茎可食用。芋头为圆形或椭圆形，节上有棕色鳞片毛。

产地：各地均有栽培，以南方栽培较多，著名的品种有广西荔浦芋头等。

营养：芋头性平，味甘、辛，有小毒。能益脾胃，调中气，化痰散结。可治少食乏力、瘰疬结核、久痢便血、痈毒等病症。芋头所含的矿物质中，氟的含量较高，具有洁齿防龋、保护牙齿的作用。芋头中含有多种微量元素，能增强人体的免疫功能，可作为防治癌瘤的常用药膳主食。在癌症手术或术后放疗、化疗及其康复的过程中，有较好的辅助作用。

烹调应用：芋头熟后质地细软糯滑，既可作主食又可作蔬菜。芋头制作菜肴时最宜煨、烧、烩，成菜口味咸甜均可。可制成香芋扣肉、芋头鸭子、蜜汁芋片等，还可制作素菜，在我国南方应用较多。

4）凉薯

别名：豆薯、葛薯、葛瓜、沙葛等。

外形：地下块根可供食用，块根肉色白。

品种：按块根形状分为扁圆、扁球、纺锤形（或圆锥形）等。按成熟期分为早熟、晚熟两种。

①早熟种。植株生长势中等，叶片较小，块根膨大较早，生长期较短。块根扁圆或纺锤形，皮薄，纤维少，单根重0.4～1千克，鲜食或炒食。其品种有：贵州黄平地瓜、四川遂宁地瓜、成都牧马山地瓜、广东顺德沙葛等。

②晚熟种。植株生长势强，生长期长，块根成熟较迟。块根扁纺锤形或圆锥形，皮较厚，纤维多，淀粉含量高，水分较少，单根重1～1.5千克，大者可达5千克以上。适于加工制粉。其品种有：广东湛江大葛薯、广州郊区迟沙葛等。

北方地区宜选用扁圆形种，此类品种叶片较小，生长势中等，成熟早，品质好，单薯重250～500克，块根表面有纵沟4～10条。

产地：原产热带美洲，现我国南方和西南各地已普遍栽培。

营养：中医认为，凉薯味甘、性凉，可生津止渴、清暑降压。

烹调应用：凉薯生食时，味甜多汁、肥嫩清脆，熟后软糯。在刀工成型时可切成块、片等；适宜拌、炝、炒等烹调方法；还可配荤，也可作垫底。

5）姜

别名：生姜。

外形：为多年生草本植物，一年生栽培，其根茎肥大，呈不规则的块状，色黄或灰白，有辛辣味。

品种：以地区品种来分，北方品种姜小、辣味浓、姜肉蜡黄、分枝多；南方品种姜球大、水分多，姜肉灰白、辣味淡；中部品种特点介于两者之间。一般每年8—11月收获。在烹调时一般把姜分为嫩姜和老姜两类。嫩姜又称芽姜、子姜、紫姜等，一般在8月份收获，质地脆嫩、含水分多、纤维少、辛辣味较轻。老姜多在11月收获，质地老、纤维多、有渣、味较辣。

产地：在我国南北各地均有栽培，其中以安徽、江苏、浙江、广东、四川、陕西为主要产区。

营养：姜含有挥发性的姜油酚、姜油酮等，有芳香辛辣味。姜无论生、熟均有辣味。中医认为，姜性温、味辛，有解表散寒、解毒等功效。所以在制作某些寒性食物时，必须用姜，如烹制水产原料时必用姜。在制作某些野味时也必须加姜，可起到解毒作用。姜还有健胃的作用。食用生姜时一定要注意腐烂的生姜会产生毒性很强的黄樟素，它能使肝细胞变性。因此，腐烂的生姜不可食用。

烹调应用：姜是烹调时重要的调味蔬菜，有很大一部分蔬菜必须用姜来调味。特别是老姜主要用于调味，起去腥臊异味的作用，常切成片或拍松使用。姜在烹调中可根据不同的菜品切成米、丝、片、块等使用。嫩姜也可作为主要原料制作菜肴，如姜丝松、嫩姜炒鸡脯、瓜姜鱼丝、紫芽姜爆雏鸡等。

6）荸荠

别名：南荠、马蹄、地栗。

外形：为多年生浅水性草本植物。其地下有匍匐茎，前端膨大为球茎，球茎呈扁圆球状，表面光滑，老熟后呈深栗色或枣红色，有3～5圈环节，并有短鸟嘴状顶芽及侧芽。

品种：水马蹄为广东地方品种。淀粉含量高，以熟食和制作淀粉为主。长势旺盛，抗逆性较强，耐湿，不耐储藏。韭荠原产菲律宾，球茎大，椭圆形，横径4厘米，纵径2.6厘米，单个重25克，质脆味甜，品质好，以鲜食为主。孝感荠为湖北省孝感市地方品种，球茎扁圆，亮红色，平均单个重22克，皮薄，味甜，质细渣少，以鲜食为主，品质好。苏荠为江苏省苏州市的地方品种，球茎扁圆形，顶芽尖，脐平，皮薄，肉白色，单个重15克左右，适于加工制罐头。余杭荠为浙江省杭州市余杭县的地方品种，球茎扁圆形，顶芽粗直，脐平，皮棕红色，皮薄，味甜，单个重20克左右，适于加工制罐头和鲜食。光洪荸荠每年冬天出产的荸荠肉白、皮红且薄，口感松脆，甘甜，大小适中。每年出产时，游人抢购络绎不绝！当地

人又称之为“慈姑子”。

产地：荸荠属莎草科，全球约150种，广布于全世界，以热带和亚热带地区为多。中国有20余种和一些变种，分布于南北各省区。原产印度，在中国主要分布于广西、江苏、安徽、浙江、广东、湖南、湖北、江西、贵州等地，河北部分地区也有分布。安徽省庐江县白湖镇盛产高品质荸荠，是中国最大的荸荠之乡，其中，规模最大的是西城村。广西桂林市荔浦县青山镇是国家承认的马蹄之乡。此外，还有湖北省荆门市沙洋县毛李镇也是荸荠产地，一直远销海外，闻名遐迩。

产季：每年冬、春季上市。

营养：含淀粉较多，富含维生素C。中医认为荸荠性寒、甘，能清热生津，消积化痰。荸荠中含的磷是根茎类蔬菜中较高的，能促进人体生长发育和维持生理功能的需要，对牙齿骨骼的发育都有好处，同时可促进体内的糖、脂肪、蛋白质三大物质的代谢，调节酸碱平衡，因此荸荠适于儿童食用。

烹调应用：质地细嫩，甘甜爽口，无其他异味。在初加工时刀工较少，一般切作片、丁，也可制成泥茸应用在某些菜肴中，适宜于拌、拔丝、蜜汁等烹调方法等。在烹饪中做主料，可制作拔丝马蹄、蜜汁马蹄等；作辅料可与鸡、鱼、肉等原料搭配在一起制作菜肴，如荸荠炒鸡丁、荸荠肉等，也可切成米粒加入肉丸、虾饼中，以改善口感。荸荠生长在水和烂泥之中，其外皮附着许多细菌和寄生虫卵，不宜生食。

蜜汁荸荠：锅刷净，倒入75克清水，加入白糖化开；用文火把糖水熬到水泡由大翻花变小花；下荸荠，再焖2分钟（不断用锅铲推转荸荠），将荸荠捞在盘中；把糖汁收浓淋在荸荠上即成。蜜汁荸荠如图3.8所示。

图3.8 蜜汁荸荠

7）藕

别名：莲菜。

外形：系多年生水生草本植物。莲鞭在夏秋末期生长，其前端数节入土后膨大而形成的根茎称藕。基本分为3~4节，每节呈短圆形，外表光滑，皮色白或褐黄，内部白色，节中央膨大，内有大小不同的孔道，呈对称分布。

产地：主要产于池沼塘中，在我国中、南部栽培较多。

产季：在秋冬及初春均可采挖。

品种：我国的食用藕大体可分为白花藕、红花藕、麻花藕。白花藕的鲜藕表皮白色，老藕黄白色，全藕一般2~4节，个别5~6节，皮薄、肉质脆嫩、纤维少、味甜，熟食脆而不面，品质较好；红花藕的鲜藕表皮褐黄色，全藕共3节，个别4~5节，藕形瘦长，皮厚而粗糙，老藕含淀粉多、水分少、藕丝较多，熟食质地绵、品质中等；麻花藕的外表略呈粉红色、粗糙、藕丝多、含淀粉多、品质差。

营养：藕含糖量高达20%，含淀粉较多，可制成藕粉。藕有很高的药用价值，中医认为，藕性寒、味甘，有止血、凉血、消瘀清热、解渴醒酒、健胃的功效。藕节还有止血的作用。

烹调应用：在烹调中应用广泛，刀工成型可加工成片、丝、块等；适于炸、炒、拌、炝、蒸、蜜汁等烹调方法；作主料时口味可甜、咸、酸甜等；可以制作姜拌藕、水晶藕、糖醋藕、糯米甜藕、炸藕盒、炝藕、蜜汁莲藕等菜肴。另外，鲜荷花做炸荷花，鲜荷叶可制作荷叶粥、荷叶肉等；鲜莲子可用来制作冰糖鲜莲子。

8）大蒜

别名：蒜。

外形：为多年生缩根草本植物，一年或两年生栽培。地下鳞茎由灰白色的皮包裹，其中的小鳞茎叫蒜瓣。

品种：按照颜色分为红皮、白皮、紫皮；按照规格等级分为6.5厘米、6.0厘米、5.5厘米、 5.0厘米、4.5厘米、5.0～6.0厘米、混级统货等；按照水分分为鲜蒜、干蒜；按照储存方式分为市场蒜和冷库蒜；主要栽培品种有：山东苍山大蒜品种群、吉林白马芽、山东金乡白蒜、江苏太仓白蒜、陕西蔡家坡紫皮蒜、黑龙江阿城大蒜、四川二水早、云南红/白七星、天津宝坻六瓣红。

产地：中国大蒜的主要产地为中国大蒜之乡——山东省济宁市金乡县、济宁兖州的漕河镇、临沂市兰陵县、莱芜市、济南市商河县、东营市广饶县、聊城市茌平县、菏泽市成武县、潍坊市的安丘，江苏省邳州市5万公顷大蒜示范区、丰县、射阳县、太仓市，河北永年县、大名县北部，广西壮族自治区玉林市仁东镇，河南省的沈丘县冯营乡、杞县、中牟县的贺兵马村，上海嘉定，安徽亳州市、来安县，四川温江区、彭州市，云南大理，陕西兴平市及新疆等地。

产季：一般在夏、秋季收获。

营养：现代医学研究表明，大蒜有较强的杀菌作用、降血压作用和抗癌作用。中医认为，大蒜性温、味辛，有杀虫、解毒等作用。蒜含有挥发油，患有消化道溃疡的人不宜多食。

烹调应用：大蒜是烹调中的重要调味蔬菜，生食用作某些面食的佐餐原料，如水饺、包子、凉面中的蒜泥。大蒜生食还是某些冷菜的调味品，如蒜泥莴苣、蒜泥茄子等。对某些较肥腻菜肴，生大蒜起着解腻的作用，如清炸大肠要用甜面酱、蒜泥、香油调在一起的老虎酱佐食。大蒜还是很重要的调味原料，如烹制糖醋鱼、炒苋菜等必须加放蒜末。在蒜爆肉、蒜子瑶柱脯、蒜子鲶鱼中，蒜作为主料应用。

大蒜的花茎称为蒜薹，其色绿味美、脆嫩，可制作蒜薹袂肉片、蒜薹炒肉丝等菜肴。蒜薹以无粗老纤维、脆嫩、条长、薹顶不开花、不烂、不蔫、基部嫩者为好，是春末、夏初的时蔬佳品。大蒜的幼苗又称青蒜，其叶色鲜绿，以不黄、不烂、株高、叶粗者为佳。青蒜味清香而鲜，可作配料制作青蒜炒肉末、青蒜炒里脊丝等菜肴，还可切成末放入某些熟菜中。

9）洋葱

别名：葱头、圆葱。

外形：为两年生或多年生草本植物，叶鞘肥厚呈鳞片状，密集于短缩茎的周围，形成鳞茎，即葱头。

品种：按外皮分为红皮洋葱、黄皮洋葱、白皮洋葱。红皮洋葱的外皮紫红色或粉红，鳞片肉质微红，鳞茎形状为圆球形或扁圆球形，含水量大、肉质粗、产量高、较耐储存。白皮洋葱的外皮及鳞片肉质为白色，扁圆形，肉质柔嫩、细致。黄皮洋葱的外皮铜黄或淡黄，鳞片肉质微黄，扁圆球形或高桩球形，含水量多、肉质致密、味甜而辛辣，最耐储存，品质最好。

产地：原产亚洲西部，在全世界广泛栽培。洋葱主要分布在山东的金乡、鱼台、单县、平度，江苏丰县，甘肃酒泉、武威，云南元谋、东川，四川西昌等地。

产季：夏、秋季收获。

营养：营养丰富，含有挥发性物质，具有辛辣味。现代医学证明，洋葱有防病功能，可增进食欲，有较强的杀菌、降血压、防止动脉粥样硬化的作用，还适用于维生素C缺乏症。中医认为，洋葱有清热化痰、解毒杀虫的功效。洋葱在食用时不可过量，因为其挥发性物质多，易产生气体，过量后会产生胀气。

烹调应用：洋葱是西餐中重要的烹饪原料，中餐中以家庭和食堂应用较多，西北地区餐饮行业中常用。洋葱在刀工成型时多切丝、丁、末等；宜于炒、煎、爆等烹调方法；一般多用于荤料搭配制作菜肴；可制作洋葱炒肉丝、洋葱炒鳝鱼等；洋葱也可生食，还可加工成花形，用于菜肴装饰。

图3.9　炸洋葱圈

炸洋葱圈：将洋葱圈逐一在蛋液中拖一下，再裹上面包糠。锅置大火上放油烧至六成热，改中火后将洋葱圈逐一放入锅中炸。炸至金黄色后捞出，沥干油分装盘即成。炸洋葱圈如图3.9所示。

任务4　根菜类蔬菜

3.4.1　萝卜

别名：莱菔。

外形：为一年生或两年生草本植物，直根粗壮，呈圆锥、圆球、长圆锥、扁圆等形，有白、绿、红、紫等色。

产地：中国各地均有分布。

品种：萝卜按收获季节可分为春萝卜、夏萝卜、四季萝卜、冬萝卜等。其中：春萝卜肉质根中等偏小；夏秋萝卜肉质根中等或偏大；四季萝卜肉质根偏小，虽说四季都可种植，但一般在早春上市；冬萝卜肉质根粗大、品质优良、产量高、耐寒性强、耐储存，为我国萝卜栽培面积最大、品种最多的一类。市场供应的品种还有水萝卜、白萝卜、青萝卜、心里

图3.10 萝卜鲫鱼汤

美等。

营养：萝卜中因含有芥子油而有辛辣味，并能起到帮助消化的作用。萝卜含有较多的糖类、丰富的维生素、矿物质和酶等。中医认为，萝卜性凉、味辛，有通气行气、健胃消食、止咳化痰、除燥生津等功能。

烹调应用：萝卜脆嫩、组织细密，易于刀工成型，有去牛、羊膻味的作用。萝卜在烹调中有广泛的应用，可切丁、丝、片、块、球等多种形状；是食品雕刻中的上乘原料，可刻成多种花、鸟、虫、草等；在烹调中可以做主料制作菜肴，如著名的洛阳燕菜；也可和鱼及干货原料搭配制成菜肴，如干贝萝卜球、萝卜丝鲫鱼汤等；萝卜适于多种口味的烹调，如糖醋、酸辣、咸鲜等；萝卜还可制作面点馅心。

萝卜鲫鱼汤：鲫鱼宰杀洗净，在鱼身两面各划5刀，白萝卜去皮洗净，切细丝；香葱洗净切段；生姜洗净切片，锅内倒油，烧热，把鲫鱼煎至两面略呈黄褐色，倒入适量水、鲜肉丝、香葱段、生姜片、白萝卜丝及料酒，用小火煮至水开后再煮10分钟，放入精盐、味精，撒上葱段即成。萝卜鲫鱼汤如图3.10所示。

3.4.2 胡萝卜

别名：红萝卜。

外形：胡萝卜为一年生或两年生草本植物，肉质根为圆锥形或圆柱形，色呈紫色、橘红、黄或白色，肉质致密，有特殊的香味。

品种：

①短圆锥类型。早熟，耐热，产量低，春季栽培抽薹迟，如烟台三寸萝卜，外皮及内部均为橘红色，单根重100～150克，肉厚、心柱细、质嫩、味甜，宜生食。

②长圆柱类型。晚熟，根细长，肩部粗大，根先端钝圆，如南京、上海的长红胡萝卜，湖北麻城棒槌胡萝卜，浙江东阳、安徽肥东黄胡萝卜，广东麦村胡萝卜等。

③长圆锥类型。多为中、晚熟品种，味甜，耐储藏，如内蒙古黄萝卜、烟台五寸胡萝卜、汕头红胡萝卜等。

产地：胡萝卜原产亚洲西部，栽培历史有2 000年以上。10世纪时经伊朗传入欧洲大陆，演化发展成短圆锥形橘黄色。15世纪英国已有栽培，16世纪传入美国。12世纪经伊朗传入中国，此时，胡萝卜在中国发展成长根形，日本在16世纪从中国引入，有胡萝卜、黄胡萝卜之分。中国的内蒙古自治区乌兰察布市察哈尔右翼中旗乌素图乡主产红萝卜“草原参”。

胡萝卜是全球性十大蔬菜作物之一，适应性强，易栽培，种植十分普遍。胡萝卜在亚洲、欧洲和美洲地区分布最多。根据联合国粮食与农业组织（FAO）统计，2005年全世界胡萝卜的栽培总面积为109.92万公顷，其中亚洲为61.29万公顷，欧洲为28.49万公顷，北美洲为7.0万公顷，南美洲为4.6万公顷，非洲为7.64万公顷，大洋洲为0.9万公顷。近几年，除了亚洲栽培面积增幅较大之外，其他洲变化较小。2004年中国胡萝卜栽培面积达到45.3万公顷，约占全世界栽培面积的42.0%，已成为世界第一胡萝卜生产国。

产季：春季种植的胡萝卜一般在6月下旬或7月初收获，秋季播种的在11月上旬收获，耐储存。

营养：在市场上常见的多为红、黄两种颜色的胡萝卜。红色胡萝卜糖分较高、味甜；黄色的含胡萝卜素较多、甜味淡。胡萝卜含有多种维生素和多种糖类，特别是胡萝卜素含量丰富，在民间有“小人参”之誉。中医认为，胡萝卜性平、味甘，有降压、强心等功效。现代医学研究发现，胡萝卜有防癌作用，特别是对肺癌有一定预防作用。

烹调应用：胡萝卜质细味甜、脆嫩多汁，色泽有黄、红等。胡萝卜可以生食，也可熟食，刀工成型时可切成块、片、条、丝等；适宜于炒、拌、烧、拔丝等烹调方法；作辅料与牛肉、羊肉共烧，风味更佳，还具有去除膻味的作用，也可作食品雕刻的原料。

任务5　果菜类蔬菜

3.5.1　瓠果类蔬菜

1）黄瓜

别名：王瓜、胡瓜、青瓜等。

外形：为一年生草本植物，瓜呈圆筒形或棒形，绿色，瓜下有刺，刺基常有瘤状突起。南方生产的一般为无刺黄瓜。

产地：原产印度，现我国各地均有栽培。

产季：盛产在夏、秋季，冬、春季可在温室栽培。

品种：黄瓜品种繁多，按成熟期可分为早黄瓜和晚黄瓜；按栽培方式可分为地黄瓜和架黄瓜；按果实形状可分为刺黄瓜、鞭黄瓜、短黄瓜、小黄瓜4类。

①刺黄瓜。瓜表面有10条突起的纵棱和较大的果瘤，瘤上有白色刺毛，瓜体为绿色、呈棍棒形，把细，瓤小，籽少，肉质脆嫩，味清香，品质最好。

②鞭黄瓜。瓜体稍长、呈长鞭形，果面光滑、浅绿色，无果瘤和刺毛，瓜肉较薄，瓤较大，肉质较软，品质仅次于刺黄瓜。

③短黄瓜。瓜体短小，呈棒形、绿色，有果瘤及刺毛。

④小黄瓜。瓜体6～7厘米，脆嫩、绿色，是制作酱菜或虾油小菜的上好原料。

图3.11　蓑衣黄瓜

营养：含有多种糖分，还含有较多的维生素、矿物质，现代医学认为其有减肥作用。中医认为，黄瓜性凉、味甘，有清热、利水、解毒的作用。

烹调应用：黄瓜在烹调中应用极广，可生食直接入馔，多作冷菜；刀工成型时可切成丝、丁、条、块、片等；作主料适宜于拌、炒、炝等烹调方法，可制成海料拌黄瓜、炝黄瓜、珊瑚黄瓜等。黄瓜由于其脆嫩清香、易于刀工成型、色绿，因此是较为理想的菜肴配料和菜肴装饰原料。黄瓜还可作菜码使用。

蓑衣黄瓜：将黄瓜洗净，切成蓑衣花刀，用盐腌10分钟；再用清水冲洗后沥干水分装盘；将香菇、胡萝卜、冬笋、葱、姜洗净切丝；锅内放油，油烧至六成热时放入葱丝、姜丝，炒出香味后再倒入香菇丝、胡萝卜丝、冬笋丝翻炒，加入白糖、醋、精盐、味精，烧开；将糖醋汁放凉后倒入装黄瓜的盘中，浸泡几小时后即可食用。蓑衣黄瓜如图3.11所示。

2）冬瓜

别名：白瓜、枕瓜。

外形：冬瓜为一年生草本植物。呈圆、扁圆或长圆形，大小因品种各异，小的重数千克，大的数十千克。多数品种表面有白粉，果肉厚、白色，疏松多汁、味淡。

品种：冬瓜一般分为小型和大型2个类型品种。

小型冬瓜：果型小，单果重2～3千克。果形多呈短圆筒形、圆形或扁圆形。

大型冬瓜：果型大，单果重3.5～30千克。果形多为长圆筒形，果皮青绿色。

产地：原产于我国和印度，现我国普遍栽培。

产季：在夏、秋季采收。

营养：因为冬瓜在营养上的最大特点是不含脂肪，且含有防止人体发胖的物质，所以冬瓜是减肥健身的蔬菜。由于冬瓜含钠少，因此是心血管病人的佳蔬。中医认为，冬瓜性凉、味甘、有利水、清热、解毒的作用。

烹调应用：在初加工时一般切成片、块；作主料时适于炖、扒、熬、瓤等烹调方法和制成汤菜。可制作冬瓜盅、海米烧冬瓜、干贝冬瓜球等菜肴，口味以清淡为佳；冬瓜本身味清淡，可以搭配鲜味较浓的原料；用冬瓜制作菜肴一般不宜用酱油，否则菜肴的口味发酸。

3）西葫芦

别名：美洲南瓜、茭瓜。

外形：为一年生草本植物，瓜呈长圆形，色墨绿或绿白。

品种：花叶西葫芦又名阿尔及利亚西葫芦。我国北方地区普遍栽培。蔓较短，直立，分枝较少，株形紧凑，适于密植。叶片掌状深裂，狭长，近叶脉处有灰白色花斑。主蔓第5～6节着生第一雌花，单株结瓜3～5个。

长蔓西葫芦茎蔓长2.5米左右，分枝性中等。叶三角形，浅裂，绿色，叶背多茸毛。主蔓第九节以后开始结瓜，单株结瓜2～3个。瓜圆筒形，中部稍细。瓜皮白色，表面微显棱，单瓜重1.5千克左右，果肉厚，细嫩，味甜，品质佳。中熟，播后60～70天收获。

绿皮西葫芦植株蔓长3米，粗2.2厘米。叶心脏形，深绿色，叶缘有不规则锯齿。第一雌花着生于主蔓第4～6节。瓜长椭圆形，表皮光滑，绿白色，有棱6条。一般单瓜重2～3千克。嫩瓜质脆，味淡。

无种皮西葫芦种子无种皮，为以种子供食用的品种。植株蔓生，蔓长1.6米，第一雌花着生于第7～9节，以后隔1～3节再出现一朵雌花。瓜短柱形，嫩瓜可作蔬菜。老熟瓜皮橘黄色，单瓜重4～5千克。种子供炒食或制糕点。

产地：原产南美洲，现我国西北及北方栽培较普遍。

产季：西葫芦在初霜前夏季收获。

营养：中医认为，西葫芦具有清热利尿、除烦止渴、润肺止咳、消肿散结的功能。可用于辅助治疗水肿腹胀、烦渴、疮毒以及肾炎、肝硬化腹水等症，具有除烦止渴、润肺止咳、清热利尿、消肿散结的功效。对烦渴、水肿腹胀、疮毒以及肾炎、肝硬化腹水等症具有辅助治疗的作用；能增强免疫力，发挥抗病毒和肿瘤的作用；能促进人体内胰岛素的分泌，可有效地防治糖尿病，预防肝肾病变，有助于增强肝肾细胞的再生能力。西葫芦富含蛋白质、矿物质和维生素等物质，不含脂肪，还含有瓜氨酸、腺嘌呤、天门冬氨酸等物质，且含钠盐很低。

烹调应用：西葫芦脆嫩清爽，在烹调中多切成片使用；作主料时适宜炒、醋溜等烹调方法和制成汤菜，可制作炒西葫芦、醋溜西葫芦等；还可作面点馅心。

4）佛手瓜

别名：合掌瓜。

外形：佛手瓜果实颇似两手手指弯拢虚合的形象。体重50～500克，一般体重在250克左右，外表有不规则的纵沟，较浅，大致有5条，有绿皮与白皮两种，也有介于白绿之间的。没有瓜瓤，只有一颗种子且不易与肉分开，果肉白色。

产地：从外国引进，我国云南、四川、浙江、山东、贵州、广西、福建等地均有栽培。

产季：一般在夏、秋季收获。

营养：含钾多、含钠少，其他营养成分在蔬菜中居中上位。佛手瓜可以增强人体抵抗疾病的能力，对身体的健康有益。佛手瓜蛋白质和钙的含量是黄瓜的2～3倍，维生素和矿物质含量也显著高于其他瓜类，并且热量很低，又是低钠食品，是心脏病、高血压病患者的保健蔬菜。经常吃佛手瓜可利尿排钠，有扩张血管、降压的功效。据国家营养协会报道，锌对儿童智力发育影响较大，常食含锌较多的佛手瓜，有助于提高智力。佛手瓜苗硒的含量每100克高达30.58～53.01微克，是多种蔬菜不能比拟的。现代医学证明，硒元素是人体不可缺少的微量元素，每个成人每日的摄取量应为30～50微克，硒元素具有较强的抗氧化作用，可以保护细胞膜的结构和功能免遭损害等。佛手瓜对男女因营养不良引起的不育症，尤其对男性性功能衰退有较好的疗效。中医认为，它具有理气和中、疏肝止咳的作用，适宜于消化不良、胸闷气胀、呕吐、肝胃气痛以及气管炎咳嗽多痰者食用。

烹调应用：佛手瓜脆嫩、多汁、爽口，常切成丝、片、丁、块等；作主料时适于炒、炝、拌等烹调方法，可制作拌佛手瓜、炝佛手瓜、炒佛手瓜等；也可作辅料，用于旺火速成的油爆菜肴中。

5）丝瓜

别名：天络丝、天吊瓜等。

品种：丝瓜分为有棱的和无棱的两类。有棱的称为棱丝瓜，瓜长棒形，前端较粗，绿色，表皮硬，无茸毛，有8～10条棱，肉白色，质较脆嫩。无棱的称为普通丝瓜，俗称“水瓜”。常见品种有：蛇形丝瓜和棒丝瓜。蛇形丝瓜又称线丝瓜，瓜条细长，有的可达1米多，中下部略粗，绿色，瓜皮稍粗糙，常有细密的皱褶，品质中等。棒丝瓜又称肉丝瓜，瓜棍从短圆筒形至长棒形，下部略粗，前端渐细，长35厘米左右，横径3～5厘米，瓜皮以绿色为主。

产季：在夏、秋季收获，绿色，嫩果可供食用，老熟果纤维发达，不能食用。

营养：中医认为，丝瓜性凉、味甘，具有清热、解毒、凉血止血、通经络、行血脉、美容、抗癌等功效，并可治疗诸如痰喘咳嗽、乳汁不通、热病烦渴、筋骨酸痛、便血等病症。丝瓜中含有丰富营养成分，所含的干扰素诱生剂，能刺激人体产生干扰素，达到抗病毒、防癌的目的。但多食也会引起滑肠腹泻，久病体虚弱、脾胃虚弱，消化不良的人还是少吃为宜。丝瓜还是消雀斑、增白、去除皱纹的不可多得的天然美容剂。长期食用或用丝瓜液擦脸，能使人皮肤变得光滑、细腻，具有抗皱消炎，预防、消除痤疮及黑色素沉着的特殊功效。

烹调应用：食用丝瓜时应去皮，可凉拌、炒食、烧食、做汤食或榨汁用以食疗。丝瓜洗净切片经开水焯后，拌以香油、酱油、醋等可做成凉拌丝瓜。丝瓜清炒则清淡可口，清热利湿；香菇烧丝瓜益气血、通经络；西红柿丝瓜汤可以清解热毒、消除烦热，尤适于暑热烦闷、口渴咽干时食用；取生丝瓜适量洗净榨汁，按10：1的比例调入蜂蜜搅匀而成的生丝瓜汁，具有清热止咳化痰的功效；丝瓜去皮，洗净，切成段，与鲢鱼一起放入锅中，再放入生姜、精盐，先用旺火煮沸，后改用文火慢炖至鱼熟，即可做成鲢鱼丝瓜汤，此汤菜有温补气血、生乳通乳的功效，适于产后气血亏虚所致的乳汁少者食用；取丝瓜花30克，槐花15克，将药一起加水煎煮后去渣取汁，每日1剂，分两次服下，可以治疗便血。

6）苦瓜

别名：苦瓜因其果肉有苦味故而得名，也称癞葡萄、锦荔枝等。

外形：为一年生草本植物，果呈纺锤形或长圆筒形，果面有瘤状突起。嫩果青绿色，成熟果为橘黄色。

品种：苦瓜按果实的形状可分为3种类型：短圆锥形，长度15～20厘米，肩宽8～11厘米，呈锥形；长圆锥形，长度在20～30厘米，为目前海南栽培面积最大的一类；长条形，长度在30厘米以上，最长可达100厘米，海南很少栽种。按皮色可分为白色、绿白色和青绿色3种。

产地：原产印度尼西亚，我国以广东、广西等地栽培较多，近年已逐渐向北方拓展。

产季：在夏季收获。

营养：苦瓜气味苦、无毒、性寒，入心、肝、脾、肺经。具有清热祛暑、明目解毒、降压降糖、利尿凉血、解劳清心、益气壮阳之功效。具有清凉解渴、清热解毒、清心明目、益气解乏、益肾利尿的作用。苦瓜中含有多种维生素、矿物质，含有清脂、减肥的特效成分，可以加速排毒。据研究发现，苦瓜还具有良好的降血糖、抗病毒和防癌功效。主治中暑、暑热烦渴、暑疖、痱子过多、痢疾、疮肿、结膜炎、目赤肿痛、痈肿丹毒、烧烫伤、少尿等病症。另外，苦瓜中的维生素C含量很高，具有预防坏血病、保护细胞膜、防止动脉粥样硬化、提高机体应激能力、保护心脏等作用。

图3.12　炒苦瓜

烹调应用：苦瓜果肉脆嫩，食用时有特殊风味，稍苦而清爽。在烹调时常用拌、炒、烧等烹调方法，可烹制辣子炒苦瓜、苦瓜炒肉片等菜肴。在烹调时若嫌其苦，可提前多浸泡一会，或用盐稍腌，苦味即可减轻。

炒苦瓜：先将苦瓜洗净，纵向一剖为二，形成两根半圆柱形。将剖为一半的苦瓜反扣在砧板上，注意：此时用刀将它切成一片一片时，一定要斜切，越斜越好，以致苦瓜的皮和肉基本上在一个平面上。小葱切成段，放入油锅内爆香，下入苦瓜，迅速翻炒，与此同时，加入盐、糖，约炒1分钟后，加入味精，翻炒半分钟熄火，淋上少量麻油即成。炒苦瓜如图3.12所示。

7）南瓜

别名：番瓜、倭瓜、饭瓜。

外形：按果实的形状可分为圆南瓜和长南瓜。圆南瓜呈扁圆或圆形，果面多有纵沟或瘤状突起，果实深绿色，有黄色斑纹。长南瓜的头部膨大，果皮绿色，有黄色斑纹。近年来，随着农业的发展，南瓜的新品种很多，如既可食用又可观赏的皮橘红色、鲜艳夺目的东升南瓜、大吉南瓜等。

品种：蜜本南瓜早熟杂交种，果实底部膨大，瓜身稍长，近似木瓜形，老熟果黄色，有浅黄色花斑。果肉细密甜糯，品质极佳。全生育期95天，单果重约2千克，对病毒有强抗性。

黄狼南瓜为上海市优良地方品种，又称小闸南瓜。植株生长势强，茎蔓粗，分权多，节间长。第一雌花着生于主蔓第15～16节，以后每隔1～3节出现雌花。果实长棒槌形，纵径约45厘米，横径15厘米左右。果皮橙红色，完全成熟后被蜡粉。果肉厚，肉质细腻味甜品质好，较耐储运。全生育期110～120天，单果重1.5千克左右。

大磨盘南瓜为北京市优良地方品种，第一雌花着生于主蔓第8～10节。果实呈扁圆形，状似磨盘，横径30厘米左右，高约15厘米。嫩果皮色墨绿，完全成熟后变为红褐色，有浅黄色条纹，被蜡粉。果肉橙黄色，含水分少，味甜质面品质好。

小磨盘南瓜为早熟品种，第一雌花着生于主蔓第8～10节。果实呈扁圆形，状似小磨盘。嫩果皮色青绿，完全成熟后变为棕红色，有纵棱。果肉味甜质面品质好，单果重2千克左右。

牛腿南瓜为晚熟品种，果实长筒形，末端膨大，内有种子腔。果肉粗糙，肉质较粉，耐储运。全生育期110～120天，单果重15千克左右。

蛇南瓜为中熟品种，果实蛇形，种子腔所在的末端不膨大。果肉致密，味甜质粉，糯性强品质好。全生育期约100天。

产地：原产墨西哥到中美洲一带，世界各地普遍栽培。明代传入我国，现南北各地广泛种植。另一说法为原产中南美洲，很早以前就传入中国，因而有“中国南瓜”之说。南瓜在我国东北地区种植最广。我国是世界上南瓜产量第二大国，兼有原料充足、劳动力廉价等诸多优势，具有占领国际市场的能力。在韩国，主要分布在仁川以南地区。

产季：夏、秋季大量上市。

营养：南瓜含有丰富的胡萝卜素和维生素C，可以健脾，预防胃炎，防治夜盲症，护肝，使皮肤变得细嫩，并有中和致癌物质的作用。黄色果蔬还富含维生素A和维生素D：维生素A能保护胃肠黏膜，防止胃炎、胃溃疡等疾患发生；维生素D有促进钙、磷两种矿物元素吸收的作用，进而收到壮骨强筋之功，对于儿童佝偻病、青少年近视、中老年骨质疏松症等常见病有一定预防之效。

烹调应用：南瓜味甜，质地细腻，适于炒、烧、煮、蒸等烹调方法，也可作面点馅心。

南瓜还可替代粮食作主食。

3.5.2 茄果类蔬菜

1）辣椒

别名：大椒、辣子。

品种：为一年或多年生草本植物。辣椒的品种很多，形状各异，按果型可分为樱桃椒类、圆锥椒类、簇生椒类、长角椒类、灯笼椒类五大类。目前，栽培最多最广泛的是灯笼椒类和长角椒类。

按辛辣味程度可分为甜椒、辛辣椒、半辣类。

甜椒类味甜，因其形似柿子故又称柿子椒、灯笼椒。甜椒个大，肉厚，常见的有直柄甜椒和弯柄甜椒。

辛辣类的辣味极强，个小，长尖，肉薄，常见的有线辣椒、朝天椒等。

半辣类的辣味介于极辣与不辣之间，呈长角形，顶端尖，微弯，似牛角、羊角，常见的品种有牛角椒、羊角椒等。

随着农业科学技术的发展，近年来辣椒的新品种也不断涌现。如属甜椒类的色彩鲜艳的阳光五彩柿椒、红鹰五彩椒、迷你鹰五彩椒、象牙椒等。

产地：辣椒原产于中拉丁美洲热带地区，原产国是墨西哥。15世纪末，哥伦布发现美洲之后把辣椒带回欧洲，并由此传播到世界其他地方，于明代传入中国。在我国主要分布在四川、贵州、湖南、云南、陕西和内蒙古托克托县。

产季：四季均有供应。

营养：辣椒含有较多的蛋白质、糖类、钙、铁、胡萝卜素、维生素C，特别是维生素C比一般蔬菜含量高。辣椒中含有的辣椒碱等成分是辣味的来源。适当食用辣椒有增进食欲、帮助消化、发汗、促进血液循环等作用。

烹调应用：辣椒是烹调中辣味的主要来源；可切成段、片、丝、末等形状；适于炒、爆等烹调方法。作主料可制作酿青椒、芙蓉柿椒等菜肴；作辅料时可制作很多风味独特的菜肴，如宫保鸡丁、干烧鱼、辣子炒肉丝等。用辣椒还可制成泡辣椒、辣椒油、辣椒酱、辣椒面等调味品。

图3.13 尖椒牛柳

尖椒牛柳： 牛里脊切条，加入酱油、白糖、淀粉上浆；尖椒洗净拍松；锅烧热入油，待油温升至三成热，下牛柳划熟捞出；锅再次烧热入油，待油温升至三成热，加入牛柳、尖椒翻炒，装盘即成。尖椒牛柳如图3.13所示。

2）番茄

别名：西红柿、洋柿子。

产地：原产自南美洲，中国南北广泛栽培。

品种：栽培番茄为最常见品种。樱桃番茄果实圆球形，果径约2厘米，2室，红、橙，又称圣女果。大叶番茄叶缘光滑，形似薯叶。梨形番茄果实梨形，红色或橙黄色。直立番茄茎直立，果实扁圆球形。

营养：番茄具有止血、降压、利尿、健胃消食、生津止渴、清热解毒、凉血平肝的功效。番茄中维生素A、维生素C的比例合适，常吃番茄可以增强小血管功能，预防血管老化。番茄中的类黄酮，既有降低毛细血管的通透性和防止其破裂的作用，还有预防血管硬化的特殊功效，可以预防宫颈癌、膀胱癌和胰腺癌等疾病；另外，还可以美容和治愈口疮（可含些番茄汁，使其接触疮面，每次数分钟，每日数次，效果显著）。

烹调应用：番茄生、熟食皆可，烹调时主要是切块，适合拌、炒或制汤。作主料时可制成糖拌西红柿、西红柿炒蛋、西红柿鸡蛋汤等菜肴。用番茄制成热菜时忌加热过度，否则会软烂成团。番茄色泽鲜艳，还可用来切成花形以装饰菜肴。番茄还可制成番茄酱等调味品。

3）茄子

别名：落苏、酪酥、昆仑瓜、矮瓜、茄、紫茄、白茄。

产地：茄子原产印度，现在我国普遍栽培。

品种：圆茄植株高大、果实大，圆球、扁球或椭圆球形，中国北方栽培较多。长茄植株长势中等，果实细长棒状，中国南方普遍栽培。矮茄植株较矮，果实小，卵或长卵。灯笼红茄幼枝、叶、花梗、花萼均有星状绒毛，浆果圆球形，紫红色。

营养：中医认为，茄子性味苦寒，有散血瘀、消肿止疼、治疗寒热、祛风通络和止血等功效。古代曾将茄子列入皇帝的膳单。茄子的营养丰富，其主要成分有葫芦巴碱、水苏碱、胆碱、蛋白质、钙、磷、铁及维生素A、B族维生素、维生素C，尤其是糖分含量较番茄高1倍，而茄子纤维还含一定量的皂草苷，并且在紫茄子中含有较丰富的维生素P。茄子皮同样富含多种维生素，能够保护血管，常食茄子，可使血液中的胆固醇含量不致增高，因而不易患黄疸病、肝脏肿大、动脉硬化等疾病。

烹调应用：带皮吃茄子能促进维生素C的吸收。茄子的吃法荤素皆宜，既可炒、烧、蒸、煮，也可油炸、凉拌、做汤。吃茄子最好不要去皮，因为茄子皮含有B族维生素，B族维生素和维生素C是一对好搭档，维生素C的代谢过程中需要B族维生素的支持，带皮吃茄子有助于促进维生素C的吸收。吃拌茄泥最营养。尽管茄子的吃法很多，但多数吃法烹调温度较高、时间较长，不仅油腻，营养损失也很大，煎炸茄子维生素损失量可达50%以上。在茄子的所有吃法中，拌茄泥是最健康的。

油焖茄子：将茄子切去柄，蒂洗净，切成大旆刀块，像菱角式样，放入盘中。炒锅放旺火上，放入植物油，烧至五成热，倒入茄子焖炸，从温油炸到油沸，见茄子酥软，连油倒在漏勺中，控去油。将炒锅置于旺火上，撒入葱花、姜末，放入清水，倒入茄子，再加入料酒、酱油、白糖、精盐，翻动几下。烧开后，盖好炒锅，转入小火，焖煮约1分钟。到汤汁稀少时移旺火上翻炒几秒钟，加入味精和植物油15克，把炒锅晃动几下，待卤汁稠浓即成。油

图3.14　油焖茄子

焖茄子如图3.14所示。

3.5.3 荚果类蔬菜

1）菜豆

别名：芸豆、二季豆或四季豆。

产地：中国各地均有栽培。原产美洲，现广植于各热带至温带地区。中国的西北和东北地区在春夏栽培；华北、长江流域和华南行春播和秋播。

品种：菜豆依茎蔓生长习性分为蔓生种、半蔓和矮生种。

营养：菜豆是一种难得的高钾、高镁、低钠食品，这个特点在营养治疗上大有用武之地。菜豆尤其适合心脏病、动脉硬化、高血脂、低血钾症和忌盐患者食用。菜豆的主要成分是蛋白质和粗纤维，还含有氨基酸、维生素及钙、铁等多种微量元素。其中蛋白质含量高于鸡肉，钙含量是鸡肉的7倍多，铁为4倍，B族维生素的含量也高于鸡肉。

烹调应用：鲜嫩荚可作蔬菜食用，也可脱水或制罐头。菜豆可刀工成型为丝、段、末等；适合拌、炝、炒、焖等烹调方法。作主料时可制成拌菜豆、海米炝菜豆、炒菜豆、菜豆焖肉片、姜汁菜豆等。菜豆因其色绿、脆嫩，也是较好的辅料；也可作为面点馅心，制作水饺、蒸包等。菜豆烹调时一定要烧透吃，因为在生菜豆中含有皂苷和血球凝集素，前者存于豆荚表皮，后者存于豆粒中。因此，食用生菜豆后会引起中毒，表现为头昏、恶心、呕吐、腹泻，严重时可致死。

2）豇豆

别名：角豆、姜豆、带豆、挂豆角。

品种：豇豆分为长豇豆和饭豇豆两种。

产地：原产于印度和缅甸，主要分布于热带、亚热带和温带地区。中国各地常见栽培。全球热带、亚热带地区广泛栽培。

营养：甘、淡、微温，归脾、胃经；化湿而不燥烈，健脾而不滞腻，为脾虚湿停常用之品；有调和脏腑、安养精神、益气健脾、消暑化湿和利水消肿的功效；主治脾虚兼湿、食少便溏、湿浊下注、妇女白带过多，还可用于暑湿伤中、吐泻。

烹调应用：豇豆烹调时多切成段使用，适合拌、炝、炒等烹调方法；作主料时可制成麻汁豆角、拌豆角等。生豇豆中含有两种对人体有害的物质：溶血素和毒蛋白。食用生豇豆或未炒熟的豇豆容易引起中毒。当人们吃了生豇豆后，其毒素对胃肠道有强烈的刺激作用，轻者感到腹部不适，重者出现呕吐、腹泻等中毒症状，尤其是儿童。因此，一定要充分加热煮熟或炒熟，或急火加热10分钟以上，以保证豇豆熟透，有害物质就会分解变成无毒物质了。

3）扁豆

别名：藊豆、火镰扁豆、藤豆、沿篱豆、鹊豆、月亮菜。

产地：扁豆起源于亚洲西南部和地中海东部地区。适于冷凉气候，多种在温带和亚热带地区，在热带地区常在最寒冷的季节或在高海拔地区栽培。全世界大约有40个国家栽培小扁豆，亚洲生产最多。中国主产于山西、陕西、甘肃、河北、河南、湖北、云南、四川

等地。

品种：扁豆依花的颜色不同分为红花与白花两类，荚果的颜色有绿白、浅绿、粉红与紫红等色。目前，栽培的主要品种有紫花小白扁、猪血扁、红筋扁、白花大白扁和大刀铡扁等品种。

营养：扁豆的营养成分相当丰富，包括蛋白质、脂肪、糖类、钙、磷、铁、钾、食物纤维、维生素A原、维生素B_1、维生素B_2、维生素C、氰甙和酪氨酸酶等，扁豆衣的B族维生素含量特别丰富。此外，还含有磷脂、蔗糖、葡萄糖。

另外，扁豆中还含有血球凝集素，这是一种蛋白质类物质，可增加脱氧核糖核酸和核糖核酸的合成，抑制免疫反应和白细胞与淋巴细胞的移动，故能激活肿瘤病人的淋巴细胞产生淋巴毒素，对肌体细胞有非特异性的伤害作用，具有显著消退肿瘤的作用。肿瘤患者宜常吃扁豆，有一定的辅助食疗功效。扁豆气清香而不串，性温和而色微黄，与脾性最合。

烹调应用：扁豆无论单独清炒，还是和肉类同炖，抑或是焯熟凉拌都符合人们的口味。比如青红椒烧扁豆、扁豆焖面、酱香扁豆丝、凉拌甘蓝扁豆丝等。

4）豌豆

别名：青豆、荷兰豆、小寒豆、淮豆、麻豆、青小豆、留豆、金豆、麦豌豆、麦豆、毕豆、麻累、国豆。

产地：在我国主要分布于中部、东北部等地区。主要产区有四川、河南、湖北、江苏、青海、江西等多个省区。

营养：豌豆味甘、性平，归脾、胃经，具有益中气、止泻痢、调营卫、利小便、消痈肿、解乳石毒之功效。对脚气、痈肿、乳汁不通、脾胃不适、呃逆呕吐、心腹胀痛、口渴泻痢等病症，有一定的食疗作用。

烹调应用：豌豆适合炒、拌、汆、涮、扒等烹调方法，可整形使用也可改刀成段，可制作蒜泥荷兰豆、清炒荷兰豆、白扒荷兰豆等，还可围边或垫底为菜肴增色。

任务6　其他蔬菜

3.6.1　花椰菜

别名：花菜、菜花、椰菜花。

产地：原产地中海沿岸，19世纪传入中国。

营养：菜花的营养比一般蔬菜丰富。它含有蛋白质、脂肪、碳水化合物、食物纤维、维生素A、B族维生素、维生素C、维生素E、维生素P、维生素U，以及钙、磷、铁等。菜花质地细嫩，味甘鲜美，食后极易消化吸收，其嫩茎纤维，烹炒后柔嫩可口，适宜于中老年人、小孩和脾胃虚弱、消化功能不强者食用。尤其在暑热之际，口干渴、小便呈金黄色、大便硬实或不畅通时，用菜花30克煎汤，频频饮服，有清热解渴、利尿通便之功效。

烹调应用：制作凉菜不加酱油，如果偏好酱油的口味，可以少加生抽。菜花、西兰花焯水后，应放入凉开水内过凉，捞出沥净水再用。烧煮和加盐时间不宜过长，才不致丧失和破坏防癌抗癌的营养成分。

3.6.2 西兰花

别名：绿花菜、绿菜花、青花菜、绿花椰或美国花菜。

产地：原产欧洲地中海沿岸的意大利一带，19世纪末传入中国。

品种：优秀为早熟品种，花球蘑菇状顶端较突出，颜色深绿，单球重350～400克，花球紧实，花蕾细，商品性好，侧枝较少，适合早春及秋季栽培。

①未来为早熟品种，适合密植的直立型品种，花球蘑菇状，颜色较浓绿，形状饱满，商品性好，适合秋季栽培。

②山水为中熟品种，长势旺盛，开展度大，单球重约500克，半圆形，花球紧密，蕾细，蓝绿色，耐寒性较差，但抗逆性强。

③绿带子为中熟品种，单球重约500克，长势旺，品质好，半圆形，主侧花球兼用，肥水多时易空心，高温多雨易出现满天星，霜冻易发紫色。

④圣绿为中晚熟品种，长势旺，耐寒，单球重约500克，半圆形，细蕾，浓绿，不易空心。

营养：西兰花的平均营养价值及防病作用名列第一。每100克烹制后的西兰花中，水分占90.6%，含蛋白质2.9克，碳水化合物5.1克，能提供117.2千焦的热量。烹制后的西兰花含有维生素C、钾、叶酸、维生素A、镁、泛酸、铁和磷。此外，西兰花还含有胡萝卜素。西兰花可以有效降低乳腺癌、直肠癌、胃癌、心脏病和中风的发病率，还有杀菌和防止感染的功效。

烹调应用：西兰花刀工成型以小块为多，作主料时适合炒、拌、炝及制汤等，可制作炒西兰花、炝西兰花、奶汤西兰花等。西兰花质地柔嫩，纤维少，水分多，风味比花椰菜更鲜美。西兰花主要供西餐配菜或做色拉。西兰花煮后颜色会变得更加鲜艳，但要注意的是，在烫西兰花时，时间不宜太长，否则失去脆感，西兰花焯水后，应放入凉开水内过凉，捞出沥净水再用，烧煮和加盐时间也不宜过长，才不致丧失和破坏防癌抗癌的营养成分。

图3.15 炒西兰花

炒西兰花：把西兰花切成小朵，洗净，放入沸水中烫一下，马上捞出，沥干待用；将干辣椒去蒂、去籽，切成节。锅中再放少量油烧热，下花椒粒炸香，铲出花椒粒不要，趁热下干辣椒节，待其刚变颜色时，投入西兰花，快速翻炒，下盐、味精稍炒，出锅即成。炒西兰花如图3.15所示。

3.6.3 绿豆芽

绿豆芽，即绿豆的芽，为豆科植物绿豆的种子经浸泡后发出的嫩芽。

营养：绿豆芽有很高的药用价值。中医认为，绿豆芽性凉味甘，不仅能清暑热、通经脉、解诸毒，还能补肾、利尿、消肿、滋阴壮阳，调五脏、美肌肤、利湿热，还能降血脂和软化血管。

烹调应用：绿豆芽在烹调时以原形出现，作主料时适合拌、炝、炒等旺火烹调，可制作银芽鸡丝、金钩银芽、炝豆芽等。

图3.16 银芽鸡丝

银芽鸡丝：取熟水面筋切成细丝，用清水洗净，压干水分放在碗中，加精盐、味精和干淀粉拌匀上浆，即成素鸡丝。绿豆芽摘去头和根，洗净。炒锅放入熟花生油，烧至五成热时，把素鸡丝下锅炒并推散，至呈玉白色时捞起沥干油。锅中留余油少许，倒入绿豆芽迅速煸炒后，加精盐、味精、姜末，放入素鸡丝炒匀，速用湿淀粉勾芡，淋上料酒及熟花生油10克，装盘即成。银芽鸡丝如图3.16所示。

3.6.4 黄豆芽

黄豆芽是干黄豆经水泡发而成。

营养：营养丰富，含蛋白质、脂肪、糖、粗纤维、钙、磷、铁、胡萝卜素、维生素B_1、维生素B_2、烟酸、维生素C等营养成分。黄豆芽具有清热明目、补气养血、防止牙龈出血、心血管硬化及降低胆固醇等功效。春天是维生素B_2缺乏症的多发季节，春天多吃黄豆芽可以有效地防治维生素B_2缺乏症。豆芽中所含的维生素E能保护皮肤和毛细血管，防止动脉硬化，防治老年高血压。另外，因为黄豆芽含维生素C，是美容食品。常吃黄豆芽能营养毛发，使头发保持乌黑光亮，对面部雀斑有较好的淡化效果。吃黄豆芽对青少年生长发育、预防贫血等大有好处。常吃黄豆芽有健脑、抗疲劳、抗癌作用。黄豆在发芽过程中，黄豆中使人胀气的物质被分解，有些营养素也更容易被人体吸收。

烹调应用：黄豆芽在烹调时以原形使用，以炖、炒、煮汤较多，可制作冬菜黄豆芽汤、炖黄豆芽、炒黄豆芽等，黄豆芽也是素菜中的重要原料。

3.6.5 香椿芽

别名：香椿、椿、春阳树、春甜树、椿芽、毛椿，古名杶、櫄。

产地：我国华北、华东、中部、南部和西南部等地区。

营养：香椿含有丰富的维生素C、胡萝卜素等物质，有助于增强机体免疫功能，并有很好地润滑肌肤的作用，是美容保健的良好食品。香椿能燥湿清热，收敛固涩，可用于久泻久痢，肠痔便血，崩漏带下等病症。香椿具有抗菌消炎，杀虫的作用，可治蛔虫病、疮癣、疥癞等病。

烹调应用：香椿芽入菜，吃法很多。通常有香椿拌豆腐、香椿炒鸡蛋、盐渍生香椿、油炸香椿鱼。也可将香椿与大米同煮，调以香油、味精、精盐等，香糯可口。还可将香椿和大蒜一起捣烂成糊状，加些香油、酱油、醋、精盐及适量凉开水，做成香椿蒜汁，用其浇拌面条，别具风味。

3.6.6 蒲菜

别名：深蒲、蒲蒻久、蒲笋、蒲芽、蒲白、蒲儿根、蒲儿菜。

产地：多生于沼泽河湖及浅水中，我国山东、江苏、浙江、四川、湖南、陕西、甘肃、河北、云南、山西等地都有分布，以南方水乡最多。

品种：按其食用部分的不同，大体可分为3类：一是由叶鞘抱合而成的假茎，名品有山东济南大明湖及江苏淮安勺湖的蒲菜；二是白长肥嫩的地下匍匐茎，名品有河南淮阳的陈州蒲菜及云南昆明、建水一带的香芽蒲菜；三是白嫩如茭白的短缩茎，名品有云南元谋的席草蒲菜。

营养：蒲菜不仅是美味佳蔬，而且是食疗良药。其味甘性凉，能清热利血、凉血。中医认为，蒲菜主治五脏心下邪气、口中烂臭、小便短少赤黄、乳痈、便秘、胃脘灼痛等症。久食有轻身耐老、固齿明目聪耳之功；生吃有止消渴、补中气、和血脉之效。

烹调应用：烹制蒲菜最宜扒、烧、烩，也可用炒、熬、氽、煮等法。炒蒲菜应旺火速成，保持脆嫩；做汤则应汤沸后再放蒲菜。既可单独成菜如奶汤蒲菜、清汤蒲菜，又可与其他原料合烹，如鸡粥蒲菜、升泽蒲菜等。

3.6.7 豌豆苗

豌豆苗即豌豆的嫩苗。

别名：安豆苗，有些地区也叫作龙须菜。

营养：豌豆苗含钙质、B族维生素、维生素C和胡萝卜素，有利尿、止泻、消肿、止痛和助消化等功效。豌豆苗能治疗晒黑的肌肤，使肌肤清爽不油腻。豌豆苗含有胡萝卜素、抗坏血酸、核黄素等营养物质。

烹调应用：豌豆苗可炒、做汤、凉拌等，具有鲜香、翠绿的特点。

任务7 蔬菜制品

3.7.1 玉兰片

玉兰片是用鲜嫩的冬笋或春笋，经加工而成的干制品。因为玉兰片的形状和色泽很像玉兰花的花瓣，所以称“玉兰片”。

产地：主要分布在江西、福建、广西、贵州、福建等地。

品种：玉兰片根据竹笋生长和加工季节的不同，可分为宝尖、冬片、桃片、春花4个种类。

①宝尖是用立春前含苞笋制成，片平滑尖圆，色黄白，肉细嫩，是玉兰片中的上品。它

丰腴肥美，柔弱微脆，形似宝塔，又像龙角，所以又有金色宝塔、龙角之称。

②冬片是用雨水前的冬笋制成，形状呈对开片，片平光滑，色白，片厚，肉细嫩，节距紧密。

③桃片是由惊蛰前未出土的竹笋制成，片面光洁，节距较密，根部刨尖，肉质稍薄，尚嫩，味较鲜。

④春花是以春分至清明之间的春笋制成，节距较疏，节棱凸起，笋肉薄，质较老。

这4个品种各具特色，制作工艺都很讲究。如果按玉兰片质量区分，宝尖最佳，冬片次之，桃片第三，春花为下。

营养：玉兰片含有蛋白质、维生素、粗纤维、碳水化合物以及钙、磷、铁、糖等多种营养物质。

烹调应用：玉兰片是笋类干制品中的珍品，使用前要涨发。其应用广泛，刀工成型时可切成丝、片、丁、块、条等。作主料时适合烧、炒、烩等烹调方法，可制作虾子烧玉兰片等。玉兰片因其易刀工成型、无特殊滋味、适合多种烹调方法，故是理想的辅料，所以上至山珍海味，下至普通原料，皆可与其搭配成菜。

3.7.2 黄花菜

黄花菜是由鲜黄花菜的花蕾干制而成。

别名：金针菜、柠檬萱草。

产地：中国南北各地均有栽培，多分布于中国秦岭以南、湖南、江苏、浙江、湖北、江西、四川、甘肃、陕西、吉林、广东与内蒙古等地。四川省渠县被称为“中国黄花之乡”；湖南省邵东县、祁东县被命名为“黄花菜原产地”；甘肃庆阳生产的黄花菜品质优良，远销海外。

品种：早熟型有四月花、五月花、清早花、早茶山条子花等。

中熟型有矮箭中期花、高箭中期花、猛子花、白花、茄子花、杈子花、长把花、黑咀花、茶条子花、才朝花、红筋花、冲里花、棒槌花、金钱花、青叶子花、粗箭花、高垄花、长咀花等。

迟熟型有倒箭花、细叶子花、中秋花、大叶子花等。

营养：黄花菜的花有健胃、通乳、补血的功效，哺乳期妇女乳汁分泌不足者食之，可起到通乳下奶的作用；根有利尿、消肿的功效，可用于治疗浮肿、小便不利；叶有安神的作用，能治疗神经衰弱、心烦不眠、体虚浮肿等症。习惯上各种萱草的根入药不分，而作为食用只用黄花萱草的花蕾。

黄花菜有较好的健脑、抗衰老功效，是因其含有丰富的卵磷脂，这种物质是机体中许多细胞，特别是大脑细胞的组成成分，对增强和改善大脑功能有重要作用，同时能清除动脉内的沉积物，对注意力不集中、记忆力减退、脑动脉阻塞等症状有特殊疗效，故人们称之为“健脑菜”。

烹调应用：黄花菜经涨发后使用，可作荤素菜品的配料，还可制汤，制作金针肉、金针炖猪蹄等。

3.7.3 四川泡菜

四川泡菜是以新鲜的蔬菜为原料，用川盐、红糖、干红辣椒、醪糟汁、白酒和某些香辛料等经泡制发酵而成。

品种：四川泡菜按用途可分调料菜和下饭菜。调料菜即可用作烹饪菜肴的调料，比如泡椒（灯笼椒、野山椒）、泡姜、泡蒜；下饭菜即捞起来或单或杂或浇点辣椒油就可拌饭拌粥的，萝卜棵儿、芹菜条儿、白菜叶儿等大部分泡菜都属此列。

四川泡菜按泡制时间又可分滚水菜和深水菜。滚水菜又称为“洗澡菜”，意即在泡菜水里待一两天即成，需要随泡随吃，泡长了会变酸的，如萝卜皮儿、莴苣条、叶类等；至于深水菜，顾名思义就是那些可以在泡菜水里常待的，比如仔姜、蒜、泡椒、心里美等。

营养：四川泡菜是以新鲜蔬菜为原料，经泡渍发酵而生产的，是对蔬菜进行的“冷加工”，较其他加工蔬菜的有益成分损失较少，所以泡菜营养丰富。据研究，四川泡菜富含纤维素（有的达到0.608%，较泡渍发酵之前有明显的提高），维生素C、维生素B_1、维生素B_2等多种维生素，钙、铁、锌等多种矿物质（铁有的达到3.63毫克/千克，钙、铁等微量元素较泡渍发酵之前有明显提高），碳水化合物、氨基酸、蛋白质、脂肪等营养物质。同时，四川泡菜是很好的低热量食品。

烹调应用：除生食外，四川泡菜还是川菜辅料之一，可制作泡菜鱼、清汤酸菜鱼卷等。泡辣椒是川菜烹调时不可缺少的调味品，如鱼香、家常等味型。

泡菜鱼：鲫鱼去鳞、鳃，剖腹去内脏后洗净，在鱼身两面各立划几刀。将泡菜切成1.5厘米长的细丝。泡辣椒、姜、蒜剁细末。葱切成细花。炒锅置旺火上，倒菜、油烧热至约200 ℃，放入鲫鱼炸约3分钟至两面略黄，滗去部分油，锅内留油约100克，将鱼推至锅边，下泡辣椒、姜、蒜、醒糟汁、葱煽出香味。再依次放入料酒、酱油、汤等，鱼推回锅中，用中火烧沸，放入泡菜烧约10分钟（烧的过程中翻面），待鱼入味后捞起装入盘内，锅内放葱花、香油，勾薄芡后，将汁浇在鱼上即成。泡菜鱼如图3.17所示。

图3.17　泡菜鱼

3.7.4 榨菜

榨菜是芥菜中的一类，一般都是指叶用芥菜一类，如九头芥、雪里蕻、猪血芥、豆腐皮芥等。榨菜是一种半干态非发酵性咸菜，以茎用芥菜为原料腌制而成，是中国名特产品之一，与法国酸黄瓜、德国甜酸甘蓝并称世界三大名腌菜。

产地：始创于重庆涪陵，主产于重庆、四川、浙江等地。

营养：腌制榨菜的是优良茎用芥菜，也称为鲜菜头，鲜菜头也可做小菜，配肉炒或做汤，但更多用于腌制。它质地脆嫩，风味鲜美，营养丰富，具有一种特殊的风味，具有特殊酸味和咸鲜味，脆嫩爽口，含丰富的人体所必需的蛋白质、胡萝卜素、膳食纤维、矿物质等，以及谷氨酸、天门冬氨酸等17种游离氨基酸。

烹调应用：榨菜可直接食用，烹调中多切成丝、片等形状，作主料可单独成菜，也可作配料，适合拌、炒、氽汤等方法。可制作凉拌榨菜丝、榨菜肉丝汤等。

[小组探究]

我国各地蔬菜品种丰富，请尝试以各类蔬菜作为主料制作一些具有地方特色的美食，并探究其工艺特点。

[练习实践]

1. 大白菜可分为哪 3 种基本形状？主要分布在哪 3 个主产区？其代表品种有哪些？
2. 章丘大葱和鸡腿葱各有何主要特征？有何营养价值？
3. 选择当地一种时鲜蔬菜，运用不同的烹调方法制作菜肴。
4. 蔬菜的品质鉴别标准有哪些？

情境导入

✧ 人们每天都要从食物中摄取各种营养物质以维持生命活动，水果是营养物质的来源之一。我国水果的种类繁多，品质各异，有寒性(梨、香蕉、西瓜、猕猴桃等）与温性(荔枝、龙眼、大枣、葡萄、桃子等）之分。水果中的营养成分是其他食物无法替代的，其中，维生素、纤维素、有机酸、矿物质等对人体健康尤为重要，对某些疾病有一定食疗作用。

教学目标

✧ 了解果品类原料的概念以及它的名称、产地、产季和品质要求。
✧ 理解果品类原料品种和果制品的性质特点，果品组织结构及化学成分。
✧ 掌握果品类原料的分类和烹饪运用，果制品的烹饪运用、品质鉴别和保管方法。

任务1　果品类原料的基础知识

4.1.1　果品类原料的概念及化学成分

1）果品类原料的概念

果品是人工栽培的本木和草本木植物的果实及其加工制品等一类烹饪原料的总称。果品在烹调中应用很广，从大型宴席到日常小吃都有果品的使用。如传统筵席上的四干碟、四果脯、四蜜饯、四鲜果、四蜜碗等，都是以各种果品为主料做成的，起到调剂口味、丰富营养、增进食欲、醒酒止渴、增进健康的作用。

2）果品类原料的主要化学成分

水分：一般鲜果含水70%～80%。果品的含水量同品种有关，西瓜、草莓等含水量高达90%，干果、果干、蜜饯和果脯含水量要少一些。

糖：含量在10%～15%，葡萄、大枣的含糖量可达20%以上，随着果实的成熟，含糖量也会逐渐增加。果品类原料中所含的糖主要是葡萄糖、蔗糖和果糖，含糖的种类随着不同果品类原料而不同，如桃李杏含蔗糖较多，浆果类的葡萄含葡萄糖和果糖较多，仁果类中的苹果、梨含果糖较多。

有机酸：有机酸是果实中酸味的主要来源，也是影响果实风味的一个重要成分。它的含量仅次于糖，其含量的多少与不同的品种或同一品种的不同成熟期有直接关系。

果品类原料中所含的有机酸主要是苹果酸、柠檬酸和酒石酸3种，统称为酒酸。酒石酸的酸度最大，其次是苹果酸，再次是柠檬酸。大多数果实中都含有苹果酸，但柑橘类果实则含有柠檬酸，葡萄中则以酒石酸为主，果实中总含酸量为0.1%～0.5%，柠檬酸含量最高可达5%～6%。

果实酸味的强弱，不仅与总酸量有关，还取决于果实中酸碱度的高低，新鲜果实的酸含量一般在4%～5%，由于果细胞汁液中所含蛋白质、氨基酸等物质对酸碱度有一定的缓冲能力，因此果实一经加热，会使蛋白质凝固，失去缓冲能力，引起酸度上升，酸味增强，甜味降低。

淀粉：成熟的果实中，一般不含淀粉或含有极少量淀粉；未成熟的果实中含有大量的淀粉；晚熟品种的苹果中，在采收时尚含有淀粉，在储存过程中，淀粉逐渐转化为单糖，其甜味也加大。所以说，果实的成熟度可以从果实中含有淀粉量的多少来鉴别。

维生素：维生素是构成果实的细胞壁和输导组织的重要成分，它不溶于水。在水果的表皮细胞中，维生素又与木质素、果胶等结合成为复合维生素，对果实起保护作用。

果品类原料中所含维生素的多少、精与粗直接影响果品类原料的口感，果品类原料中所含的维生素越多，则越粗，在食用时口感越粗老。

新鲜水果中含有维生素C的量是最多的，以每100克计算，含量在几毫克至十几毫克，大枣、山楂中含量较多，所以说，水果是人体所需维生素C的良好来源。在橙黄色的水果中，都含有胡萝卜素，但含量少。维生素P（柠檬酸）可溶于水，大多数水果中都有，但含量极少。

维生素可以促进人体胃肠的蠕动，刺激消化腺，分泌消化液，对人体的消化起到一定的间接作用，对一些消化道疾病起到预防作用。

果胶物质：果胶物质是构成植物细胞壁的主要成分，是植物细胞中普遍存在的多糖化合物，以原果胶、果胶和果胶酸3种不同形式存在于水果的组织中。未成熟的果实中，存在的大多是原果胶，它不溶于水，与维生素一起将细胞紧紧地结合起来，使果实显得坚实脆硬。随着果实的成熟，原果胶在果实中原果胶酶的作用下，水解成果胶，果胶是溶于水的物质，它与维生素分离，进入果实细胞之中，使细胞间的结合松弛，果实变得柔软。

果胶与糖、有机酸按一定的比例进行加热结合会形成凝胶，我们利用这一特殊性将果品原料加工成果冻、果酱等。

糖苷：糖苷是糖与醇、醛、单宁酸、含硫或含氮化合物等构成的脂态化合物，在酸和酶的作用下，可水解成糖和苷配基。果实中含有各种苷，大多数都有苦味，有的含有剧毒。

含氮物质：水果中含氮物质极少，一般在0.2%～2.1%。含量最高的核桃仁、杏仁中，可达到15%～20%。

单宁物质：单宁物质是几种多酚类化合物的总称。单宁物质极易氧化，果实中在多酚氧化酶的作用下，会氧化成深褐色的物质，称为根皮鞣红，如与铁接触，颜色会加深。

色素：水果的颜色，是多种色素混合而形成的，果实之所以颜色不同是因为果实中含有的色素种类和数量的差异以及相互间影响。由于生长条件的不同和成熟度的变化，果实的颜色也随之发生变化。

叶绿素不溶于水，存在于叶绿体内，随着果实的成熟，叶绿素在酶的作用下水解生成溶于水的物质，绿色逐渐消退，而显现出黄色或橙色。这个变化称为果实色的变化，也是判断果实成熟度的依据。

类胡萝卜素是胡萝卜素、叶黄素、番茄红素的总称，其颜色从黄到橙，属于非水溶性色素。果实表现出橙黄色，说明果实中的类胡萝卜素显现出来了。

花青色素在不同的碱值中，呈现出的颜色是不一样的。一般在酸性环境中为红色或橙红色，在碱性环境中为蓝色或绿色，在中性环境中呈现紫色。

芳香油：其主要化学成分是醇、醛、酯、酸、酚、烯、烷等。果品类原料中芳香油的含量随着成熟度的增加而增加，这也是鉴别水果成熟度的标志之一。

无机盐：有钙、磷、铁、镁、钾、钠等。

酶：果实的不同器官在不同的成熟阶段以及在储存过程中都与酶的作用有关，如苹果在成熟过程中，化学物质的合成大于分解，淀粉、蔗糖的含量增高，随着果实的成熟，酶的活动逐渐趋向水解，淀粉转化为糖，使水果变甜。

酶是由蛋白质构成的，它受外界条件的影响而不断变化。新鲜水果在湿度较高的条件下，酶的活性增强，物质分解速度加快，极易变质；在湿度较低的情况下，酶的活性减弱，物质分解速度减慢，延缓它的成熟。

4.1.2 果品类原料的分类

1）按市场分类

鲜果类：桃、杏、苹果等。

干果类：核桃、栗子、花生等。

果干类：大枣、柿子等。

糖制品类：果脯、蜜饯等。

2）按结构分类

仁果类：其果实由果皮、蛤肉和子房构成，内生长有种仁，故称为仁果类。如苹果、梨、山楂等。

核果类：是由外果皮、中果皮、内果皮和种子构成。果实是由子房发育而成的，外果皮较薄；中果皮肥厚为食用部分；内果皮硬化形成本质硬壳，故称“核果”。主要品种有桃、李、杏、樱桃等。

浆果类：果实形状较小，果实是由一个或多个心皮的子房发育而成的。果肉成熟后因柔软多汁，故称“浆果”。主要品种有葡萄、龙眼、猕猴桃、香蕉、荔枝等。

坚果类：是以种仁（子叶）供食用，果实是由子房发育而成的，果实特征为外包木质或革质硬壳，成熟时干燥而开裂开，故又称“壳果”。主要品种有核桃、栗子、松子等。

柑橘类：又称“柑果”“橙果”。由外果皮、中果皮、内果皮、种子柳条构造而成。内果皮内侧生长许多肉质化的囊状物，称为“沙囊”，富含浆液，是主要食用部分。主要有柑、橘、柠檬、柚子等。

复果类：是由整个花序组成，肉质的花序轴及苞片、花托、子房等可供食用。主要品种有菠萝、草莓等。

瓜果类：又称瓠果类。这类果实是由花托、外果皮、中果皮、内果皮、胎座、种子构成。甜瓜可食部分为中果皮和内果皮；西瓜可食部分还包括胎座。主要品种有西瓜、白兰瓜、甜瓜等。

3）果品类原料的品质鉴别

果品的色泽、形状、大小、风味成分、硬度、汁液等共同构成果品的品质。

（1）色泽

色泽是反映果实成熟度和品质变化的主要指标之一。色泽与果实的风味、质地、营养成分密切相关。通过色泽，在一定程度上可以了解果品的内在品质。果品绿色减退，底色开始发白或发黄，说明其已开始成熟；红色苹果着色良好，能够全红的，说明果实含糖量高，品质风味好；香蕉、菠萝果实颜色退绿，变得整黄或金黄，说明果实已完成后熟，风味品质达到最佳程度。根据色泽的变化和程度，有些果品可以作为果实成熟度的标志；而另外一些果品则可作为储藏过程中质量变化的标志。不管何种情况，通过色泽的变化可以判断果实是否好吃，或者是否处于最佳食用期。

（2）形状大小

各种果品通常具有其特有的形状和大小，可以作为我们识别品种和鉴别成熟度的一种参考。在同一批果品中，中等大小的个体恰恰表明在生长期中营养状况良好，发育充实，营养物质含量高，风味品质好；个体大的组织疏松，呼吸旺盛，消耗营养物质快，风味差，品质易劣变；个体小的生长发育不充实，营养物质含量低，或者说明成熟度不够。因此，通常真正质量最佳的水果，往往是那些中等大小的果实，选购果品时不要一味贪大。

此外，每种果品都有其特有的形状，如四川的锦橙，又名鹅蛋柑，以椭圆的果形最受欢迎；脐橙，则需要有明显的果脐；鸭梨，则要求具有其特征性的鸭嘴。近年来，驰名中外的天津鸭梨的鸭嘴特征变得不明显了，从而严重影响了鸭梨的出口，在中国香港市场上的售价也一落千丈。

果品具有其特有的形状，一方面反映了品种的纯正性，另一方面也说明在生长发育中营养状态良好，发育充实。

（3）风味成分

每一种果品或蔬菜都具有自己特有的风味物质和呈香成分。果实甘甜酸味的主要来源是各种糖和酸。果实含糖量和含酸量之比，形成了各种果实的风味特征，如柑橘、苹果、梨。根据不同品种、栽培条件、区域等，其果实的甜酸味可表现出纯甜、甜酸、酸甜等让人愉悦的滋味，必定具有最佳的糖酸比值。因此，很多国家均以糖酸比作为果实是否能采收、储藏或加工的主要衡量指标之一。

果品的香气来源于它所含有的呈香物质，通常为油状的挥发性物质，主要是有机酸酯和萜类化合物。如柑橘是以烯萜类的氧化衍生物（如醇、醛、酮、酯）构成各种柑橘的特殊香气物质。呈香物质在果品中含量甚微，只有当水果成熟或后熟时才大量产生，没有成熟的水果缺乏香气。因此，在判别果品成熟度和是否已处于最佳可食期时，香气是重要的标志之一。

（4）质地

质地是人们对果品在口腔里被咀嚼时所产生的感觉的总评价。不同的果品质地给人们提供了多种多样的享受和口感，若鲜食有柔软、嫩脆、脆、绵、粉等感受，脆如苹果、大部分的梨，柔软多汁如桃、少部分梨、荔枝、龙眼、香蕉等。果品的质地主要由细胞间的结合力、细胞壁的机械强度、细胞的膨胀性、细胞的内含物4个因素构成。果品的质地是由果品种类、品种的遗传因素决定的，也与其产地、栽培条件、生长期、成熟度等有关。

4.1.3 果品类原料的烹调应用和保留

1）果品类原料的烹调应用

①可作为主料制作出香甜可口的菜肴。

②可作为辅料增加其风味特色。

③可作为菜肴的装饰物起美化菜肴的作用。

④可用作面点馅心改善风味、增进食欲。

⑤可作为面点的装饰物美化外观，增加感官色彩美的享受。

2）果品类原料的保管

储存果品类原料特别是鲜果的总原则是创造一个适宜的外界环境条件，既要维持其正常的生理活动，又要尽量抑制其呼吸程度，以达到保存质量、减少损耗、延长储存时间的目的。常见的保管方法有以下几种。

（1）低温保藏法

低温保藏法是保藏水果的主要方法，低温可以减弱水果的呼吸作用，降低水分的蒸发，延缓其成熟过程，维持果品的最低生理活动，抑制微生物的生长繁殖。因此，在保藏水果时，如苹果、梨、桃、李等，以储藏在0 ℃左右的环境中为宜。因为如果环境温度低于适宜温度，就会使水果冻伤，所以，保持适宜的温度是保藏水果的至关重要的条件。

（2）窖藏法

窖藏法既能利用稳定的土温，又能适当换入外界冷空气降温，灵活性较大。地窖里的温度冬季一般能维持在0 ℃左右，春秋季节也能保持较低的温度。

（3）库储藏法

库储藏法是最理想保藏水果的方法。它可根据水果的种类对温度、湿度的不同要求进行人工控制、调节，从而达到保藏水果的目的。此外，还可以采用埋藏法、通风法等方法。

另外，在保藏果品类原料时，还要根据不同果品类原料的特点进行分别处理。如：干果本身比较干燥，在储存保管时应注意防潮、防虫蛀、防出油；果干类的脱水比较充分，采用不同的干燥方法（日晒、熏或烘烤等方法）容易保存，在储存保管时，应注意防尘、防潮、防虫蛀、防鼠咬等；果脯、蜜饯由于用糖熬煮过，一般不会变质，但时间也不宜过久，否则会出现干缩、返潮、散发霉陈味等现象。一旦出现，用糖重新熬煮即可。

在保藏果品时，切忌库内存放碱、油、酒以及化学原料物质，以免刺激水果变色变味。无论采用哪种储藏方法保管果品，都应按类存放，严格挑选，合理摆放，并应定期检查。如果发现问题，应及时处理，以确保果品类原料安全储存。

任务2　常用鲜果

4.2.1　苹果

别名：柰、频果、平波、超凡子。

外形：苹果是世界“四大水果”之一。果实呈圆形、扁圆形、长圆形、椭圆形等形状，顶部与基部皆凹陷，果皮呈青、黄、红色，质地脆嫩，甜酸可口。

产地：全国各地均有栽培，主要产地为辽东半岛和山东半岛。因品种和产地不同，可自夏季至秋末陆续采收。

品种：辽伏、早捷、夏绿、伏帅、安娜、杰西麦克、珊新嘎拉及其芽变系、首红、新红星、超红、红玉、千秋、华冠、新世界、乔纳金及其芽变系、秦冠、王林、印度、富士系品种、陆奥、红将军、信浓红苹果、萌华红、白水苹果、洛川苹果、蒲城苹果、新乔纳金、首红、灵宝苹果——华冠、栖霞苹果——红富士、花牛、北斗、金帅等。

营养：苹果是美容佳品，既可减肥，又可使皮肤润滑柔嫩。苹果是低热量食物，苹果中的营养成分可溶性大，容易被人体吸收，有“活水”之称。其成分有利于溶解硫元素，使皮肤润滑柔嫩。苹果中还含有铜、碘、锰、锌、钾等元素，人体如果缺乏这些元素，皮肤就会干燥、易裂、奇痒。苹果中的维生素C是心血管的保护神。吃较多苹果的人远比不吃或少吃苹果的人感冒概率低。有科学家和医师把苹果称为“全方位的健康水果”或“全科医生”。空气污染比较严重，多吃苹果可改善呼吸系统和肺功能，保护肺部免受空气中的灰尘和烟尘的影响。

烹调应用：苹果可生食或煮熟食，也可做成果干、果酱、果子冻等，苹果在很多甜食中都会用到。在生食或烹制之前，最好在冷水中把苹果擦净。苹果的果肉如果暴露在空气中会被氧化而变黑，为防止氧化，要赶快食用或根据其特点进行烹制。

煮苹果时，可以加足量的水用文火煮。为了提高速度，可以把苹果切成片状后再用微波炉加热2分钟。根据苹果的种类决定是否加糖和其他种类的水果。苹果煮熟后，所含的多酚类天然抗氧化物质含量会大幅增加，具有降低血糖、抗炎杀菌的效果。

图4.1　拔丝苹果

拔丝苹果：将苹果洗净，去皮、心，切成3厘米见方的块。鸡蛋打碎在碗内，加干淀粉、清水调成蛋糊，放入苹果块挂糊。锅内放油烧至七成热，下苹果块，炸至苹果外皮脆硬呈金黄色时，倒出沥油。原锅留油25克，加入白糖，用勺不断搅拌至糖熔化，糖色呈浅黄色有黏起丝时，倒入炸好的苹果，一边颠翻，一边撒上芝麻，即可出锅装盘，快速上桌，随带凉开水一碗，先将苹果块在凉开水中浸一下再入口，更为香脆。拔丝苹果如图4.1所示。

4.2.2　梨

别名：快果、果宗、蜜父等。

品种：梨品种繁多，分白梨、沙梨、秋子梨、西洋梨4种。

白梨果实呈倒卵圆形，果柄长、皮色黄、果点细密，含石细胞少，果肉脆、细嫩无渣、味香甜、水分多，果实大。其品种有鸭梨、香梨等。

沙梨的果实呈圆形，果柄较长，果皮多为淡褐色、淡黄或褐色，含石细胞较多，果肉脆嫩多汁，味甜稍淡。其品种有雪梨、三花梨、砀山梨等。

秋子梨的果实呈球形或扁球形，果皮呈黄色或黄绿色，果柄短粗，果肉石细胞多，肉质硬，味酸涩。其品种有香水梨、秋子梨、南果梨等。

西洋梨又称洋梨，原产欧洲，19世纪传入我国，形状歪斜，有后熟作用，最初果肉生硬，存放后，果肉柔嫩多汁，香气很浓。其品种有巴梨、茄梨等。

产地：中国梨栽培面积和产量仅次于苹果。河北、山东、辽宁3省是中国梨的集中产区，栽培面积约占一半，产量约占60%。其中，河北省年产量约占全国的1/3。梨产量最多的省是安徽、河北、山东、辽宁、江苏、四川、陕西等。主要梨产区有山东烟台，栽培品种有黄县长把梨、栖霞大香水梨、莱阳茌梨（慈梨）、莱西水晶梨和香水梨；河北保定、邯郸、石家庄、邢台一带，主要品种为鸭梨、雪花梨、圆黄梨、雪青梨、红梨；安徽砀山及周围一带为酥梨产区；辽宁绥中、北镇、义县、锦西、阜新等地主产秋白梨、鸭梨和秋子梨系的一些品种；山西高平为唯一大黄梨产区，山西原平则以黄梨和油梨为主栽品种；甘肃兰州以出产冬果梨闻名；四川的金川雪梨和苍溪雪梨；浙江、上海及福建一带的翠冠梨；此外，新疆的库尔勒香梨和酥梨，烟台、大连的西洋梨，洛阳的孟津梨也都驰名中外。

营养：梨含有大量蛋白质、脂肪、钙、磷、铁和葡萄糖、果糖、苹果酸、胡萝卜素及多种维生素。梨还是治疗疾病的良药，民间常用冰糖蒸梨治疗喘咳，“梨膏糖”更是闻名中外。因为梨还具有降血压、清热镇凉的作用，所以高血压及心脏病患者食梨大有益处。此外，梨皮和梨叶、花、根也均可入药，有润肺、消痰、清热、解毒等功效。

烹调应用：主要用于酿、蜜汁、甜羹等烹调方法。

冰糖炖雪梨：将雪梨洗净，切去梨蒂和梨把儿，将雪梨切成大片。将雪梨片放在容器中，加入冰糖，上锅蒸30分钟左右，将泡好的枸杞放入锅中，再蒸5分钟左右即成。冰糖炖雪梨如图4.2所示。

图4.2　冰糖炖雪梨

4.2.3　桃

别名：桃子、桃实等。

外形：桃是一种夏季水果，形状多为尖圆形，也有扁圆形，表面有茸毛，底部凹陷，颜色有白色或黄色、红黄色。桃甘甜多汁，有的桃果肉与果核粘连，有的不粘连。

产地：主要经济栽培地区在华北、华东各省，较为集中的地区有北京海淀区、平谷县，天津蓟州区，山东蒙阴、肥城、益都、青岛，河南商水、开封，河北抚宁、遵化、深县、临漳，陕西宝鸡、西安，甘肃天水，四川成都，辽宁大连，浙江奉化，上海南汇，江苏无锡、徐州。桃原产中国，各省区广泛栽培，世界各地均有栽植。

品种：北方品种有天津水蜜桃、山东肥城桃；南方品种有上海水蜜桃、奉华玉露桃等；油桃品种有黄李光桃、甜仁李光桃；肉桃品种有云南呈贡黄金离核桃、陕西武功黄肉桃等。

营养：桃子素有“寿桃”和“仙桃”的美称，因其肉质鲜美，又被称为“天下第一果”。桃肉含蛋白质、脂肪、碳水化合物、粗纤维、钙、磷、铁、胡萝卜素、维生素B_1，以及有机酸（主要是苹果酸和柠檬酸）、糖分（主要是葡萄糖、果糖、蔗糖、木糖）和挥发油。每100克鲜桃中所含水分占比88%，蛋白质约有0.7克，碳水化合物11克，热量只有180.0千焦。桃子适宜低血钾和缺铁性贫血患者食用。

烹调应用：鲜食，作脯食，或煎汁饮汤食肉。食用前，将桃毛洗净，以免刺入皮肤，引起皮疹；或吸入呼吸道，引起咳嗽、咽喉刺痒等症。

4.2.4　橘

别名：橘子、蜜橘、黄橘。

外形：果实小而扁，顶部平或微凹，果皮呈红黄或青黄之色，皮薄宽松，易剥离，橘络较少，味酸甜不一，核较多，果心不充实，种子尖细、仁绿色。

产地：主要产区为江西、四川、浙江等地。

营养：橘子味甘酸、性温，入肺、胃经；具有开胃理气，止咳润肺的功效；可治胸膈结气、呕逆少食、胃阴不足、口中干渴、肺热咳嗽及饮酒过度。其皮、核、络、叶都是“地道药材”。橘皮入药称为“陈皮”，具有理气燥湿、化痰止咳、健脾和胃的功效，常用于防治胸胁胀痛、疝气、乳胀、乳房结块、胃痛、食积、输气等症。其果核叫“橘核”，具有散结、止痛的功效，临床常用来治疗睾丸肿痛、乳腺炎性肿痛等症。橘络，即橘瓤上的网状经络，具有通络化痰、顺气活血的功效，常用于治疗痰滞咳嗽等症。

烹调应用：在宴席中除鲜食外，主要适用于拔丝或甜羹等烹调方法。

4.2.5 柑

外形：果实大而近似球形，果皮较粗厚，果皮同果肉的附着力较大，较难剥离，果肉丰满，汁多核少，甜酸可口。

产地：柑为芸香科植物茶枝柑或瓯柑等多种柑类的成熟果实。果皮较厚，易剥离，果实比橘子大，橙黄色。柑是世界上最重要的水果之一。中国是世界柑橘类果树的原产中心，自长江两岸到福建、浙江、广东、广西、云南、贵州等地都产柑橘，且有佳种问世。古籍《禹贡》记载，4 000年前的夏朝，柑已列为贡税之物，其中以潮州地区的潮州柑为世界最佳良种柑。

品种：漳州八卦芦柑、广东蕉柑、浙江瓦柑等。

营养：强化末梢血管，柑以含维生素C丰富而著称，其所含维生素P能增强维生素C的作用，强化末梢血管组织，柑中的陈皮甙等也有降低毛细血管脆性的作用，高血压与肥胖症患者食之非常有益。清利咽喉，生津止渴，柑果含有大量的维生素、有机酸等。味甘酸而性凉，能够清胃热，利咽喉，止干渴，为胸膈烦热、口干欲饮、咽喉疼痛者的食疗良品。抗炎，抗过敏，降压降脂，柑果中含有橙皮甙及维生素P，对血管具有一定的抗炎、抗过敏及降脂、降压的作用。祛痰平喘，消食顺气，柑皮中与橘皮一样含有橙皮甙、川陈皮素和挥发油等。挥发油的主要成分为柠檬烯、蒎烯等，称为广陈皮因而功同陈皮。但祛痰平喘作用弱于陈皮，和中消食顺气的作用则强于陈皮。利尿，温肾止痛，柑果能入膀胱经，《开宝本草》记载其有利尿作用；柑核性温，有温肾止痛，行气散结作用，是肾冷腰痛，小肠疝气，睾丸偏坠肿痛的良药。

烹调应用：主要是鲜食。

4.2.6 橙

别名：甜橙、广柑、黄果、金橙等。

外形：果实球形或长球形，呈黄色或橙黄色，皮厚而光滑，很难剥离，果实汁液多，味酸甜可口，气味香。

产地：主要产于四川、湖南、广东、湖北等地，11月出产。

品种：普通甜橙一般为圆形，橙色，果顶无脐，或间有圈印，是甜橙中数量最多的种

类。糖橙又称无酸甜橙，果形与普通甜橙相似。因含酸量极低，果汁含量达到适当程度时即可采收、上市。糖橙是极早熟的甜橙品种，在地中海沿岸和巴西等地有少量生产，供应地方市场。血橙果肉及果汁全呈紫红色或暗红色，果肉细嫩多汁，具特殊香味，地中海地区是其起源地和主产地。脐橙的特征为果顶有脐，即有一个发育不全的小果实包埋于果实顶部，无核，肉脆嫩，味浓甜略酸，剥皮与分瓣均较容易，果形大，成熟早，主要供鲜食用，为国际贸易中的重要良种。美国于1870年从巴西引入华盛顿，逐渐培育成名种“华盛顿橙”，现以美国、巴西、西班牙、南非、澳大利亚和摩洛哥等为主产地。中国甜橙的主栽品种多属普通甜橙类型。其中，重要品种有原产广东的“新会橙”“柳橙”（“暗柳橙”是最优品系）、“香水橙”(又名“叶橙”“水橙”）和“雪柑”，原产四川的“锦橙”和“先锋橙”，原产湖南的“大红甜橙”，以及原产福建的“漳州橙”（原名“改良橙”，又名“红肉橙”）等。此外，还有由美国引进的“哈姆林橙”“伏令夏橙”“华盛顿脐橙”和“路比血橙”（又名“红玉血橙”）等。

营养：行风气，可治疗颈淋巴结核和甲状腺肿大，杀鱼蟹毒。洗去酸水，切碎和盐煎后储食，可止恶心，去胃中浮风恶气。吃多了会伤肝气，发虚热。与肉一起吃，会使人头眩恶心。浸湿研后，夜夜涂可治面斑粉刺。做酱、醋很香美，食后可散肠胃恶气，消食下气，去胃中浮风气。和盐储食，可止恶心，解酒病。加糖做的橙丁，甜美，且能消痰下气、利膈宽中、解酒。

烹调应用：主要鲜食外，宴席上适于单独与其他鲜果合做各种甜羹。

4.2.7 柚

别名：文旦。

外形：果实大，球形、扁球形或倒卵形，成熟时呈淡黄色或橙色，果皮厚，有大油腺，皮难剥离，果肉呈白色，核大而多，汁多味浓，酸甜可口。

产地：原产中国，有4 000余年的栽培史，早在夏书《禹贡》中已有记载。西汉时，香柚、甜橙和蜜橘通过“丝绸之路”传往伊朗、希腊等国，现早已香飘世界。中国的柚遍布广东、广西、湖南、湖北、云南、贵州、福建、浙江、四川等地，著名品种有：广西沙田柚、广东金兰柚、四川平顶柚、江西上饶的马家柚、福建文旦、楚门文旦等。温州市除了马站四季柚外，永嘉的碧莲早香抛、平阳的水港文旦、苍南的古磉大红柚等也都很有名。

营养：柚子不仅营养价值高，而且还具有健胃、润肺、补血、清肠、利便等功效，可促进伤口愈合，对败血病等有良好的辅助疗效。此外，由于柚子含有生理活性物质皮甙，因此可降低血液的黏滞度，减少血栓的形成，对脑血管疾病（如脑血栓、中风等）也有较好的预防作用。鲜柚肉也是糖尿病患者的理想食品。我国医学认为，柚子味甘酸、性寒，具有理气化痰、润肺清肠、补血健脾等功效，能治食少、口淡、消化不良等症，能帮助消化、除痰止渴、理气散结。

烹调应用：通常做“柚子冻”。

4.2.8 香蕉

别名：蕉子、蕉果。

外形：果呈长柱形，有棱，果实生长在植株顶部圆锥状花轴上。整轴果实呈串状，一般在6—8月成熟时采收，这时果皮呈绿色，果肉生硬，味涩不宜食用。香蕉成熟后皮呈黄色，果皮易剥落，果肉白黄色，软嫩、滑爽、滋味甜美。

产地：中国是世界上栽培香蕉的国家之一，世界上主栽的香蕉品种大多由中国传出去。香蕉主要分布在热带、亚热带地区。世界上栽培香蕉的国家大约有130个，以中美洲产量最多，其次是亚洲。中国香蕉主要分布在广东、广西、福建、云南、海南等地，贵州、四川、重庆也有少量栽培。

品种：主要有粉蕉和甘蕉两大类。

营养：香蕉富含钾和镁，钾能防止血压上升及肌肉痉挛，镁则具有消除疲劳的功效。因此，香蕉是高血压患者的首选水果。糖尿病患者进食香蕉可使尿糖相对降低，故对缓解病情也大有益处。香蕉含有的泛酸等成分是人体的“开心激素”，能减轻心理压力，解除忧郁。睡前吃香蕉，还有镇静的作用。荷兰科学家研究认为，最符合营养标准又能为人脸上增添笑容的水果是香蕉。

图4.3　脆皮香蕉

烹调应用：主要适用于拔丝、冻、蜜汁等方法。

脆皮香蕉：将香蕉剥净表皮，中间切开，切成寸段。将鸡蛋打散，同面粉、香油一起放入碗中拌匀，再放入切好的香蕉段拌匀。锅中放油烧热，将蘸好糊的香蕉段依次放入锅中，炸至色泽金黄，捞出沥干油，放入盘中，撒上白糖即成。脆皮香蕉如图4.3所示。

4.2.9　葡萄

别名：草龙珠、山葫芦、蒲桃、葡萄。

外形：人们称葡萄为水果之王。其果实呈椭圆形和圆形。葡萄有黑色、红色、紫色、绿色，皮薄汁多，甜酸可口。

产地：葡萄种植要求海拔在400～600米。喜光、喜暖温，对土壤的适应性较强。葡萄原产于亚洲西部地区，世界上大部分葡萄园分布在北纬20°～52°及南纬30°～45°，绝大部分在北半球。中国葡萄多分布在北纬30°～43°，全国各地均产，以新疆、山东、辽宁、河北、山西、甘肃等地为主产区，一般秋季上市。

种类：主要品种有北京的紫玫瑰香葡萄、大连的巨峰葡萄、辽宁的龙眼葡萄、新疆的无核葡萄。

营养：葡萄的营养价值很高，葡萄汁被科学家誉为“植物奶”。葡萄含糖量达8%～10%，以葡萄糖为主。在葡萄所含的较多糖分中，大部分是容易被人体直接吸收的葡萄糖，因此葡萄成为消化能力较弱者的理想果品。当人体出现低血糖时，若及时饮用葡萄汁，可很快缓解症状。

法国科学家研究发现，与阿司匹林相比，葡萄能更好地阻止血栓形成，并能降低人体血清胆固醇水平，降低血小板的凝聚力，对预防心脑血管病有一定作用。中医认为，葡萄性平

味甘，能滋肝肾、生津液、强筋骨，有补益气血、通利小便的作用，可用于脾虚气弱、气短乏力、水肿、小便不利等病症的辅助治疗。

葡萄籽富含一种营养物质“多酚”，长期以来，人们一直相信维生素E和维生素C是抗衰老最有效的两种物质，可是葡萄籽中含有的这种多酚的特殊物质，其抗衰老的能力是维生素E的50倍，维生素C的25倍。常用以葡萄籽为原料的护肤品或食品，可以护肤美容，延缓衰老，使皮肤洁白细腻富有弹性。可以说，葡萄全身都是宝。

烹调应用：主要适用于拔丝等烹调方法，葡萄也可酿酒、制果酱。

4.2.10 荔枝

别名：丹荔。

外形：荔枝的果实呈心脏形或圆形。荔枝的果皮具有多鳞状斑状凸起，果皮未成熟时为青色，成熟时为深红色、紫红色或青绿色。荔枝的果肉新鲜时呈半透明凝脂状、多汁、味甘美芳香。

产地：荔枝为我国南方特产水果。荔枝栽培最多的省份是广东、福建，其次是广西、四川等地。荔枝一般3月和7月成熟。

品种：中国荔枝品种很多。其中，桂味、糯米糍是上佳的品种，也是鲜食之选，挂绿更是珍贵难求的品种。“萝岗桂味”“毕村糯米糍”及“增城挂绿”有“荔枝三杰”之称。惠阳镇隆桂味和糯米糍更为美味鲜甜。

营养：荔枝味甘、酸、性温，入心、脾、肝经。荔枝的果肉具有补脾益肝、理气补血、温中止痛、补心安神的功效；荔枝核具有理气、散结、止痛的功效；可止呃逆，止腹泻，是顽固性呃逆及五更泻者的食疗佳品，同时，荔枝还有补脑健身、开胃益脾、促进食欲之功效。荔枝所含丰富的糖分具有补充能量，缓解神疲等功效。荔枝拥有丰富的维生素，可促进微细血管的血液循环，防止雀斑，令皮肤更加光滑。

烹调应用：一般用鲜荔枝肉制作甜冻或甜汤类菜肴。

4.2.11 菠萝

别名：凤梨、黄梨、草菠萝、番波罗、地波罗。

外形：菠萝果实呈球果状，是一个多汁的聚花果，顶端赏花冠有退化旋叠状的叶丛，外皮厚，有鳞片牙苞。果实中心有一层厚的肉质中轴，果肉为淡黄色、松软、多汁、甘甜鲜美、微酸，有特殊的芳香气味。

产地：菠萝原产巴西、阿根廷及巴拉圭一带干燥的热带山地，但未发现真正的野生。由于菠萝的芽苗较耐储运，因此在短期内即可迅速传入世界各热带和亚热带地区。16世纪末至17世纪传入中国南部各地区。世界有60多个国家和地区栽培菠萝。除中国外，以泰国、美国、巴西、墨西哥、菲律宾和马来西亚等国栽培较多。

我国的菠萝栽培主要集中在广东、广西、福建、海南等地，云南、贵州南部也有少量栽培。广东菠萝栽培面积较大，产量较多，产地集中在汕头、湛江、江门等地及广州市郊。广西菠萝主产区在南宁、武鸣、邕宁、宁明、博白等地。

品种：通常菠萝的栽培品种分为卡因类、皇后类、西班牙类和杂交种类。

卡因类：又名沙捞越，法国探险队在南美洲圭亚那卡因地区发现而得名。栽培极广，约占全世界菠萝栽培面积的80%。植株高大健壮，叶缘无刺或叶尖有少许刺。果大，平均单果重超过1 100克，圆筒形，小果扁平，果眼浅，苞片短而宽；果肉淡黄色，汁多，甜酸适中，可溶性固形物14%~16%，高的可达20%以上，酸含量0.5%~0.6%，为制罐头的主要品种。

皇后类：是最古老的栽培品种，有400多年栽培历史，为南非、越南和中国的主栽品种之一。植株中等大，叶比卡因类短，叶缘有刺；果圆筒形或圆锥形，单果重400~1 500克，小果锥状凸起，果眼深，苞片尖端超过小果；果肉黄至深黄色，肉质脆嫩，糖含量高，汁多味甜，香味浓郁，以鲜食为主。

西班牙类：植株较大，叶较软，黄绿色，叶缘有红色刺，但也有无刺品种；果中等大，单果重500~1 000克，小果大而扁平，中央凸起或凹陷；果眼深，果肉橙黄色，香味浓，纤维多，供制罐头和果汁。

杂交种类：是通过有性杂交等手段培育的良种。植株高大直立，叶缘有刺，花淡紫色，果形欠端正，单果重1 200~1 500克；果肉色黄，质爽脆，纤维少，清甜可口，可溶性固形物11%~15%，酸含量0.3%~0.6%，既可鲜食，也可加工罐头。

营养：菠萝性平，味甘、微酸、微涩、性微寒，具有清暑解渴、消食止泻、补脾胃、固元气、益气血、消食、祛湿、养颜瘦身等功效，为时令佳果。

烹调应用：一般适用于制作甜菜或甜羹，在西餐中应用较多。有人鲜食菠萝后会发生过敏反应，原因是菠萝中含有“菠萝朊酶”这种物质，预防的方法是可先将菠萝用盐水泡一会儿，待盐水将菠萝朊酶的毒性破坏后再食用。

图4.4　菠萝鸡片

菠萝鸡片：将鸡肉洗净、切块，用生抽、胡椒粉腌15分钟。菠萝切成小块备用。鸡片倒入沸水中煮2分钟，捞出洗净。烧红锅，下油，爆香葱，放入鸡块爆透，蘸酒。加入少量清水，加盖烧5分钟后加入菠萝，兜炒几下加盐、味精，用生粉勾芡即成。菠萝鸡片如图4.4所示。

4.2.12　山楂

别名：红果、山里红。

外形：果实近似球形，个大，红色，有淡褐色的斑，果味酸，稍甜，肉厚水少，肉质较硬。一般在10月中旬采收。

产地：原产中国东北、朝鲜和俄罗斯西伯利亚。山楂属植物广泛分布于北半球，亚、欧、美各洲，在中国，很多省（自治区）都有分布，华北、东北最多。山楂栽培以中国为最盛，主要产区有辽宁省的辽阳、本溪、开原，山东省的青州、泰安、莱芜、平邑，河北省的兴隆、青龙、遵化、抚宁、涞水，山西省的晋城，河南省的林县、辉县，北京市的房山，天津市的蓟县等。

品种：山楂按照其口味分为酸甜两种，其中，酸山楂较为流行。

甜山楂外表呈粉红色，个头较小，表面光滑，食之略有甜味。

酸山楂分为歪把红、大金星、大棉球和普通山楂几个品种。

歪把红：顾名思义在其果柄处略有凸起，看起来像是果柄歪斜故而得名，单果比正常山楂大，在市场上的冰糖葫芦主要用它作为原料。

大金星：单果比歪把红要大一些，成熟果上有小点，故得名大金星，口味最重，属于特别酸的一种。

大棉球：单果个头最大，成熟时候即是软绵绵的，酸度适中，食用时基本不做加工，保存期短。

普通山楂：山楂最早的品种，个头小，果肉较硬，适合入药，是市场上的山楂罐头的主要原料。

营养：山楂能显著降低血清胆固醇及甘油三酯，有效防治动脉粥样硬化。山楂还能通过增强心肌收缩力、增加心排血量、扩张冠状动脉血管、增加冠脑流血量、降低心肌耗氧量等起强心和预防心绞痛的作用。山楂中的总黄酮具有扩张血管和持久降压的作用。此外，山楂还具有活血化瘀的作用，是血瘀型痛经患者的食疗佳品。血瘀型痛经患者常表现为行经第1～2天或经前1～2天发生小腹疼痛，待经血排出流畅时，疼痛逐渐减轻或消失，且经血颜色暗，伴有血块。

烹调应用：可用拔丝制作甜菜。

4.2.13 草莓

别名：洋莓果、月季梨、凤梨。

外形：草莓浆果形状有圆锥形、鸭嘴形、扁圆形、荷包形等。色深红，肉纯白，柔软多汁、味芳香。

产地：草莓一般生长在拥有温暖天气的地区，不耐寒冷。草莓原产于南美洲，主要分布于亚洲、欧洲和美洲。中国的河北省、山东省和很多南方省市都有草莓的种植。全国草莓占地150万余亩（1亩=666.67平方米，下同），主要分布在四川、河北、安徽、辽宁、山东等地，北京草莓种植地不足5万亩，以昌平种植为最多。

营养：草莓入药也堪称上品，中医认为，草莓性味甘、凉，入脾、胃、肺经，有润肺生津、健脾和胃、利尿消肿、解热祛暑之功，适用于肺热咳嗽、食欲不振、小便短少、暑热烦渴等。草莓中丰富的维生素C除了可以预防坏血病以外，对动脉硬化、冠心病、心绞痛、脑出血、高血压、高血脂等，都有积极的预防作用。草莓中含有的果胶及纤维素，可促进胃肠蠕动，改善便秘，预防痔疮、肠癌的发生。草莓中含有的胺类物质，对白血病、再生障碍性贫血有一定疗效。一般人群均可食用草莓，风热咳嗽、咽喉肿痛、声音嘶哑者，夏季烦热口干或腹泻如水者，癌症，特别是鼻咽癌、肺癌、扁桃体癌、喉癌患者尤宜食用。痰湿内盛、肠滑便泻者、尿路结石病人不宜多食。

烹调应用：可以和奶油、甜奶一起制成“奶油草莓”，也可以加糖制成草莓酱。

4.2.14 樱桃

别名：含桃、荆桃、英桃、樱珠等。

外形：果实小，球形，果柄长，皮薄光亮，鲜红色，肉质细腻、多汁，甜酸可口。

产地：主要产区有山东、江苏、河南、浙江、安徽、辽宁、甘肃等地。

品种：可分为中国樱桃、甜樱桃、酸樱桃和毛樱桃。主要品种有红灯、红蜜、红艳、早红、先锋、大紫拉宾斯、黄蜜、美早、龙冠、早大果、拉宾斯、那翁、梅早等。

营养：樱桃全身皆可入药，鲜果具有发汗、益气、祛风、透疹的功效，适用于四肢麻木和风湿性腰腿病的食疗。樱桃性热、味甘，具有益气、健脾、和胃、祛风湿的功效。

烹调应用：在宴席上一般用作甜羹。

4.2.15 杏

外形：核果圆、长圆或扁圆形，果皮呈金黄色，果肉橙红，柔软多汁，味甜芳香。仁用杏果肉较薄，核大，出仁率大。

产地：杏树产于中国，多数为栽培，尤以华北、西北和华东地区种植较多，少数地区为野生，在新疆伊犁一带野生成纯林或与新疆野苹果林混生。杏树在世界各地均有栽培。

品种：按其用途可以将中国杏的主要栽培品种分为3类。

食用杏类：果实大，肥厚多汁，甜酸适度，着色鲜艳，主要供生食，也可加工用。在华北、西北各地的栽培品种有200个以上。按果皮、果肉色泽可分为：果皮黄白色的品种，如北京水晶杏、河北大香白杏；果皮黄色者，如甘肃金妈妈杏、山东历城大峪杏和青岛少山红杏等；果皮近红色的品种，如河北关老爷脸、山西永济红梅杏和清徐沙金红杏等。这些都是优良的食用品种。

仁用杏类：果实较小，果肉薄。种仁肥大，味甜或苦，主要采用杏仁，供食用及药用，但有些品种的果肉也可干制。甜仁的优良品种，如河北的白玉扁、龙王扁、北山大扁队西的迟梆子、克拉拉等；苦仁的优良品种，如河北的西山大扁、冀东小扁等。

加工用杏类：果肉厚，糖分多，便于干制。有些甜仁品种，可肉、仁兼用，如新疆的阿克西米西、克孜尔苦曼提、克孜尔达拉斯等，都是鲜食、制干和取仁的优良品种。

营养：杏是常见水果之一，营养极为丰富，内含较多的糖、蛋白质以及钙、磷等矿物质，另含维生素A原、维生素C和B族维生素等。杏性温热，适合代谢速度慢、贫血、四肢冰凉的虚寒体质之人食用；患有肺结核、痰咳、浮肿等病症者，经常食用杏大有裨益。人食杏果、杏仁后，经过消化分解，所产生的氢氰酸和苯甲醛两种物质，都能起到防癌、抗癌、治癌的作用，常吃还可延年益寿。杏仁可以止咳平喘、润肠通便，常吃有美容护肤的作用。杏子可制成杏脯、杏酱等。杏仁主要用来榨油，也可制成食品。

烹调应用：杏除鲜食外，杏仁可作汤羹，杏脯可作点心辅料。在食用苦杏仁时应掌握好用量，因为苦杏仁中的甙羟酶或酸水解后，产生氢氰酸、苯甲酸及葡萄糖，过量服用可引起中毒反应，甚至会严重抑制脊髓呼吸中枢而致死。

4.2.16 西瓜

别名：水瓜、原瓜、寒瓜。

外形：有圆形或椭圆形，果皮有浓绿色、绿白或绿夹蛇纹，瓤有深红色、浅红色、黄色、白色等。纤维少，浆液多，味甜，营养价值高。

产地：中国的主要产地为山东、河南、河北、浙江等地。西瓜通常在7—8月份成熟。

品种：根据用途可以将西瓜分为鲜食西瓜和籽用西瓜。选育的西瓜品种多为鲜食西瓜，是西瓜栽培的主要类型，在西瓜种类中是杂种优势利用程度最高的。籽用西瓜适应性强，侧蔓结实率高，管理较为粗放，西瓜选种与鲜食西瓜相同。内蒙古、甘肃、新疆等地是国内大板瓜籽的主要生产地，主要为常规品种，甘肃已经培育出杂交品种。

烹调应用：可用以作西瓜酪、西瓜冻、西瓜糕及食品雕刻、西瓜灯等。

西瓜冻：将西瓜剖开，用汤匙挖出瓜瓤，剔净瓜子，将瓜汁倒在碗内。锅内放清水1 000克，加洋菜（豆瓣菜），煮至洋菜熔化时放白糖再煮，至白糖熔化，放西瓜汁。西瓜瓤同时下锅烫一下随即捞起。将瓜瓤铺在清洁的搪瓷盘中，将锅中的洋菜糖水浇在上面，用筷子把西瓜瓤放匀。待其冷透凝结，加盖放入冰箱里冰冻。冻好后取出，用刀切成斜方块即成。西瓜冻如图4.5所示。

图4.5　西瓜冻

4.2.17　猕猴桃

别名：羊桃、杨桃、藤梨、藤枣、仙桃、毛梨等。

外形：果实为浆果，呈椭圆形、圆柱形等。未成熟时表皮密被绒毛，成熟时无毛，果实为黄绿色、黄褐色、棕褐色，果肉为绿色或黄绿色，中间有放射状的形似芝麻但极小的淡褐色种子。

产地：中国是猕猴桃的原生中心，世界猕猴桃原产地在中国，特别是陕西省关中的秦岭山区。猕猴桃生于山坡林缘或灌丛中，有些园圃栽培。中国陕西、四川、河南等省，以及长江流域以南各地区均有分布。

品种：原产于中国的猕猴桃一共有59个品种，其中，在生产上有较大栽培价值的有中华猕猴桃、美味猕猴桃、红心猕猴桃等。

营养：猕猴桃是猕猴桃科植物猕猴桃的果实。因为猕猴桃维生素C含量在水果中名列前茅，一个猕猴桃能提供一个人一日维生素C需求量的两倍多，被誉为“水果之王”。猕猴桃还含有可溶性膳食纤维。作为水果最引人注目的地方，当数其所含的具有抗氧化性能的植物性化学物质SOD。有研究报告称，猕猴桃的综合抗氧化指数在水果中名列居前，仅次于刺梨、蓝莓等小众水果，远强于苹果、梨、西瓜、柑橘等日常水果。与蓝莓等同属第二代水果中颇具代表性的。与甜橙和柠檬相比，猕猴桃所含的维生素C成分是前两种水果的2倍，因此常被用来对抗坏血病。不仅如此，猕猴桃还能稳定情绪、降胆固醇、帮助消化、预防便秘，还有止渴利尿和保护心脏的作用。

烹调应用：除鲜食以外，可用于制酒或制罐头。

4.2.18 哈密瓜

外形：果实较大，呈圆形或橄榄形。果皮黄色或黄青色，果皮、果肉都较厚，瓜瓤白或青红色不等。肉质初脆嫩后绵软，多汁味甜，清香爽口，风味独特。

产地：主产于新疆。

品种：哈密瓜的品种达180多个，形状有椭圆、卵圆、编锤、长棒形等。哈密瓜大小不一，小则1千克，大则15～20千克。哈密瓜的果皮有网纹、光皮两种，色泽有绿、黄白等，果肉有白、绿、橘红，肉质分脆、酥、软，风味有醇香、清香和果香等。较为名贵的哈密瓜品种有50多个。

东湖瓜：网纹美观，味如香梨，鲜甜脆嫩，发散着诱人的奶香、果香和酒香。黑眉毛外形椭圆，皮上有十几道墨绿色的纵条花纹，宛若美女秀眉，瓜肉翠绿，质细多汁，含糖分高，黏口黏手，入冬后食之，更是香气袭人，甘甜爽口。

红心脆：色泽橙红，酥脆多汁，含奶油味，浓香四溢，食后余香绕口，经久不散。黄蛋子皮色金黄，形圆个小，肉如羊脂，松软味甜，室内置放一瓜满屋生香。

雪里红：新疆哈密瓜研究中心育成的厚皮甜瓜，属早中熟品种，果实发育期约40天，果实椭圆形，果皮白色，偶有稀疏网纹，成熟时白里透红，果肉浅红，肉质细嫩，松脆爽口，入口即化，口感似香梨，中心折光糖15%以上，单瓜重约2.5千克。

营养：中医认为，甜瓜类的果品性质偏寒，具有疗饥、利便、益气、清肺热止咳的功效，适宜于肾病、胃病、咳嗽痰喘、贫血和便秘患者。

虽然哈密瓜不是夏天消暑的水果，但是能够有效防止晒斑。哈密瓜中含有丰富的抗氧化剂，而这种抗氧化剂能够有效增强细胞抗防晒的能力，减少皮肤黑色素的形成。另外，每天吃半个哈密瓜可以补充水溶性维生素C和B族维生素，能确保机体保持正常新陈代谢的需要。

哈密瓜可以很好地预防一些疾病，哈密瓜中钾的含量是最高的。钾对身体是非常有益的，钾可以给身体提供保护，还能够保持正常的心率和血压，可以有效预防冠心病。同时，钾能够防止肌肉痉挛，让人的身体尽快地从损伤中恢复过来。

烹调应用：除鲜食以外，可用于制作果脯或制罐头。

4.2.19 椰子

外形：果实呈圆形、椭圆形。壳硬有毛、呈棕色。肉厚、味美、汁清香宜人。

产地：椰子为古老的栽培作物，原产地说法不一，有说产在南美洲，有说在亚洲热带岛屿，但大多数认为起源于马来群岛。现广泛分布于亚洲、非洲、大洋洲及美洲的热带滨海及内陆地区。主要分布在南北纬20°范围内，尤以赤道滨海地区分布最多。其次，在南北纬20°～23.5°也有大面积分布。中国种植椰子已有2 000多年的历史，现主要集中分布于海南各地、广东雷州半岛、云南西双版纳。

营养：果肉汁补虚、生津、利尿、杀虫，用于心脏病水肿、口干烦渴；果壳祛风、利湿、止痒，外用治体癣、脚癣。椰子果肉具有补虚强壮功效；椰水是制作椰果的主要原料，具有滋补、清暑解渴的功效，主治暑热类渴，津液不足之口渴；椰子壳油具有治疗癣、杨梅疮的功效。

椰子汁清如水，且相当清甜，晶莹透亮，清凉解渴。一个好椰子，大约有两玻璃杯的水，内含两汤匙糖，以及蛋白质、脂肪、维生素C及钙、磷、铁、钾、镁、钠等矿物质，是营养极为丰富的饮料。另外，椰子汁甘甜爽口，是极好的清凉解渴之品。椰汁和椰肉都含有丰富的营养素。

烹调应用：椰汁可以饮用，椰肉可当水果鲜食，也可做菜。

任务3　常用干果

干果是一类含水量少、外壳坚硬或内有果核、质地坚实的果实。

4.3.1　栗子

别名：板栗、大栗、魁栗。

外形：果实呈半圆形或半球形，果皮赤褐色、有光泽，味甜，营养丰富。

产地：栗子多生于低山丘陵缓坡及河滩地带，河北（迁西、宽城满族自治县、青龙抚宁）、山东、湖北（罗田麻城）、信阳罗山、陕南镇安均是栗子著名的产区。

品种：著名品种有良乡板栗，产于北京郊房山良乡，果小，约5克，味甜，10月中旬成熟。

迁西明栗：又名“红皮”“红毛”，产于河北迁西、兴隆，果中大，7～9.5克，皮红褐，鲜亮，味甜，9月中旬成熟。

泰山板栗：产于山东泰安市，又称泰山明栗、泰山甘栗，种植历史超过500年，明清时期曾为贡品，现多产于泰山、徂徕山周边山脉，尤以泰山后山所产板栗品质最佳。

莱阳红光栗：产于山东莱阳庄头一带，皮深褐色，有亮光，品质好，味甜面，9月上旬成熟。

锥栗：也称珍珠栗，分布于长江流域和江南各地，壳头内包藏一卵形的坚果，味同板栗。

营养：栗子含有核黄素，常吃栗子对日久难愈的小儿口舌生疮和成人口腔溃疡有益。栗子是碳水化合物含量较高的干果品种，能供给人体较多的热能，并帮助脂肪代谢。栗子有“铁杆庄稼”和“木本粮食”之称，具有益气健脾、厚补胃肠的作用。栗子中含有丰富的不饱和脂肪酸、多种维生素和矿物质，可有效地预防和治疗高血压、冠心病、动脉硬化等心血管疾病，有益于人体健康。栗子含有丰富的维生素C，能够维持牙齿、骨骼、血管肌肉的正常功能，可以预防和治疗骨质疏松、腰腿酸软、筋骨疼痛、乏力等，延缓人体衰老，是老年人理想的保健果品。

烹调应用：可用拔丝的烹调方法制作甜菜，也可作为菜肴辅料，如栗子鸡、栗子烧白菜等。同时，栗子也可与谷物类原料混合制作成糕饼点心，磨成栗子粉做成糕饼馅心。

板栗烧鸡：将净鸡剔除粗骨，剁成长、宽约3厘米的方块。板栗肉洗净滤干。葱切成3厘米的段。姜切成长、宽1厘米的薄片。烧热油锅，烧至六成熟，放入板栗肉炸成金黄

图4.6　板栗烧鸡

色，倒入漏勺滤油。再烧热油锅，至八成熟，下入鸡块煸炒至水干，下绍酒，再放入姜片、盐、酱油、上汤焖3分钟左右。取瓦钵1只，用竹箅子垫底，将炒锅里的鸡块连汤一齐倒入，放小火上煨至八成烂时，加入炸过的板栗肉，继续煨至软烂。再倒入炒锅，放入味精、葱段，撒上胡椒粉，煮滚，用生粉水勾芡，淋入香油即成。板栗烧鸡如图4.6所示。

4.3.2　核桃

别名：胡桃。

外形：果实球形，果皮坚硬，有浅色皱褶。呈黄褐色，其核仁质脆，呈不规则块形，整体似球状，由两瓣种仁组成，凹凸不平，外被棕褐色薄膜的种皮包围，种皮不易脱落，种仁含油质，味微甜。

产地：核桃产于中国华北、西北、西南、华中、华南、华东等地。在国外，核桃主要分布在中亚、西亚、南亚和欧洲等地。核桃生长在海拔400～1 800米的山坡及丘陵地带，中国平原及丘陵地区常见栽培。

中国核桃分布很广，黑龙江、辽宁、天津、北京、河北、山东、山西、陕西、宁夏、青海、甘肃、新疆、河南、安徽、江苏、湖北、湖南、广西、四川、贵州、云南、西藏等20多个省（自治区、直辖市）都有分布，内蒙古、浙江及福建等省（自治区）有少量引种或栽培。核桃主要产区在云南、陕西、山西、四川、河北、甘肃、新疆、安徽等省（自治区），其中，安徽省亳州市三官林区被誉为亚洲最大的核桃林场。

品种：

按产地分类，有陈仓核桃、阳平核桃、野生核桃。

按成熟期分类，有夏核桃、秋核桃。

按果壳光滑程度分类，有光核桃、麻核桃。

按果壳厚度分类，有薄壳核桃和厚壳核桃。

营养：核桃可以减少肠道对胆固醇的吸收，对动脉硬化、高血压和冠心病人有益。核桃有温肺定喘、防止细胞老化的功效，能有效地改善记忆力、延缓衰老并润泽肌肤。核桃树叶中含有抗生物质，因此也有杀菌的功效。

烹调应用：核桃仁分干、鲜两种，一般鲜者可做各式热菜，如桃仁鸡丁。干者可做馅心或甜菜等。

桃仁鸡丁：鸡脯肉去皮去骨，切成丁放入碗内，加鸡蛋清、精盐、味精、干淀粉拌和上浆。炒锅上火，下猪油，烧至五成热，倒入鸡丁，滑至断生，捞出沥油。锅内留油少许，下核桃仁，加鲜汤50克和绍酒、精盐、味精，放入鸡丁，烧沸后用湿淀粉勾芡，淋上熟猪油少许即成。桃仁鸡丁如图4.7所示。

4.3.3 花生

图4.7 桃仁鸡丁

别名：落花生、落花参、番豆、地豆。

产地：花生主要分布在中国山西、辽宁、山东、河北、河南、江苏、江西、福建、广东、广西、贵州、四川等地。在国外，花生主要分布在巴西、埃及、巴拉圭、印度尼西亚、塞内加尔、苏丹、尼日利亚、扎伊尔和阿根廷等地。

品种：按花生籽粒的大小，分为大花生和小花生两大类型。按生育期的长短，分为早熟、中熟、晚熟3种。按植株形态，分为直立、蔓生、半蔓生3种。按花生荚果和籽粒的形态、皮色等分为4类。

普通型：通常所说的大花生。荚壳厚，脉纹平滑，荚果似茧状，无龙骨、籽粒多为椭圆形。普通型花生为我国主要栽培的品种。

蜂腰型：荚壳很薄，脉纹显著，有龙骨，果荚内有籽粒3颗以上，间或有双粒的，籽粒种皮色暗淡，无光泽。

多粒型：果荚内籽粒较多，呈串珠形。夹壳厚，脉纹平滑。籽粒种皮多为红色，间或有白色。

珍珠豆型：荚壳薄，荚果小，一般有两颗籽粒，出仁率高。籽粒饱满，种皮多为白色。

营养：花生油中含有的亚油酸，可以使人体内胆固醇分解为胆汁酸排出体外，避免胆固醇在体内沉积，减少因胆固醇在人体中超过正常值而引发多种心脑血管疾病的发生率。花生果实中的锌元素含量普遍高于其他油料作物。锌能促进儿童大脑发育，可增强大脑的记忆功能，激活中老年人脑细胞，延缓人体过早衰老。花生果实含钙量丰富，促进儿童骨骼发育，防止老年人骨骼退行性病变发生。

图4.8 宫保鸡丁

烹调应用：花生生、熟都可食用，可炒、煮、卤、炝、油炸。在面点中制作馅心，花生也可跟其他原料相配，做成各式风味的菜肴，如宫保鸡丁、花生肚等。

宫保鸡丁：鸡胸肉用刀背拍一下，切成大拇指甲大小的丁。用料酒一汤匙，食用油半汤匙，白胡椒半茶匙，盐半茶匙，淀粉一茶匙，腌渍10分钟入味。葱切段，锅里放油，烧至七八成热时下鸡丁炒至变白。放入干辣椒、葱和一茶匙花椒粉，炒出香味。兑入料汁，大火炒到黏稠干松即成。关火，拌入花生米即成。宫保鸡丁如图4.8所示。

4.3.4 杏仁

别名：杏核仁、木落子。

产地：原产于中亚，西亚、地中海地区，引种于暖温带地区。在中国除广东、海南等热带区外的全国各地，多系栽培。杏仁主要分布于河北、辽宁、东北、华北和甘肃等地。山杏生于海拔700～2 000米的干燥向阳地、丘陵、草原。东北杏生于海拔400～1 000米的开阔的向阳山坡灌木林或杂木林下。野杏主产于中国北部地区，栽培或野生，尤其在河北、山西等地普遍野生，山东、江苏等地也出产。杏在新疆伊犁一带有野生。

品种：杏仁一般分为甜杏仁和苦杏仁或者被分为南杏仁和北杏仁。两者在营养成分上都是一样的，只是口味的区别，一个甜一个苦。

甜杏仁有着丰富的营养价值，是市场上非常名贵的干果。甜杏仁是可以直接生吃的。甜杏仁里富含丰富的维生素、蛋白质和铁、钙等矿物质，对人体具有补充所需营养的作用。甜杏仁中包含着不饱和脂肪，可以在补充人体所需的脂肪需要时不增加其他多余的脂肪。甜杏仁所含的膳食纤维元素对降低人体的胆固醇以及对三高人群都具有很好的帮助作用。

苦杏仁可被用来入药，中药很早就开始使用杏仁治疗平时的疾病。苦杏仁中含有的苦杏仁甙成分不仅能止咳平喘，而且能抗击肿瘤，是对医学的一大贡献。

营养：甜杏仁是一种健康食品，适量食用不仅可以有效控制人体内胆固醇的含量，而且可以显著降低心脏病和多种慢性病的发病危险。素食者食用甜杏仁可以及时补充蛋白质、微量元素和维生素，例如铁、锌及维生素E。甜杏仁中所含的脂肪是健康人士所必需的，是一种对心脏有益的高不饱和脂肪。研究发现，每天吃50～100克杏仁(40～80粒杏仁），体重不会增加。甜杏仁中不仅蛋白质含量高，其中大量纤维可以让人减少饥饿感，对保持体重有益。由于纤维有益肠道组织并且可降低肠癌发病率、胆固醇含量和心脏病的危险，因此，肥胖者选择甜杏仁作为零食，可以控制体重。最新的科学研究表明，甜杏仁能促进皮肤微循环，使皮肤红润光泽，具有美容的功效。

烹调应用：甜杏仁可以直接食用，吸收杏仁的丰富营养。杏仁可以被做成很多种形式，比如杏仁饮料、杏仁饼干等。杏仁还可以用来做菜煲汤，以炒熟、蒸熟或温油炸制为宜。

4.3.5 松子

别名：海松子、新罗松子、果松子。

品种：目前国内松子主要分为两种，东北松子和巴西松子。虽然同为松子，但是营养价值和形状上有着本质的区别。

巴西松子是选择纯天然优质原料，经过精心挑选，采用传统的工艺，引进科学的加工技术而成的。巴西松子具有特殊的香、松、酥的口味和丰富的营养成分，长期深受消费者的欢迎，是高档休闲食品。

东北松子也称东北红松子。红松子为松科植物红松的种子，又名海松子。主要分布于我国的东北长白山和小兴安岭林区，属国家一级濒危物种，野生红松需生长50年后方开始结子，成熟期约两年，因此极为珍贵。另有大兴安岭偃松的松子，个头较红松松子小，香味却更浓。

营养：味甘，性小温，无毒。主治骨关节风湿、头眩，祛风湿，润五脏，充饥，逐风痹寒气，补体虚，滋润皮肤。久服，轻身延年不老。另有润肺功能，治燥结咳嗽。

烹调应用：松子以炒食、煮食为主，年老年少，皆可食用。

松子玉米：将主料用开水汆烫捞出沥干水分。炒锅内加入500克花生油（色拉油），烧热时放入主料过油捞出沥油。炒锅烧热，加入适量底油，投入主料及调味料，炒匀，加入水淀粉勾芡，淋香油出勺装盘。松子玉米如图4.9所示。

图4.9　松子玉米

4.3.6　榛子

别名：榛栗，有“坚果之王”称号。

产地：产于中国黑龙江、吉林、辽宁、河北、山西、陕西等地。生于海拔200～1 000米的山地阴坡灌丛中。在国外，朝鲜、日本、俄罗斯东西伯利亚和远东地区、蒙古东部也有分布。

营养：榛子维生素E含量高达36%，能有效地延缓衰老，防治血管硬化，润泽肌肤。榛子里含有抗癌化学成分紫杉酚，可以治疗卵巢癌和乳腺癌以及其他癌症，延长病人的生命期。榛子本身有一种天然的香气，具有开胃的功效，丰富的纤维素还有助消化和防治便秘的作用。榛子还具有降低胆固醇的作用，避免了肉类中饱和脂肪酸对身体的危害，能够有效地防止心脑血管疾病的发生。榛子中镁、钙、钾等微量元素的含量很高，长期食用有助于调整血压。每天在计算机前工作的人群多吃点榛子，对视力有一定的保健作用。

烹调应用：榛子一般都作辅料或炒熟后食用，也可在糖果、糕点中加入适量榛仁。

4.3.7　莲子

别名：白莲、莲实、莲米、莲肉。

产地：中国大部分地区均有出产，以湖南湘潭、浙江宣平（现为柳城镇）、福建建宁产者最佳，传统称为中国三大名莲，在古时均为贡品。现江西广昌、千岛湖也有较大面积种植。

品种：根据栽培目的的不同，分为三大栽培类型，即藕莲、子莲、花莲。以产藕为主的称为藕莲，此类品种开花少；以产莲子为主的称为子莲，此类品种开花繁密，但观赏价值不如花莲；以观赏为主的称为花莲，此类品种雌雄多数为泡状或瓣化，常不能结实。

营养：中医认为，莲子性平味甘、涩，入心、肺、肾经，具有补脾、益肺、养心、益肾和固肠等作用，适用于心悸、失眠、体虚、遗精、白带过多、慢性腹症等症。莲子中间青绿色的胚芽，叫莲子心，味很苦，却是一味良药。中医认为，莲子具有清热、固精、安神、强心、降压之效，可治高烧引起的烦躁不安、神志不清和梦遗滑精等症。莲子居住的“房子”叫莲房，又称莲蓬壳，能治产后胎衣不下、淤血腹疼、崩漏带下、子宫出血等症。还有一种“石莲子”，又称甜石莲，是莲子老于莲房后，堕入淤泥，经久坚黑如石质而得名。临床上常用于治疗口苦咽干、烦热、慢性淋病和痢疾等症。

图4.10　银耳莲子羹

烹调应用：莲子是较名贵的甜菜原料，可用拔丝的方法制作甜菜，如拔丝莲子、蜜汁莲子等，也可用于扒的方法制作菜肴。

银耳莲子羹：先将莲子、银耳分别用清水泡发，捞起。再将莲子、银耳放入碗中，加清水适量，半小时后加冰糖、红枣入蒸笼用武火蒸1小时即成。银耳莲子羹如图4.10所示。

4.3.8　芝麻

别名：脂麻、胡麻、油麻。

产地：原产中国云贵高原，在中国大部分地区都有种植。

品种：芝麻有黑、白两种，食用以白芝麻为好，补益药用则以黑芝麻为佳。

营养：芝麻味甘、性平，入肝、肾、肺、脾经，具有补血明目、祛风润肠、生津通乳、益肝养发、强身体、抗衰老的功效。芝麻可用于治疗身体虚弱、头晕耳鸣、高血压、高血脂、咳嗽、身体虚弱、头发早白、贫血萎黄、津液不足、大便燥结、乳少、尿血等症。芝麻含有大量的脂肪和蛋白质，还含有糖类、维生素A、维生素E、卵磷脂、钙、铁、镁等营养成分。芝麻中的亚油酸有调节胆固醇的作用。

烹调应用：可做糕点的馅料，点心、烧饼的面料，也可作菜肴原料。芝麻可榨制香油（麻油），供食用或制糕点。种子去皮称麻仁，烹饪上多用作辅料。芝麻仁外面有一层稍硬的膜，把它碾碎才能使人体吸收到营养，所以整粒的芝麻应加工后再吃。炒制时千万不要炒煳。

4.3.9　腰果

别名：槚如树、鸡腰果、介寿果。

产地：原产于巴西东北部、南纬10°以内的地区。16世纪引入亚洲和非洲，现已遍及东非和南亚各国。世界上腰果种植面积较大的国家有印度、巴西、越南、莫桑比克、坦桑尼亚等。在中国，腰果主要分布在海南和云南，广西、广东、福建等地也均有引种。

营养：腰果含有较高的热量，其热量来源主要是脂肪，其次是碳水化合物和蛋白质。腰果所含的蛋白质是一般谷类作物的2倍之多，并且所含氨基酸的种类与谷物中氨基酸的种类互补。腰果中维生素B_1的含量仅次于芝麻和花生，有补充体力、消除疲劳的效果，适合易疲倦的人食用。腰果含丰富的维生素A，是优良的抗氧化剂，能使皮肤有光泽、气色变好。腰果还具有催乳的功效，有益于产后乳汁分泌不足的妇女。腰果中含有大量的蛋白酶抑制剂，能控制癌症病情。经常食用腰果有强身健体、提高机体抗病能力、增进性欲、增加体重等作用。

烹调应用：腰果味道甘甜，清脆可口，最常见的是如花生般作为零食，最普通的吃法是在滚油中过一过，捞起即食，是一道理想的下酒菜。若是做菜，则有腰果鸡丁、腰果虾仁、凉拌腰果芹菜腐竹、腰果炒扇贝等。腰果也是很好的煲汤材料，和花生、栗子一样常用，如蔬菜腰果汤、南瓜腰果浓汤、牛蒡腰果汤、莲薏腰果羹、天麻腰果金菇汤等。

挂霜腰果：炒锅置于中火上，注入花生油，冷油放入腰果仁，控制油温四成热时，炸3～5分钟，见腰果仁颜色略变，立即捞出沥干油。炒锅回火上，加清水20克，放入白糖，慢慢熬化，呈乳白色时离火，放入腰果，拌均匀后，入盘冷却后糖霜粘满果仁即成。挂霜腰果如图4.11所示。

图4.11　挂霜腰果

4.3.10　桂圆

别名：龙眼。

产地：龙眼原产于中国南部及西南部。中国龙眼主要分布于广东、广西、福建等地。此外，海南、四川、云南和贵州省也有小规模栽培。世界上栽培龙眼的国家和地区还有泰国、越南、老挝、缅甸、斯里兰卡、印度、菲律宾、马来西亚、印度尼西亚、马达加斯加、澳大利亚的昆士兰州、美国的夏威夷州和佛罗里达州等。

营养：龙眼含丰富的葡萄糖、蔗糖和蛋白质等，含铁量也比较高，可在提高热能、补充营养的同时促进血红蛋白再生，从而达到补血的效果。研究发现，龙眼肉除了对全身有补益作用外，对脑细胞特别有效，能增强记忆，消除疲劳。

烹调应用：鲜桂圆可直接食用。经加工制成的桂圆干，一般制成甜菜或作甜点的馅心。

[小组探究]

我国各地果品种类较多，请尝试以当地特产果品为主料制作一些具有地方特色的美食，并探究其工艺特点。

[练习实践]

1. 苹果的品种有哪些？举例说明其烹调应用。
2. 栗子的品种有哪些？其营养价值体现在哪些方面？
3. 选择当地一种时鲜水果，运用不同的烹调方法制作菜肴。
4. 果品类原料的品质标准有哪些？

项目5

菌藻类原料

（2课时）

情境导入

✧ 菌藻类原料包括食用菌和藻类食物。食用菌是指供人类食用的真菌，有500多个品种，常见的有蘑菇、香菇、银耳、木耳等。藻类是无胚、自养、以孢子进行繁殖的低等植物，供人类食用的有海带、紫菜、发菜等。

菌藻类食物富含蛋白质、膳食纤维、碳水化合物、维生素和微量元素。菌藻类食物除了可以提供丰富的营养素外，还具有明显的保健作用。研究发现，蘑菇、香菇和银耳中含有多糖物质，具有提高人体免疫功能和抗肿瘤作用。香菇中所含的香菇嘌呤，可以抑制体内胆固醇形成和吸收，促进胆固醇分解和排泄，具有降血脂的作用。黑木耳能抗血小板聚集和降低血凝，减少血液凝块，防止血栓形成，有助于防治动脉粥样硬化。海带因含有大量的碘，临床上常用来治疗缺碘性甲状腺肿。海带中的褐藻酸钠盐，具有预防白血病和骨癌的作用。

教学目标

✧ 了解菌藻类原料的一般形态结构及产地。

✧ 理解常见的菌藻类原料的营养特性及烹调应用。

任务1　食用菌

5.1.1　香菇

别名：花菇、香蕈、香信、香菌、冬菇、香菰。

产地：河北遵化、平泉，山东高密、广饶，河南西峡、卢氏、泌阳，浙江，福建，广东，广西，安徽，湖南，湖北，江西，四川，贵州，云南，陕西，甘肃等地。

品种：花菇是菇菌中的一类品种，是菌中之星。花菇因顶面有花纹而得名。花菇的顶面淡黑色，菇纹开爆花，白色，菇底褶通过加工炭火烘烤呈淡黄色。花菇冬天生长快，天气越冷，特别是下雪天，它的产量就越高，质量也越好，肉特别厚。花菇可与鱼、肉同烹，也可用鸡油、上汤清焖。

冬菇的质量仅次于花菇。冬菇顶面呈黑色，菇底褶也是淡黄色，肉比较厚，像铜锣边，肉质比较细嫩，食之脆口、鲜美，用法与花菇略同。

香蕈是香菇中最低级品种。香蕈是全部散开的，或大半是散开的，不那么细嫩，也不大脆口，质量比花菇、冬菇差得多。香蕈如果加工精细，呈淡黄色，很薄，故有人叫它黄薄。香蕈干后较轻，价格比花菇和冬菇低。

营养：香菇防治癌症的范围广泛，已用于临床治疗。香菇还含有多种维生素、矿物质，对促进人体新陈代谢、提高机体适应力有很大作用。香菇还对糖尿病、肺结核、传染性肝炎、神经炎等起治疗作用，有助于改善消化不良、便秘等。中国不少古籍中记载香菇“益气不饥，治风破血和益胃助食”。民间用来助减少痘疮、麻疹的诱发，治头痛、头晕。现代研究证明，香菇多糖，可调节人体内有免疫功能的T细胞活性，降低甲基胆蒽诱发肿瘤的能力。

烹调应用：香菇在烹调中可为丁、丝、块或整形应用，作主料适宜炒、卤、炸、制汤等，可制作卤香菇、炸冬菇、奶汤香菇等。香菇也可用多种原料搭配制作菜肴，如香菇炖鸡、香菇里脊、香菇扒菜心等。由于香菇表面为深褐色，也可利用其色泽搭配其他原料，以增加菜肴花色。香菇是制作素菜的重要原料，是素菜三菇（香菇、蘑菇、草菇）之一。

素脆鳝：水发香菇摘去梗（浸泡水滤清备用），挤去水，沿着边缘剪成鳝鱼样的长条。嫩生姜削去皮，切成棉纱线粗的细丝，加米醋、白糖浸泡备用。炒锅放旺火上，下熟清油烧至五成热时，将香菇挑水挤干，放干淀粉里滚满干粉，再抖去未粘住的粉粒，投入热油里炸（油量少可分两次炸），不断翻身，炸1分钟左右至硬脆倒出沥干油，锅里放浸香菇水、酱油、白糖炒至稠黏后，将炸脆的香菇条回锅翻拌，均匀地滚满卤汁，撒上胡椒粉、淋香麻油盛出装盘，再在香菇条上撒上糖、醋、姜

图5.1　素脆鳝

丝即成。素脆鳝如图5.1所示。

5.1.2 平菇

别名：侧耳、糙皮侧耳、蚝菇、黑牡丹菇、秀珍菇。

产地：平菇在自然界广为分布，我国许多地方也有种植。

品种：不同地区的人对平菇色泽的喜好不同，因此，栽培者选择品种时常把子实体色泽放在第一位。按子实体的色泽，平菇可分为深色种（黑色种）、浅色种（浅灰色种）、乳白色种和白色种四大品种类型。

深色种（黑色种）：这类色泽的品种多是低温种和广温种，属于糙皮侧耳和美味侧耳，而且色泽的深浅程度随温度的变化而有变。一般来说，温度越低色泽越深，温度越高色泽越浅。另外，光照不足色泽也变浅。深色种品质好，表现为肉厚、鲜嫩、滑润、味浓、组织紧密、口感好。

浅色种（浅灰色种）：这类色泽的品种多是中低温种，最适宜的出菇温度略高于深色种，多属于美味侧耳种。色泽也随温度的升高而变浅，随光线的增强而加深。

乳白色种：这类色泽的品种多为中广温品种，属于佛罗里达侧耳种。

白色种：这类子实体中等至大型，寒冷季节子实体色调变深，扁半球形。菌肉白色，冬、春季于阔叶树腐木上覆瓦状丛生。

营养：平菇性平、味甘，具有补虚、抗癌的功效，能改善人体新陈代谢，增强体质，调节植物神经。平菇含有多糖体，对肿瘤细胞有很强的抑制作用，且具有免疫特性。平菇还有追风散寒、舒筋活络的作用，可治腰腿疼痛、手足麻木、经络不适等症。此外，平菇对肝炎、慢性胃炎、胃及十二指肠溃疡、软骨病、高血压等都有疗效，对降低血胆固醇和防治尿道结石也有一定效果，对女性更年期综合征可起到调理作用。

烹调应用：平菇在烹调中多整用，适宜拌、炝、炒、扒、烩及制汤等。作主料可制作炝平菇、炒平菇、白扒平菇、海米烧平菇等，其口味以咸鲜味为多。

5.1.3 金针菇

别名：毛柄小火菇、构菌、朴菇、冬菇、朴菰、冻菌、金菇、智力菇。

产地：金针菇在自然界广为分布，中国、日本、俄罗斯、欧洲、北美洲、澳大利亚等地均有分布。在中国北起黑龙江，南至云南，东起江苏，西至新疆均适合金针菇的生长。河北石家庄灵寿大量种植白金针菇，每到11月、12月广销各地。

品种：人工栽培的金针菇类型，按出菇的快慢、迟早分为早生型和晚生型；按发生的温度可分为低温型和偏高温型；按子实体发生的多少可以分为细密型（多柄）和粗稀型（少柄）。

营养：金针菇性寒，味甘、咸，具有补肝、益肠胃、抗癌的功效，主治肝病、胃肠道炎症、溃疡、肿瘤等病症。金针菇中锌含量较高，对预防男性前列腺疾病较有帮助。金针菇还是高钾低钠食品，可防治高血压，对老年人也有益。

烹调应用：金针菇在烹调中刀工成型较少，作主料适宜拌、炝、炒、烩等烹调方法，可制作拌金针菇、炝金针菇、金针菇炒肉丝。

金针菇炒肉丝：将金针菇洗净切段，猪肉洗净切丝。锅烧热，投入猪肉煸炒至水干，烹入酱油继续煸炒，加入料酒、精盐、白糖、葱、姜，炒至肉熟入味。投入金针菇，加入适量水，炒至金针菇入味，用味精调味即成。金针菇炒肉丝如图5.2所示。

图5.2 金针菇炒肉丝

5.1.4 蘑菇

别名：双孢蘑菇、白蘑菇、洋蘑菇、蒙古蘑菇、蘑菰、肉菌、蘑菇菌。

产地：蘑菇在我国上海、浙江、江苏、四川、广东、广西、安徽、湖南等地均有栽培。

营养：蘑菇的有效成分可增强T淋巴细胞功能，从而提高机体抵御各种疾病的免疫功能。巴西某研究所从蘑菇中提取到一种具有镇痛、镇静功效的物质，其镇痛效果可代替吗啡。蘑菇提取液用于动物实验，发现其有明显的镇咳、稀化痰液的作用。日本研究人员在蘑菇有效成分中分析出一种分子量为288的超强力抗癌物质，能抑制癌细胞的生长，其作用比绿茶中的抗癌物质强1 000倍。蘑菇中还含有一种毒蛋白，能有效地阻止癌细胞的蛋白合成。蘑菇中所含的人体很难消化的粗纤维、半粗纤维和木质素，可保持肠内水分，并吸收余下的胆固醇、糖分，将其排出体外，可预防便秘、肠癌、动脉硬化、糖尿病等。

烹调应用：蘑菇在烹调中刀工成型以整形、片状较多，适合拌、炝、烧、烩等烹调方法，作主料可制作炝蘑菇、海米烧蘑菇、扒蘑菇等，是制作素食的上好原料。

5.1.5 草菇

别名：兰花菇、苞脚菇。

产地：草菇原产我国，以广东、广西、福建、江西、湖南为盛产区。草菇是世界四大栽培食用菌之一。

营养：中医认为，草菇性寒、味甘、微咸、无毒。草菇还能消食祛热，补脾益气，清暑热，滋阴壮阳，增加乳汁，防止坏血病，促进创伤愈合，护肝健胃，增强人体免疫力，是优良的食药兼用型的营养保健食品。

烹调应用：草菇可炒、熘、烩、烧、酿、蒸等，也可做汤，或作为各种荤菜的配料。用于做汤或素炒，无论鲜品还是干品浸泡时间都不宜过长。

5.1.6 木耳

别名：黑木耳、黑菜。

产地：中国是木耳的主要生产国，产区主要分布在吉林、黑龙江、辽宁、内蒙古、广西、云南、贵州、四川、湖北、陕西和浙江等地，其中，黑龙江省牡丹江地区海林市和吉林省蛟河市黄松甸镇是中国最大的黑木耳基地。国内有9个品种，黑龙江拥有8个品种，云南现有7个品种，河南卢氏县有1种。野生黑木耳主要分布在大小兴安岭林区、秦巴山脉、伏牛山脉、辽宁桓仁等。湖北房县、随州，四川青川，云南文山、红河、保山、德宏、丽江、大理、西双版纳、曲靖等地州市和河南卢氏县是中国木耳的生产区。

黑龙江牡丹江地区拥有得天独厚的地理资源和气候优势，该地区林业资源丰富，昼夜温差大和丰富的山泉水条件最适宜黑木耳等多种真菌类名贵食用菌的生长，产出的木耳品质在全国也是最佳的。

吉林省春化镇叶赫地区多山，树木丛生，有广袤的山林，具有优越的木耳种植、繁育条件。除此以外，云贵两广的云岭和横断山区也是重要的黑木耳产区。还有秦岭巴山、伏牛山、神农架、大别山、武夷山等地也出产优质的黑木耳。

品种：按质量指标可分为3级。

一级：耳片黑褐色，有光感，背面灰色。不允许有拳耳、流耳、流失耳、蛀虫耳和霉烂耳。朵片完整，不能通过直径2厘米的筛眼。含水量不能超过14%，干湿比为1：15以上，耳片厚度1毫米以上，杂质不超过0.3%。

二级：耳片黑褐色，背暗灰色。不允许有拳耳、流耳、流失耳、虫蛀耳和霉烂耳。朵片完整，不能通过直径1厘米的筛眼。含水量不超过14%，干湿比为1：14以上，耳片厚度为0.7毫米以上，杂质不超过0.5%。

三级：耳片光泽多为黑褐色或浅棕色。拳耳不超过1%，流耳不超过0.5%。不允许有流失耳、虫蛀耳和霉烂耳。朵小或成碎片，不能通过直径0.4厘米的筛眼。含水量不超过14%，干湿比为1：12以上，杂质不超过1%。

按采摘季节标准可分为4级。

甲级（春耳）：春耳以小暑前采收者为主。面青色，底灰白，有光泽。朵大肉厚，膨胀率大。肉层坚韧，有弹性。无泥沙虫蛀，无卷耳、拳耳（由于成熟过度，久晒不干，粘在一起的）。

乙级（伏耳）：伏耳以小暑到立秋前采收者为主。表面青色，底灰褐色，朵形完整，无泥沙虫蛀。

丙级（秋耳）：秋耳以立秋以后采收者为主。色泽暗褐，朵形不一，有部分碎耳、鼠耳（小木耳），无泥沙虫蛀。

丁级：不符合上述规格，不成朵或碎片占多数，但仍新鲜可食者。

营养：木耳含蛋白质、脂肪、多糖和钙、磷、铁等元素以及胡萝卜素、维生素B_1、维生素B_2、烟酸等，还含磷脂、固醇等营养素。木耳营养丰富，被誉为“菌中之冠”。每100克木耳中，水分占93%，另含蛋白质0.5克，碳水化合物7克，能提供104.7千焦的热量。木耳能帮助消化系统将无法消化的异物溶解，能有效预防缺铁性贫血、血栓、动脉硬化和冠心病，还具有防癌作用。木耳具有治疗溃烂诸疮和血崩的药理作用。

图5.3　木耳炒鱼片

烹调应用：木耳刀工成型较少，可作主料，适宜拌、炝等烹调方法。作辅料较多，如炒木樨肉、木耳炒鱼片等。木耳具有天然的黑色，是某些菜肴黑色装饰点缀的原材料。

木耳炒鱼片：将鱼肉斜刀切片、木耳切片，放入碗中，用盐、料酒略腌备用。将番茄酱、醋、白糖、酱油、水淀粉加适量清水调成味汁。锅置火上，放油烧至六成热时，将鱼片裹上味汁，逐片放入锅中，炸至金黄色捞出、沥油。原锅留底油加热，放入葱末、姜末、蒜末煸炒出香味，加入剩余的味汁烧开，倒入鱼片、木耳，翻炒均匀即成。木耳炒鱼片如图5.3所示。

5.1.7 银耳

别名：白木耳、雪耳、银耳子。

产地：银耳是中国的特产，野生银耳主要分布于四川、浙江、福建、江苏、江西、安徽、湖北、海南、湖南、广东、广西、贵州、云南、陕西、甘肃、内蒙古、西藏等地。

野生银耳数量稀少，在古代属于名贵补品。新中国成立以来，古田银耳人工栽培技术成功，银耳走进了千家万户，成为人人皆可品尝的佳品。如今，古田县为银耳的主要产区，并获得“中国食用菌之都”的称号。

营养：银耳具有强精、补肾、润肠、益胃、补气、活血、强心、壮身、补脑、提神、美容、嫩肤、延年益寿的功效。银耳能够提高肝脏解毒能力，保护肝脏功能，它不但能增强机体抗肿瘤的免疫能力，还能增强肿瘤患者对放疗、化疗的耐受力。银耳可以滋补生津、润肺养胃、补肺益气，对虚劳咳嗽、痰中带血、津少口渴、病后体虚、气短乏力有良好功效。

银耳也是一味滋补良药，其特点是滋润而不腻滞，具有补脾开胃、益气清肠、安眠健胃、补脑、养阴清热、润燥之功，对阴虚火旺不受参茸等温热滋补的病人来说，是一种良好的补品。银耳富有天然特性胶质，加上它的滋阴作用，长期服用可以润肤，并有祛除脸部黄褐斑、雀斑的功效。银耳是一种含膳食纤维的减肥食品，它的膳食纤维可助胃肠蠕动，减少脂肪吸收。

烹调应用：银耳刀工成型不多，作主料适宜拌、炝、炒、制汤、制甜品等，如制作炝双耳、清汤银耳、冰糖银耳等。银耳涨发后呈现银白色，形似花朵，也可作为某些菜肴的装饰点缀。

炝双耳：银耳、木耳洗净氽烫晾凉，沥干。胡萝卜切片，然后放入碗内，加姜丝、调味料拌匀即成。炝双耳如图5.4所示。

图5.4　炝双耳

5.1.8 口蘑

口蘑是生长在内蒙古草原上的一种白色伞菌属野生蘑菇，一般生长在有羊骨或羊粪的地方，味道异常鲜美。由于内蒙古口蘑以前都是通过河北省张家口市输往内地，张家口是内蒙古货物的集散地，因此被称为“口蘑”。

别名：白蘑、蒙古口蘑、云盘蘑、银盘、青腿子蘑、香杏、黑蘑、鸡腿子、水晶蕈、水银盘、马连杆、蒙西白蘑。

产地：口蘑的主要产地在锡盟的东乌旗、西乌旗、阿巴嘎旗、呼伦贝尔市、通辽等草原地区。这种蘑菇通常运到张家口市加工，再销往内地。

品种：分为白蘑、香蘑、青腿蘑、鸡爪蘑、黑蘑等。

营养：中医理论认为，口蘑味甘性平，具有宣肠益气、散血热、解表化痰、理气等功效。口蘑能够防止过氧化物损害机体，治疗因缺硒引起的血压上升和血黏稠度增加，调节甲状腺，提高免疫力。口蘑可抑制血清和肝脏中胆固醇上升，对肝脏起到良好的保护作用。口蘑还含有多种抗病毒成分，对病毒性肝炎有一定的食疗效果。口蘑含有大量的膳食纤维，可以防止便秘、促进排毒、预防糖尿病及大肠癌。同时，口蘑又属于低热量食品，可以防止发胖。

烹调应用：最好吃鲜蘑，市场上有泡在液体中的袋装口蘑，食用前一定要多漂洗几遍，以去掉某些化学物质。口蘑宜配肉菜食用，制作菜肴不用放味精或鸡精。口蘑也是比萨中的常见配料，切片平铺在面饼上烤制。烹调中可切丁、块或整形应用。作主料适宜卤、炒、扒、烧、炸、汆汤、蒸等烹调方法，可制作软炸口蘑、卤口蘑、奶汤口蘑、烧南北等。作辅料也应用广泛，主要起提鲜作用。

图5.5　烧南北

烧南北：将口蘑稍洗，放入碗内用开水沏泡，盖上盖。泡透后，原汤澄清留用。口蘑加少许盐反复揉洗，用清水洗净，片两开。玉兰片片成片。将玉兰片、口蘑分别放开水锅内烫透。炒勺上火，放入香油烧热，投入大料、姜片炒出香味，烹入料酒，加入白汤，烧开，捞出佐料。放入酱油、口蘑原汤、玉兰片、口蘑，用文火煨焖入味。调入味精，上旺火，淋入水淀粉勾芡，注入香油，颠翻过来，装盘即成。烧南北如图5.5所示。

5.1.9　猴头菇

产地：野生猴头菇多生长在柞树等树干的枯死部位，喜欢低湿。东北各省和河南、河北、西藏、山西、甘肃、陕西、内蒙古、四川、湖北、广西、浙江等地都有出产。其中，以东北大兴安岭、西北天山和阿尔泰山、西南横断山脉、西藏喜马拉雅山等林区居多。

营养：猴头菇性平味甘，利五脏，助消化，具有健胃、补虚、抗癌、益肾精之功效。主治食少便溏、胃及十二指肠溃疡、浅表性胃炎、神经衰弱、食道癌、胃癌、眩晕、阳痿等病症，对治疗肠癌有辅助作用。年老体弱者食用猴头菇，有滋补强身的作用。猴头菇是一种高蛋白、低脂肪、富含矿物质和维生素的优良食品，具有提高肌体免疫力的功能，可延缓衰老。猴头菇含不饱和脂肪酸，能降低血胆固醇和甘油三酯含量，调节血脂，利于血液循环，是心血管患者的理想食品。猴头菇中含有多种氨基酸和丰富的多糖体，能助消化，对胃炎、胃癌、食道癌、胃溃疡、十二指肠溃疡等消化道疾病的疗效令人瞩目。猴头菇含有的多糖体、多肽类及脂肪物质，能抑制癌细胞中遗传物质的合成，从而预防和治疗消化道癌症和其他恶性肿瘤。

烹调应用：由于猴头菇的来源比较充足和烹饪事业的发达，不少菜系的猴头菇菜谱名目增加，不仅有传统菜，还有创新菜。例如：辽宁菜的猴头扒熊掌、猴头炖飞龙；吉林菜的珍珠猴头；黑龙江菜的鸭腿猴头蘑；北京菜的松树猴头；河南菜的戴帽猴头蘑；其他菜系的猴头扒菜心、白扒猴头、红烧猴头、香卤猴头、清汤紫菜烩猴头、猴头蘑炖鸽子、猴头炖鹌鹑、山鸡猴头砂锅、滑炒鸡丝猴头、猴菇鸡片、猴头酿鸡、芙蓉猴头、云片猴头、御扇猴头、清烩鹿尾猴头等。

干猴头菇适宜用水泡发而不宜用醋泡发。泡发时，先将猴头菇洗净，然后放在冷水中浸泡一会儿，再加沸水入笼蒸制或入锅焖煮，或放在热水中浸泡3小时以上（泡发至没有白色硬芯即可，如果泡发不充分，烹调时因为蛋白质变性而很难将猴头菇煮软）。另外需要注意的是，即使将猴头菇泡发好了，在烹制前也要先放在容器内，加入姜、葱、料酒、高汤等上笼蒸或煮制，这样做可以中和一部分猴头菇本身带有的苦味，然后再进行烹制。

白扒猴头：干猴头菇用温水涨发，泡透后洗净细沙，削去老根，整形批片，再浸入清水中涨发。将母鸡斩成块放入锅中出水，捞出洗净。将猴头菇挤干水分，用纱布包起，放入碗内，加鸡块、火腿、绍酒、葱姜和鸡汤，加盖上笼蒸3小时。锅上火，将猴头菇从笼中取出，原汁倒入锅中，猴头菇赊去纱布，投入锅中，加盐及少许鲜奶，烧沸后收汁着芡，起锅装盘，将绿叶菜加调料炒熟，盛出装饰盘内即成。白扒猴头如图5.6所示。

图5.6　白扒猴头

5.1.10 竹荪

竹荪是寄生在枯竹根部的一种隐花菌类，形状略似网状干白蛇皮。竹荪有深绿色的菌帽，雪白色的圆柱状的菌柄，粉红色的蛋形菌托，在菌柄顶端有一围细致洁白的网状裙从菌盖向下铺开，被人们称为雪裙仙子、山珍之花、真菌之花、菌中皇后。竹荪营养丰富、香味浓郁、滋味鲜美，自古就被列为“草八珍”之一。

产地：竹荪秋季生长在潮湿竹林地，色彩艳丽，具有菌裙，分长裙竹荪和短裙竹荪。竹荪主要分布在江西、福建、云南、四川、贵州、湖北、安徽、江苏、浙江、广西、海南等地，其中，以福建三明、南平以及云南昭通、贵州织金、四川江安县和长宁县蜀南竹海的竹荪最为有名。

营养：竹荪具有滋补强壮、益气补脑、宁神健体的功效，可补气养阴，润肺止咳，清热利湿。竹荪能够保护肝脏，减少腹壁脂肪的积存，有俗称“刮油”的作用。云南苗族人患癌症的概率较低，这与他们经常用竹荪与糯米一同泡水食用可能有关。现代医学研究也证明，竹荪中含有能抑制肿瘤的成分。

烹调应用：竹荪适宜烧、扒、烩、焖等烹调方法，尤其适宜制汤，可制作竹荪烩鸡片、竹荪汽锅鸡。干品烹制前应先用淡盐水泡发10分钟，竹荪剪去菌盖头（封闭的一端）。长裙竹荪质量较差，泡发后伞端（网状部分）容易烂且菌柄壁薄，故需严格控制泡发时间。短裙竹荪更加厚实，口感更脆，故质量更高。购买时，需挑选短裙竹荪且菌柄厚实粗壮者。

图5.7　竹荪鸡片汤

竹荪鸡片汤：将鸡脯肉用斜刀片成片，将竹荪切成约3.5厘米长的段后泡清水。净锅下水烧开后下入切好的鸡脯肉，氽水后捞出冲凉备用。净锅下清汤加姜片、葱段、枸杞一起烧开，下鸡肉片，煮至微开时加入泡好的竹荪段，小火慢炖至鸡肉熟为止。加鸡精、味精、盐即可起锅。竹荪鸡片汤如图5.7所示。

5.1.11　鸡枞

别名：在中国，广东称鸡㙡，潮汕称鸡肉菇，福建称鸡脚菇或桐菇，四川称斗鸡菇、伞把菇或斗鸡公，贵州称三八菇、茅草菌、三坛菇、三孢菇，福建称鸡肉丝菇。在日本称白蚁菇和姬白蚁菇。另外，还有人称鸡肉菌、鸡㙡花、荔枝菌、六月菌、拆菌、白蚁菌、鸡油菌等。在明代之前的古籍中名称更多，如鸡菌、鸡傻、鸡宗等。

品种：大鸡枞每支单重在50～1 000克，分为3种，分别是黑帽鸡枞、白帽鸡枞、黄帽鸡枞。其中，黑帽鸡枞品质较好，价格最高，产量最小，只有少数地方出产；白帽鸡枞品质略次于黑帽鸡枞，产地较多，因此数量也多，价格与黑帽鸡枞相差不多；黄帽鸡枞属大鸡枞中品质较差的，因此价格也相应较低。火把鸡枞个体没有大鸡枞大，每支单重在10～100克，体形是鸡枞中最小的，但其口感与大黑鸡枞及大白鸡枞同等。

营养：鸡枞能健脾和胃，令人食欲大增。鸡枞内含钙、磷、铁、蛋白质等多种营养成分，是体弱、病后和老年人的佳肴。鸡枞的另一特点是含磷量高，是需要补磷人士的佳肴。常食鸡枞还能提高机体免疫力，抵制癌细胞，降低血糖。鸡枞有养血润燥的功能，对于妇女也很适合。鸡枞营养丰富，蛋白质含量较高，蛋白质中含有20多种氨基酸，其中，含有人体必需的8种氨基酸。

烹调应用：鸡枞多作主料，适宜炒、爆、熘、烧、蒸等烹调方法，可制作红烧鸡枞、网油鸡枞、清蒸鸡枞等。

5.1.12　茶树菇

产地：茶树菇主要生产地为江西广昌县、江西黎川县、福建古田县。以平湖、吉巷等乡镇为例，很多村子的茶树菇日产量均达5 000千克以上，多为干菇。其中广昌县，2010年全县培植茶树菇筒约1.8亿筒，生产干菇约465万千克，年总产值2.4亿元。此外，全国各地也均有生产，昆明、成都、北京等地为较大鲜菇产区，江西黎川县也是茶树菇重要产区。

营养：茶树菇是一种高蛋白，低脂肪，无污染，无药害，集营养、保健、理疗于一身的纯天然食用菌。据国家食品质量监督检验中心测定，茶树菇富含人体所需的天门冬氨酸、谷氨酸等17种氨基酸和10多种微量元素与抗癌多糖，其药用保健疗效高于其他食用菌。茶树菇味道鲜美，用作主菜、调味均佳，且有滋阴壮阳、美容保健之功效，对肾虚、尿频、水肿、风湿有独特疗效，对抗癌、降压、防衰、小儿低热、尿床有辅助治疗功能，民间称之为“神菇”。

图5.8　干锅茶树菇

烹调应用：茶树菇用作主食、调味皆可，可制作干锅茶树菇、茶树菇炖肉。

干锅茶树菇：将水发茶树菇洗净，切成段，下入沸水锅中氽水捞出，红椒切成菱形块。净锅上火，放入红油烧热，先下入辣椒酱、蚝油炒香，再倒入茶树菇煸炒，掺少许清水，调入精盐、白糖、老抽、味精，稍煮，接着下入油炸蒜、红椒块炒拌均匀。淋入香油，起锅盛入锅内，点缀上香菜，随配酒精炉上桌即成。干锅茶树菇如图5.8所示。

任务2　食用藻

5.2.1　紫菜

紫菜是海中互生藻类的统称。

产地：紫菜分布在我国沿海地区。福建、浙南沿海多养殖坛紫菜，北方则以养殖条斑紫菜为主。紫菜之乡霞浦县地处闽东，是福建最古老的县份之一，也是我国南方最早养殖海带、紫菜的地区。早在元朝时期，就有霞浦人养殖紫菜的记录。霞浦拥有得天独厚的自然环境和气候条件，海岸线漫长，众多天然独立港湾，亚热带季风湿润气候及独有的水温、水质条件，皆适于紫菜生长，造就了霞浦紫菜特殊爽口、滑嫩口感和高质量。

营养：紫菜性味甘咸、寒，入肺经，具有化痰软坚、清热利水、补肾养心的功效，有助于防治甲状腺肿、水肿、慢性支气管炎、咳嗽、瘿瘤、淋病、脚气、高血压等。

图5.9　紫菜包饭

烹调应用：一般内地宾馆和家庭多用水发泡洗后的紫菜沏汤。紫菜的吃法还有很多，如凉拌、炒食、制馅、炸丸子、脆爆，作为配菜或主菜与鸡蛋、肉类、冬菇、豌豆尖或胡萝卜等搭配做菜等。食用前用清水泡发，并换1～2次水以清除污染、毒素。

紫菜包饭：在温热米饭里放盐、白芝麻、芝麻油，最好用手搅拌均匀，放在一边晾着。

鸡蛋打散后，加少许盐调味，放入平底锅中煎成蛋皮后切作长条。趁油锅还热把切成条的火腿和胡萝卜炒一炒。一定要注意火候，不要焦也不要不熟。一切准备就绪，开始包，拿出两张紫菜细细铺好，米饭倒在上面，用手弄散铺满紫菜的3/4，不要太用力把米饭压扁。然后按顺序放上鸡蛋条、胡萝卜条、火腿条、菠菜、腌萝卜，放好后将紫菜卷起来。再用刀将卷成条形的紫菜包饭切成1.5厘米长的小段。紫菜包饭如图5.9所示。

5.2.2 海带

产地：海带属于亚寒带藻类，是北太平洋特有地方种类。自然分布于日本本州北部、北海道等地，以日本北海道的青森县和岩手县分布为最多。此外，朝鲜元山沿海也有分布。我国原不产海带，1927—1930年从日本引进后，首先在大连养殖，后来群众性海带养殖业蓬勃发展，中国限于辽东和山东两个半岛的肥沃海区。人工养殖现已推广到浙江、福建、广东等地沿海，但为冷温带性种类。

营养：海带是一种营养价值很高的蔬菜，同时具有一定的药用价值。海带含有丰富的碘等矿物质。海带含热量低、蛋白质含量中等、矿物质丰富。研究发现，海带具有降血脂、降血糖、调节免疫、抗凝血、抗肿瘤、排铅解毒和抗氧化等多种生物功能。

烹调应用：海带在烹调中可切丝、片等形状，作主料适宜拌、炒、酥等烹调方法，可制作拌海带丝、酥海带等，因其色黑可作配色的原料。

5.2.3 裙带菜

别名：聪明菜、美容菜、健康菜、绿色海参。

产地：中国辽宁的吕达、金县，山东青岛、烟台、威海等地为主要产区，浙江舟山群岛也产。除自然繁殖，已开始人工养殖。旅顺自然生长的裙带菜，其地理位置优越，品质最佳，精选的裙带菜其营养可以和螺旋藻媲美，也被称为“天然螺旋藻”。

营养：裙带菜含有十几种人体必需的氨基酸、钙、碘、锌、硒、叶酸和维生素A、B族维生素、维生素C等。裙带菜的含钙量是“补钙之王”牛奶的10倍，含锌量是“补锌能手”牛肉的3倍。500克裙带菜的含铁量相当于10.5千克菠菜，维生素C的含量相当于0.75千克胡萝卜，蛋白质含量相当于1.5个海参。裙带菜含碘量也比海带多，加上富含氨基酸、粗纤维等，对儿童的骨骼、智力发育极为有益。裙带菜还有营养高、热量低的特点，具有减肥、清理肠道、保护皮肤、延缓衰老的功效，是许多女性喜爱的菜肴。日本是世界公认的长寿国，主要原因之一就是裙带菜每天必上餐桌。裙带菜已成为日本、韩国儿童和学生营养配餐的必备菜肴。

烹调应用：在做裙带菜料理时需要注意的是，裙带菜黏液中的成分具有溶解于水的性质，在洗涤时如果不注意的话，这些成分将会流失。因此，在洗涤时如果是盐渍裙带菜和灰干裙带菜的话，只需轻轻地洗掉盐分和杂物即可。如果是干燥裙带菜的话，最好是连浸泡过的水也一起食用，如果需要调味，则应注意盐的用量。如果将鱼贝类与裙带菜一起食用的话，可以大大地提高裙带菜的功效。

5.2.4 琼脂

琼脂是植物胶的一种，常用海产的麒麟菜、石花菜、江蓠等制成，为无色、无固定形状的固体，溶于热水。在食品工业中应用广泛，也常用作细菌培养基。因用海南的麒麟菜（石花菜）制作出来，而海南的简称是琼，故而得名。

别名：琼胶、洋菜、冻粉、琼胶、燕菜精、洋粉、寒天、大菜丝。

营养：琼脂能在肠道中吸收水分，使肠内容物膨胀，增加大便量，刺激肠壁，帮助改善便秘。经常便秘的人可以适当食用一些琼脂。琼脂富含矿物质和多种维生素，其中的褐藻酸盐类物质有降压作用，淀粉类硫酸脂有降脂功能，对高血压、高血脂有一定的防治作用。可清肺化痰，清热祛湿，滋阴降火，凉血止血。

烹调应用：常被煮成胶冻状食用，或用开水烫泡后加适量姜、醋拌食。琼脂在烹饪中多作冷菜，如冻粉拌里脊丝、冻粉拌鸡丝等。因其受热易融化，冷却易凝固，故加水溶化后可制作各式花色冷菜，口味可咸可甜，如冻鸡、西瓜冻等。

5.2.5 石花菜

别名：海冻菜、红丝、凤尾。

产地：中国海南等地，马来西亚、印度尼西亚等地也有分布。

营养：因为石花菜能在肠道中吸收水分，使肠内容物膨胀，增加大便量，刺激肠壁，引起便意，所以经常便秘的人可以适当食用一些石花菜。石花菜含有丰富的矿物质和多种维生素，尤其是它所含的褐藻酸盐类物质具有降压作用，所含的淀粉类硫酸脂为多糖类物质，具有降脂功能，对高血压、高血脂有一定的防治作用。中医认为，石花菜能清肺化痰、清热燥湿，滋阴降火、凉血止血，并有解暑功效。

烹调应用：口感爽利脆嫩，既可拌凉菜，又能制成凉粉。

5.2.6 鹿角菜

产地：自然分布于大西洋沿岸和我国东南沿海以及青岛、大连等海域，是中国的一种重要经济海藻。

营养：鹿角菜味甘咸、性寒，入心、胃二经，具有软坚散结、镇咳化痰、清热解毒、和胃通便、扶正祛邪之功效，用于咽喉肿痛、淤血肿胀、跌打损伤、筋断骨折、闪挫扭伤等症，治胃脘疼痛、嗳气反酸、纳食不香、肠燥便秘等症。

烹调应用：一般经水涨发后制作凉拌菜。

[小组探究]

尝试用同一种烹调方法分别制作平菇、蘑菇、草菇，然后研究其制作技巧。

[练习实践]

1. 如何评价木耳的营养价值？
2. 简述口蘑的营养价值和烹饪运用。
3. 简述紫菜的营养价值和烹饪运用。

项目6

家畜类原料

（4课时）

情境导人

✧ 家畜是被人类高度驯化的动物，是人类长期劳动的社会产物，具有独特的经济性状，能满足人类的需求，已形成不同的品种，在人工养殖的条件下能够正常繁殖后代并可随人工选择和生产方向的改变而改变。同时，其性状能够稳定地遗传下来。畜肉类的主要营养特点就是蛋白质含量高而且质量好。肉类食品中蛋白质的含量为10%～20%，仅低于大豆、黑豆。由于肉类蛋白质的营养特点是完全蛋白质含量极高，其化学组成与人体蛋白质很接近，因此其吸收率高，可达80%以上。肉类蛋白质能供给人体丰富的无机盐和维生素，是高营养的美味食品，还有预防白血病和骨癌的作用。

教学目标

✧ 了解家畜类原料的品种及产地。
✧ 理解常见的家畜类原料的营养特性及烹调应用。

任务1　猪

6.1.1　品种

小香猪：体小早熟，肉嫩味鲜。闻名全国的小香猪又名“迷你猪”，其中以巴马香猪最为著名，还有环江香猪、从江香猪、藏香猪等品种，都属矮小猪种。

民猪：体形中等大小，全身被毛黑色，有鬃毛，头中等大，面直长、耳大下垂，体躯扁平下垂，乳头七对，背腰狭窄，臀部倾斜，尾粗长，四肢粗壮，冬季密生绒毛。

淮猪：原产淮北平原的古老地方品种。早在春秋战国时期，淮北平原农业已相当发达，人们为食肉和农田施肥的需要普遍养猪，逐渐培育形成体形外貌和生产性能趋于一致的淮猪品种。

藏猪：主产于青藏高原，有云南迪庆藏猪、四川阿坝及甘孜藏猪、甘肃的合作猪以及分布于西藏自治区山南、林芝、昌都等地的藏猪类群。藏猪是世界上少有的高原型猪种。

新淮猪：新淮猪是用江苏省淮阴地区的淮猪与大约克夏猪杂交育成的新猪种，为肉脂兼用型品种，主要分布在江苏省淮阴和淮河下游地区。具有适应性强、生长较快、产仔多、耐粗饲、杂交效果好等特点。

长白猪：又称兰德瑞斯，原产于丹麦，目前世界上养猪业发达的国家均有饲养，是世界上最著名、分布最广的主导瘦肉型猪种，是养猪生产不可或缺的优秀猪种。

金枫猪：是用金山枫泾猪（太湖猪的一个种群）、长白猪、皮特兰猪等品种，经选育选配而成的新品种猪。母猪毛色纯黑、母性好、产崽多。商品猪毛色纯白、瘦肉率高、肉质优良、生长速度快。饲养证明，金枫猪不仅适应规模猪场的集约化饲养，而且适合小型猪场的传统喂养和个体农户的散养。

苏太猪：是以世界上产崽数最多的太湖猪为基础培育成的中国瘦肉型新猪种，保持了太湖猪的高繁殖性能及肉质鲜美、适应性强等优点，与外种公猪杂交，具有生长速度快、瘦肉率高、杂种优势显著等特点，是生产瘦肉型商品猪的理想母本。

湘白猪：具有生产性能好、遗传稳定、耐粗饲、产崽多、生长快、瘦肉率高、肉质好等特点，深受生产者和消费者的欢迎。

荷包猪：荷包猪因其外形酷似“荷包”而得名，是自然形成的原始优良地方品种，已有300多年的形成历史，属于肉脂兼用型品种。

雅南猪：主产于洪雅、丹棱、邛崃、犍为和荣县，分布于峨眉、乐山、眉山、彭山、蒲江和雅安等地。

莱芜猪：是我国华北优良猪种，具有适应性强、繁殖力高、肉质优良、配合力好等特性。莱芜猪的背毛为黑色，鬃毛比较突出，肚腹比较大，外表与野猪相似。

梅山猪：是我国优良地方品种太湖猪的一个品系，以高繁殖力和肉质鲜美而著称于世。作为“世界产崽冠军”的梅山猪，是遗传资源中经济杂交和培育新品种的优良亲本。

内江猪：主产于四川省内江市，以内江市东兴区一带为中心产区，历史上曾称为“东乡猪”。

荣昌猪：体形较大，除两眼四周或头部有大小不等的黑斑外，其余皮毛均为白色，也有少数在尾根及体躯出现黑斑全身纯白的。

6.1.2 分档取料

猪头：包括眼、耳、鼻、舌、颊等部位。猪头肉皮厚，质老，胶质重，宜用凉拌、卤、腌、熏、酱腊等方法烹制，如酱猪头肉、烧猪头肉。

猪肩颈肉：又称上脑、托宗肉。猪前腿上部，靠近颈部，在扇面骨上有一块长扁圆形的嫩肉，此肉瘦中夹肥，微带脆性，肉质细嫩。宜采用烧、卤、炒、熘，或酱腊等烹调方法。叉烧肉多选此部位。

颈肉：又称槽头肉、血脖。猪颈部的肉，在前腿的前部与猪头相连处，此外也是宰猪时的刀口部位，多有污血，肉色发红，肉质绵老，肥瘦不分。宜做包子、蒸饺、面臊，或用于红烧、粉蒸等烹调方法。

前腿肉：又称夹心肉、挡朝肉。在猪颈肉下方和前肘的上方。此肉半肥半瘦，肉老筋多，吸水性强。宜做馅料和肉丸子，适宜用凉拌、卤、烧、焖、爆等方法。

前肘：又称前蹄膀。其皮厚、筋多、胶质重、瘦肉多，常带皮烹制，肥而不腻。宜烧、扒、酱、焖、卤、制汤等，如红烧肘子、菜心扒肘子、红焖肘子。

前足：又称前蹄。质量好于后蹄，胶质重。宜于烧、炖、卤、凉拌、酱、制冻等。

里脊肉：又称腰柳、腰背。为猪身上最细嫩的肉，水分含量足，肌肉纤维细小，肥瘦分割明确，上部附有白色油质和碎肉，背部有薄板筋。宜炸、爆、烩、烹、炒、酱、腌，如软炸里脊、生烩里脊丝、清烹里脊等。

正宝肋：又称硬肋、硬五花。其肉嫩皮薄，有肥有瘦。适宜于熏、卤、烧、爆、焖、腌熏等烹调方法，如甜烧白、咸烧白等。

五花肉：又称软五花、软肋、腰牌、肋条等。肉一层肥一层瘦，一共有5层，故名五花肉。五花肉的肉皮薄，肥瘦相间，肉质较嫩，宜采用烧、熏、爆、焖，也适宜卤、腌熏、酱腊等烹调方式，如红烧肉、太白酱肉。

奶脯肉：又称下五花、拖泥、肚囊。其位于猪腹底部，质呈泡状油脂，间有很薄的一层瘦肉，肉质差。一般做腊肉或炼猪油，也可烧、炖，或用于做酥肉等。

后腿肉：又称后秋。猪肋骨以后骨肉的总称，包括门板肉、秤砣肉、盖板肉、黄瓜条几部分。门板肉又名无皮后腿、无皮坐臀肉，其肉质细嫩紧实，色淡红，肥瘦相连，肌肉纤维长，用途同里脊肉。秤砣肉又名鹅蛋肉、弹子肉、免弹肉，其肉质细嫩、筋少、肌纤维短，宜于加工丝、丁、片、条、碎肉、肉泥等，可用炒、煸、炸、氽、爆、熘、炸等烹调方法，如炒肉丝、花椒肉丁等。盖板肉是连接秤砣肉的一块瘦肉，肌纤维长，其肉质、用途基本同于“秤砣肉”。黄瓜条是与盖板肉紧相连接的一块瘦肉，肌纤维长，其肉质、用途基本同于“秤砣肉”。

后肘：又称后蹄。因结缔组织较前肘含量多，皮老韧，质量较前肘差。其烹制方法和用途基本同于前肘。

后足：又称后蹄。因骨骼粗大，皮老韧，筋多，质量较前足略差。其特点和烹饪运用基本同于前足。

臀尖：又称尾尖。其肉质细嫩，肥多瘦少。适宜用卤、腌、酱、熟炒、凉拌等烹调方法，如川菜回锅肉、蒜泥白肉多选此部位。

猪尾：又称皮打皮、节节香。由皮质和骨节组成，皮多胶质重。多用于烧、卤、酱、凉拌等烹调方法，如红烧猪尾、卤猪尾等。

6.1.3 营养价值

在畜肉中，猪肉的蛋白质含量最低，脂肪含量最高。瘦猪肉含蛋白质较高，每100克瘦猪肉含29克蛋白质，含脂肪6克。经煮炖后，猪肉的脂肪含量会有所降低。猪肉还含有丰富的B族维生素，可以使身体感到更有力气。猪肉还能提供人体必需的脂肪酸。猪肉性味甘咸，滋阴润燥，可提供血红素（有机铁）和促进铁吸收的半胱氨酸，能改善缺铁性贫血。猪排滋阴，猪肚补虚损、健脾胃。

猪脑：猪脑含有丰富的矿物质，食用后对人体大有裨益，一些人将猪脑弃之不用实在可惜，其实猪脑只要将其表面的血筋除去即可食用。其方法是：将猪脑浸入冷水中浸泡，直至看到有明显的血筋粘在猪脑表面，只要手抓几下，即可将血筋抓去。食用猪脑时，蒸、炖均可，也十分美味。猪脑性寒，味甘；益虚劳，补骨髓，健脑。由于猪脑中含大量的胆固醇，为所有食物中胆固醇含量最高者，因此，患有高脂血症，尤其是高胆固醇血症以及冠心病人，切勿多食。

猪肚：性味甘、微温，入胃经。健脾胃，补虚损，通血脉，利水，除疳。《别录》里说猪肚可“补中益气，止渴”。《本草图经》记载猪肚能治“骨蒸热劳，血脉不行，补羸助气”。《日华子本草》里还说用猪肚酿黄糯米蒸捣为丸，可治劳气以及小儿疳积黄瘦病。有煲猪肚汤、红烧猪肚、炒麻辣猪肚、蒸猪肚、麻辣猪肚丁、白切猪肚等做法。

猪肺：甘、平，入肺经。补肺止咳，用于肺虚咳嗽、咯血等症。猪肺不宜与白花菜、饴糖同食。猪肺做汤最鲜香，但现在的人总认为肺比较脏而不吃，其实，只要在吃肺前将肺管套在水龙头上反复地洗揉，使水灌入肺内，让肺扩张，待大小血管都充满水后，再将水倒出。如此反复多次，见肺叶变白，然后放入锅中烧开，浸出肺管中的残物，再洗一遍，直到雪白为止就没有问题，另换水煮至酥烂即可。另外，需要注意的是，要挑新鲜健康的猪肺吃。

猪腰：富含蛋白质、脂肪，另含碳水化合物、核黄素、维生素A、硫胺素、抗坏血酸、钙、磷、铁等成分，具有补肾壮阳、固精益气的作用。

猪肝：营养丰富，由于猪肝中铁的含量是猪肉的18倍左右，蛋白质含量也远高于瘦肉，因此猪肝是滋补气血的佳品，可防治视力模糊、两目干涩、夜盲及目赤等眼疾。幼儿常吃猪肝，可使眼睛明亮，精力充沛。动物肝中维生素A的含量超过奶、蛋、肉、鱼等食品，能保护眼睛，维持正常视力，防止眼睛干涩、疲劳。除此之外，还可补充维生素B_2，维持健康的肤色，维持正常生长和生殖功能，增强人体的免疫力，抗氧化，防衰老。猪肝含有丰富的蛋白质及动物性铁质，是营养性贫血儿童较佳的营养食品。猪肝含有大量的维生素A，有助于幼儿的骨骼发育。猪肝富含维生素C。此外，猪肝还含蛋白质、脂肪、硫胺、核黄素及钙、磷、铁等，这些营养成分不仅对养生健体有益，更重要的是它具有补血补铁、补肝明目的作用。

6.1.4 烹调应用

猪肉是中式烹饪中运用最广泛、最充分的原料之一，既可作菜肴主料，又可作菜肴辅料，还是面点馅心的重要原料之一。猪肉及骨骼又是制汤的主要原料。总之，猪肉适宜所有的烹调方法。猪肉也适合多种刀法，可加工成丁、丝、条、片、块、段、泥茸及多种花刀形。在口味上，猪肉适合各种调味，并可制成众多的菜点，既有名菜小吃，又有主食。作为面点馅心，可制成包子、饺子、馄饨；作为面条辅料，如炸酱面、肉丝面等。

图6.1 清炖蟹粉狮子头

清炖蟹粉狮子头：将猪肉刮净、出骨、去皮。将肥肉和瘦肉先分别细切粗斩成细粒，用酒、盐、葱姜汁、干淀粉、蟹粉拌匀，做成6个大肉圆，将剩余蟹粉分别粘在肉圆上，放在汤里，上笼蒸50分钟，使肉圆中的油脂溢出。将切好的青菜心用热油锅煸至翠绿色取出。取砂锅1只，锅底安放一块熟肉皮（皮朝上），将煸好的青菜心倒入，再放入蒸好的狮子头和蒸出的汤汁，上面用青菜叶子盖好，盖上锅盖，上火烧滚后，移小火上炖20分钟即成。食用时，将青菜叶去掉，放味精，连砂锅上桌。清炖蟹粉狮子头如图6.1所示。

东坡肉：将猪五花肋肉刮洗干净切成10块正方形的肉块，放在沸水锅内煮5分钟取出洗净。取大砂锅1只，用竹箅子垫底，先铺上葱，放入姜块，再将猪肉皮面朝下整齐地排在上面，加入白糖、酱油、绍酒，最后加入葱节，盖上锅盖。置旺火上，烧开后加盖密封，用微火焖酥后，将砂锅端离火口，撇去油，将肉皮面朝上装入特制的小陶罐中，加盖置于蒸笼内，用旺火蒸30分钟至肉酥透即成。东坡肉如图6.2所示。

图6.2 东坡肉

任务2 牛

6.2.1 品种

世界肉用牛主要品种现有40余种。较著名的除短角牛和夏洛莱牛等外，还有下述品种。

海福特牛：最古老的中小型肉用牛品种，育成于1790年。原产地在英国的赫里福特及牛津等地区。早熟易肥，耐粗饲，体格结实，适应性好。全身被毛红色，仅头部、颈垂、腹下、四肢下部和尾帚白色，具典型的肉用体形。成年公牛体重850～1 100千克，母牛体重

600～700千克，一般屠宰率60%～65%。分有角和无角两种，后者是在该品种输入美国后由突变产生的，其他外形均与有角者近似。该品种现广泛分布世界各地，饲养较多的有美国、加拿大、墨西哥、澳大利亚、新西兰以及南非等。中国自20世纪60年代开始由英国引进，饲养于内蒙古、新疆、黑龙江、山西、河北等地区，并用以改良黄牛，效果明显。

安格斯牛：古老的小型肉用牛品种。原产英国阿伯丁—安格斯地区。体躯低矮，无角，全身被毛黑而有光泽，部分牛腹下或乳房部有少量白斑，头小额宽，额上方明显向上突起。成年公牛体重800～900千克，母牛500～600千克。早熟易肥，生长快，肉质好，泌乳力较强，但有神经质，较难管理。19世纪自英国输出，现遍布全世界。

利木赞牛：大型肉用牛品种。原产法国中部。本为役牛，1900年以后逐步转向肉用，1924年育成肉用牛品种。生长快，肌肉丰满且多瘦肉，四肢坚强，体躯结构匀称，全身被毛红黄色，四肢内侧、腹下、眼圈、口鼻周围等处毛色较淡，角白色，蹄壳红褐色。公牛角向两侧平展，母牛角向前弯曲。成年公牛体重1 000～1 100千克，母牛体重800～850千克，屠宰率63%～71%。除法国外，以美国、加拿大饲养较多。中国1974年开始引进，多饲养于北方地区。

圣赫特鲁迪斯牛：肉用牛品种。原产美国得克萨斯州。育成历史较短，1940年才被承认为一个新品种，含有3/8婆罗门牛血统和5/8短角牛血统。耐热，具有抗焦虫能力。生长快，脂肪少，适应性强。全身被毛红色，短而光亮，耳下垂，皮肤松弛，颈部多皱褶，胸垂发达，阴鞘下垂，公牛有明显瘤峰。成年公牛体重850～1 000千克，成年母牛体重500～700千克，一般屠宰率为65%左右。泌乳力也较高，但繁殖力低，利用年限短。1960年引入中国。

中国原来没有专用的肉用牛品种。现除利用国外引进品种改良本国黄牛的肉用性能已取得较好效果外，有些地方良种黄牛如秦川牛、南阳牛、梁山县的鲁西黄牛、晋南牛等，也具有较好的肉用能力，可作为选育肉用品种的基础。

6.2.2 分档取料

牛肉在我国烹调中应用较广，它以瘦肉多、纤维质细嫩著称，近几年来，越来越受到人们的欢迎。川菜中有水煮肉片、火边子牛肉等许多牛肉烹制的名菜。牛肉的分档和用途，大致与猪肉相仿，但由于有些部位的肉质与猪肉有所不同，因此，分档名称和用途也与猪肉有所不同。

牛头：皮、骨、筋多，肉少，一般酱制、卤制，或凉拌。

脖肉：肉丝呈横竖状，宜于制作肉馅。

上脑、短脑：上脑和短脑都是背部肌肉，宽而且厚，是一条长方形肌肉。短脑是上脑前部靠近肩胛骨之上的一块较短且稍呈方形的肌肉，有时两块肌肉连在一起统称上脑。上脑肌肉纤维平直细嫩，肉丝里含有微薄而均匀的脂肪，断面呈现出大理石样的花纹，肉质疏松而富有弹力。短脑因靠近脖肉，耕地拉车时承受的压力较大，因此，肉中含有一些筋膜，食用时应剔除。烹调时宜熘、炒。

前夹：又称牛肩肉，包裹肩胛骨，筋多，宜酱、卤、焖、炖。前夹上一块双层方片形肌肉，体厚、纤维细、无筋，习惯叫梅子头，相邻的一块纹细无筋的肉叫梅心，质地较好，宜爆、炒、烫。

胸口：胸口肉在两腿中间，脂肪多，肉丝粗，宜熘、炖、烧。

肋条：肋条肉中有许多筋膜和脂肪，烹调时需用文火久炖，宜炖、烧。

花腱：是牛的四肢小腿肉，筋膜大，烹调时需文火焖烧，但时间不宜过久。如果与其他部位一起下锅，要掌握火候提前出锅以免散烂。宜酱、卤、焖、炖、烧。

牛腩：牛腩在腹部内，俗称弓口、灶口。筋膜相间，韧性较强，宜制馅、清炖。

扁肉：又名扁担肉。扁肉是覆盖腰椎的扁长形肌肉，肌肉纤维细长，质地紧密，弹性良好，没有筋膜和脂肪杂生其间，是一块质地细嫩的纯瘦肉。宜熘、炒。

牛柳：又称牛里脊，是牛肉中最为细嫩的肉，用手就可以撕碎，宜氽、爆、炒、熘。

三叉：又称密龙、尾龙扒。肉质细嫩疏松，常用来熘、炒、文火焖烧，食用时会感到油、筋、肉滋润绵软、疏松、适口。

黄瓜条：这几块肉都属后腿肉，肌肉纤维紧密，弹性良好，没有脂肪包裹，也没有筋膜间生，是选取瘦肉的主要部位。由于后腿肌肉很多，在销售时，都按自然形成的部位顺着间隔的薄膜进行分割。分割后的后腿肉，虽然肉质相同，但叫法却不一样。在内侧紧贴股骨纤维较细的圆形肌肉叫红包肉（和尚头），腿后外侧的一条长圆形的肌肉叫黄瓜条，紧靠红包肉的一块略呈淡黄色、体厚无筋的肌肉称白包肉（子盖）。这几块肌肉瘦肉多，脂肪少，质地优良，烹调时宜作熘、爆、炒、烫。

牛尾肉：肥美，最宜炖汤。牛腿的筋常干制为蹄筋，牛肝常用作卤制。牛肚（毛肚）、牛肚梁、牛腰、牛肝都是川味火锅中常用原料。

6.2.3 营养价值

牛肉含有丰富的蛋白质，氨基酸组成等比猪肉更接近人体需要，能提高机体抗病能力，对生长发育及手术后、病后调养的人在补充失血和修复组织等方面特别适宜。寒冬食牛肉，有暖胃作用，为寒冬补益佳品。中医认为，牛肉有补中益气、滋养脾胃、强健筋骨、化痰息风、止渴止涎的功能。适用于中气下陷、气短体虚、筋骨酸软和贫血久病及面黄目眩之人食用。

牛肚：含蛋白质、脂肪、钙、磷、铁、硫胺素、核黄素、尼克酸等，具有补益脾胃、补气养血、补虚益精、消渴、风眩之功效，适宜于病后虚羸、气血不足、营养不良、脾胃薄弱之人。

牛心：具有健脑、明目、温肺、心脏疾病、益肝、健脾、补肾、润肠、养颜护肤、通血、抑癌抗瘤、养阴补虚等功效。

牛肝：味甘性平，能补肝明目、养血。用于肝血不足、视物不清、夜盲症及血虚萎黄等症。

牛脑：味甘，性温，微毒，入肝、脾、胃经，具有养血息风、生津止渴、消食化积之功效，治眩晕、消渴、痞气。

6.2.4 烹调应用

牛肉在烹调中多作主料使用，刀工成型较多，因肉质老一般在切牛肉时要顶丝切。牛肉适宜炸、熘、炒、炖、酱等多种烹调方法。牛肉也适宜多种味型，制成多种菜点，如酱牛肉、烤牛肉、蚝油牛肉、咖喱牛肉、水煮牛肉、干煸牛肉丝、五香牛肉干等。牛肉还可以作面点馅心，制成包子、饺子等，也可作面条的卤，如牛肉拉面等。

图6.3　水煮牛肉

水煮牛肉：将牛肉切成约5厘米长、3厘米宽的薄片，装入碗中，用酱油、料酒码味，用水豆粉拌匀。青蒜、白菜、芹菜择洗干净，分别切成6.5厘米长的段和块。锅内油热下干辣椒、花椒，炸成棕红色（不要炸糊，以出色出香为度），捞出剁细。锅内原油下青蒜、白菜、芹菜，炒至断生装盘。锅内油热，下郫县豆瓣，炒出红色，加汤适量稍煮，捞去豆瓣渣，将青蒜、白菜、芹菜再放入汤锅中，加酱油、味精、料酒、胡椒面、盐、姜片、蒜片，烧透入味，捞入深盘或荷叶碗内。将肉片倒入微开的原汤汁锅中，用筷子轻轻拨散，刚熟就倒在装配料的盘或碗中，撒上干辣椒末、花椒末，随即淋沸油，使之有更浓厚的麻辣香味。水煮牛肉如图6.3所示。

图6.4　干煸牛肉丝

干煸牛肉丝：将牛肉洗净沥干，横切成丝。香芹剪去根与叶子后洗净，切成约3厘米长的段。干辣椒洗净后用剪刀将其竖向剪开，去籽后再剪成条。生姜切丝，大蒜去皮切片，郫县豆瓣剁碎，香菜洗净切成段。热锅放油，放入花椒，炸出香味后下入牛肉丝炒散后继续煸炒，要一直将水分炒干。加入两小勺料酒，炒匀。下入干辣椒、生姜、大蒜、郫县豆瓣，继续将牛肉煸酥。下入芹菜，加入适量的盐、鸡粉、少许白糖，炒至芹菜断生后放入香菜与生抽，炒匀后即可出锅。干煸牛肉丝如图6.4所示。

任务3　羊

6.3.1　品种

中国羊种类较多，有绵羊、山羊、黄羊、羚羊、青羊、盘羊、岩羊等。山羊以黄淮海区分布较多。以下是中国较知名的优良羊品种。

滩羊：属蒙古羊系统，为著名裘皮用绵羊。主要分布在中国宁夏贺兰山区。其毛色白，头、肢有黑斑，公羊有螺旋角。滩羊毛洁白细密，富有弹性，纤维细长均匀，每根毛有6个以上的弯曲，是加工制服呢、大衣呢的上等原料。在羔羊生后30~45天宰取的羔皮，更是既轻便又美观，8~10张羔皮可做一件皮大衣。滩羊肉质细嫩，味道鲜美。

湖羊：世界上唯一的多胎白色羔皮羊品种，主要分布于中国浙江、江苏太湖流域。湖羊头面狭长，鼻梁隆起，耳大下垂，公、母羊均无角。一般为舍饲，每年春秋各剪毛一次。湖羊出生后3日内宰杀剥取羔皮，具有轻薄、洁白、花纹波浪起伏，如流水行云的特点，是制作翻毛女式大衣的上等原料，在国际市场上享有盛誉，被誉为“软宝石”。湖羊毛也是当地织绳与地毯工业的重要原料。

小尾寒羊：中国独有的品种，主要分布于山东、河北、河南、江苏等省部分地区。小尾寒羊四肢较长，头颈长，体躯高，鼻梁隆起。小尾寒羊具有成熟早，早期生长发育快，体格高大，肉质好，四季发情，繁殖力强，遗传性稳定等特性。小尾寒羊的羔皮具有良好的制裘性能，裘皮花案美观，在国内国际市场颇受欢迎。

藏羊：主要分布在青藏高原。毛为白色，头、肢间没有黑色斑，公、母羊均有角，尾小呈锥形。粗毛长23厘米，绒毛长8厘米，为著名地毯毛羊。因尾小而行走较快，适于3 000～4 500米高寒地区生活，能终年放牧。

阿勒泰羊：主要产于新疆北部。特点是体格大，羔羊生长发育快，产肉脂能力强，适应终年放牧条件。成年公羊为93千克，成年母羊为68千克。剪毛量成年公羊平均为2千克，成年母羊平均为1.5千克。成年公羊具有大的螺旋形角，成年母羊中有2/3的个体有角。阿勒泰羊的臀、腿部肌肉丰满，毛色主要为棕红色。

新疆细毛羊：中国自行培育的第一个毛肉兼用细毛羊品种，产于新疆天山北麓。1954年命名为“新疆细毛羊”，近年被国家定名为“中国美利奴羊”。新疆细毛羊高大雄伟，体质结实，骨骼健壮，从头到脚全身洁白，毛质纤细，平均每只羊产毛量5千克。毛的细度、伸长度、油汗及色质等方面质量很高，是国际市场上的抢手货。

东北细毛羊：中国自行培育的第二个毛肉兼用细毛羊品种，原产东北地区，由斯大夫羊、苏联美利奴羊、新疆细毛羊等公羊与产地母羊杂交育成。公羊有角，母羊无角。东北细毛羊体形高大，颈部有皱褶。成年公羊体重90千克以上，成年母羊体重约50千克。东北细毛羊适应性强，耐粗饲，耐寒暑，抗病力强，羊毛产量高。

贵州白山羊：产于贵州。公、母羊均有角，颌下有须，公羊颈部有卷毛，少数母羊颈下有一对肉垂。贵州白山羊体躯呈圆筒状，四肢较矮，成年公羊有30多千克。贵州白山羊毛色以白色为主，其次为麻、黑、花色，毛粗而短。贵州白山羊具有产肉性能好，繁殖力强，板皮质量好等特性。贵州白山羊肉质细嫩，肌肉间有脂肪分布，板皮拉力强而柔软，纤维致密。

6.3.2 分档取料

羊颈肉：肌肉发达，肥瘦兼有，肉质干实，夹有细筋。适宜制作肉馅及丸子、炖焖。

肩肉：由互相交叉的两块肉组成，纤维较细，口感滑嫩。适宜炖、烤、焖。

上脑：肉质最细嫩的部位，上脑脂肪交杂均匀，有明显大理石花纹。适宜涮、煎、烤。

肋排肉：肋条即连着肋骨的肉，肥瘦互夹而无筋，外覆一层层薄膜，肥瘦结合，越肥越嫩，脂肪覆盖率好，质地松软，鲜嫩多汁，含有丰富的蛋白质和氨基酸。适宜中餐涮、烤、炒、爆、烧、焖，西餐法式菜肴。

胸肉：前胸软骨两侧的肉，像海带一样薄长，有一定的脂肪覆盖，熟制后肥而不腻。适合炖、煮汤，可以烧、焖，做清蒸羊肉效果很好。

外脊：外脊肉位于脊骨外面，呈长条形，长如扁担，俗称扁担肉。外面有一层皮带筋，纤维呈斜形，肌肉细腻，肉质鲜嫩多汁，是分割羊肉的上乘部位，由于出肉率太少尤为珍贵。适宜整条烧烤或切成块烧烤。

羊里脊：里脊肉是紧靠脊骨后侧的小长条肉，因为形似竹笋，纤维细长，又称“竹笋羊肉”，肌肉纤维丰富细长、鲜嫩多汁、肉质细腻，是全羊身上最鲜嫩的两条瘦肉。因为羊里脊肉蛋白质含量高，脂肪含量低，所以味道鲜美，受人喜爱，享有“肉中骄子”的美称。适宜熘、炒、炸、煎等。羊里脊一直是中餐爆炒的原料，作为烧烤原料口味会更好。

羊腩：肉质稍韧，口感肥厚而醇香。适合清炖、红焖。

尾龙扒：其中位于羊的臀尖的肉，俗称“大三叉”。肉质较好，纹理顺畅，肌肉纤维丰富，上部有一层夹筋，去筋后都是嫩肉，可代替里脊肉用。适宜中餐和西餐煎、烤、烹、炸。

针扒：肌肉较多，脂肪筋膜较少，肉质细嫩，纹理顺畅，肌肉纤维丰富。适宜中餐和西餐煎、烤、烹、炸。

羊霖：在腿前端与腰窝肉相近处，有一块凹形的肉，纤维细紧，肉外有3层夹筋，肉质瘦而嫩，叫“元宝肉”。适宜中餐煎、烤、烹、炸和西餐羊扒。

烩扒：臀尖下面位于两腿裆相磨处，叫“磨裆肉”。肉质粗而松，肥多瘦少，边上稍有薄筋，宜于烤肉串。与磨裆肉相连处是“黄瓜条”，肉色淡红，形状像两条黄瓜，肉质细嫩。适宜中餐和西餐煎、烤、烹、炸。

腱子肉：大腿上的肌肉，肌肉包裹内藏筋，硬度适中，口感劲道。适宜酱、炖、烧、卤等炖煮后稍带肉质纤维，颇有嚼头。

羊小腿：羊小腿位于羊膝的下部，肉中夹筋，肉质有韧性，肌纤维很短，温补脾胃。中国古代医学认为，羊小腿肉是助元阳、补精血、疗肺虚的佳品，也是优良的温补强壮剂。适宜酱、炖、烧、卤等。

6.3.3 营养

羊肉鲜嫩，营养价值高，凡肾阳不足、腰膝酸软、腹中冷痛、虚劳不足者皆可用羊肉作食疗品。羊肉营养丰富，对肺结核、气管炎、哮喘、贫血、产后气血两虚、腹部冷痛、体虚畏寒、营养不良、腰膝酸软、阳痿早泄以及一切虚寒病症均有很大裨益，具有补肾壮阳、补虚温中等作用。男士适合经常食用。

羊头、蹄：味甘，性平，无毒。主治风眩瘦疾、小儿惊痫、脑热头晕，安心止惊，缓中、止汗、补胃，治男子五劳引起的阴虚、潮热、盗汗。热病后宜于食用，患冷病的人不要多食，还可疗肾虚精竭。

羊皮：主治一切风和脚中虚风，补虚劳，则去毛作汤或作为肉羹食用。取湿皮卧伏后，可治散打伤青肿。于皮烧后服用，可治蛊毒导致的下血。

羊脂：味甘，性热，无毒。可治下痢脱肛，可去风毒和产后腹中绞痛。主治贼风痿痹飞尸，辟温气，止劳痢，润肌肤，杀虫治疮癣。加在膏药中，可透入肌肉经络，祛风热毒气。

羊血：味咸，性平，无毒。主治女人血虚中风和产后血闷欲绝。可治产后血攻及下胀衣，以及突然受惊所致的七窍出血，还可解莽草的毒性和胡蔓草毒，还可解一切丹石毒。

羊髓：味甘，性温，无毒。主治男子女人伤中，阴阳气不足，利血脉，益经气，其方法是用酒送服。还可祛风热、止毒。经常服食不会损人。主治女子血虚风闷，润肺气，养皮肤，并可去除瘢痕。

羊心：味甘，性温，无毒。可治忧愤引起的膈气，补心。

羊肺：味甘，性温，无毒。主治补肺，止咳嗽，伤中，补不足，去风邪，治渴，止小便频繁，方法是与小豆叶一同煮食。通肺气，利小便，行水解毒。3—5月的羊肺中有虫，形状如马尾，长有二三寸，须去掉，不去使人泻痢。

羊肾：味甘，性温，无毒。主治补肾气虚弱，益精髓，补肾虚引起的耳聋阴弱，壮阳益胃，止小便，治虚损盗汗。和脂一起做羹食，疗劳痢甚效。加蒜、薤食1升，疗腹内积块、胀痛。治肾虚消渴。

羊肝：味苦，性寒，无毒。主治补肝，治肝风虚热，治眼睛红、痛和热病后失明，切成片用水浸贴，可解蛊毒。与猪肉、梅子、小豆合食，伤人心。与生椒合食，伤人五脏，对小儿尤其如此。与苦笋合食，会致青盲病。妊妇食了，会令子多病厄。

羊胆：味甘，性寒，无毒。主治青盲耳聪明目、轻身，使人肌肤红润有光泽，精力充沛，抗衰老，点赤障、白翳、风泪眼，解蛊毒。疗疳湿时行热火瘰疮，和醋服用，效果好。治各种疮，还能生人的血脉。同蜜一道蒸9次后，点赤风眼，有效。

羊胃：味甘，性温，无毒。主治反胃，止虚汗，治虚弱，小便频繁，做羹食用，三五次即愈。羊肚和饭食，经常如此会使人多流清口水，成反胃作噎病。

6.3.4 烹调应用

图6.5　葱爆羊肉

图6.6　它似蜜

羊肉在清真菜肴中应用最多，且多为主料，羊肉本身也适宜多种烹调方法和多种调味，可以制作很多著名菜点，如它似蜜、葱爆羊肉、羊肉泡馍、涮羊肉、烤羊肉串等。

葱爆羊肉：将羊肉片成1.2厘米厚的片，两面交叉打花刀（深度各为肉厚的1/3），切成1厘米的长条，再切成方丁，放入碗内加精盐、鸡蛋清、湿淀粉搅匀。将大葱一剖为二，改刀成1.2厘米的段备用，取一空碗放入精盐、酱油、绍酒、味精、湿淀粉搅匀成汁。炒锅内放入花生油，在旺火上烧至六成热（约150 ℃）时，放入羊肉丁，用手勺拨散，再放入葱段搅散迅速捞出。锅内留少量油，用旺火烧热后放入羊肉丁、葱段爆炒，接着倒入碗内芡汁翻炒，淋上芝麻油，颠翻几下，速退出锅即成。葱爆羊肉如图6.5所示。

它似蜜：将净羊里脊肉洗净，斜刀切成长3.3厘米、宽1.7厘米、厚0.16厘米的薄片。将羊肉片放在碗里，加入甜面酱、湿淀粉15克，抓匀上浆。把姜汁、糖色、酱油、醋、黄酒、白糖、湿淀粉一起放在碗里，调成芡汁。将花生油倒入炒锅内，置于旺火上烧至七成热时，下入浆好的羊里脊片，迅速拨散，勿使粘连在一起。待里脊片变成白色时，连油一起倒在漏勺内沥去油。将炒锅重置旺火上，放入芝麻油烧热，倒入滑好的里脊片，烹入调好的芡汁，快速翻炒均匀，使里脊片粘满芡汁，再淋上芝麻油即成。它似蜜如图6.6所示。

任务4　家畜制品

6.4.1　牛奶

牛奶是最古老的天然饮料之一，被誉为“白色血液”。牛奶对人体的重要性可想而知。在不同国家，牛奶也分有不同的等级，目前最普遍的是全脂、低脂及脱脂牛奶。目前市面上牛奶的添加物比较多，如高钙低脂牛奶，就强调其中增添了钙质。

品种：牛奶品种较多，有初乳、常乳、末乳、异常乳等。

初乳：母牛产犊后3天内的乳汁与普通牛乳明显不同，称为牛初乳。牛初乳的蛋白质含量较高，而脂肪和糖含量较低。20世纪50年代，研究发现牛初乳中不仅含有丰富的营养物质，而且含有大量的免疫因子和生长因子，如免疫球蛋白、乳铁蛋白、溶菌酶、类胰岛素生长因子、表皮生长因子等。科学实验证明，牛初乳具有免疫调节、改善胃肠道、促进生长发育、改善衰老症状、抑制多种病菌等生理活性功能，被誉为“21世纪的保健食品”。

常乳：雌性哺乳动物产后14天后所分泌的乳汁，也称成熟乳。通常，雌性哺乳动物要到产后30天左右乳成分才趋稳定。常乳是通常用来加工乳制品的乳。

末乳：也称老乳，即干奶期前2周所产的乳。一般指产犊8个月以后泌乳量显著减少，1天的泌乳量在500克以下。末乳的化学成分与常乳有显著异常。其成分除脂肪外，均较常乳高，有苦而咸的味道，含酯酶多，常有油脂氧化味。

异常乳：当乳牛受到饲养管理、疾病、气温以及其他各种因素的影响时，乳的成分和性质往往发生变化，这时与常乳的性质有所不同，也不适于加工优质的产品，这种乳称异常乳。异常乳的性质与常乳有所不同，但常乳与异常乳之间并无明显区别。国外将凡不适合做饮用的乳（市乳）或用作生产乳制品的乳都称异常乳。

异常乳是一个与常乳相对应的概念。初乳、末乳、盐类不平衡乳、低成分乳、细菌污染乳、乳房炎乳、异物混入乳等都属于异常乳。异常乳包括生理异常乳、化学异常乳、微生物异常乳、病理异常乳。

奶酪：一种发酵的牛奶制品（其中的一类也叫干酪），其性质与常见的酸牛奶有相似之处，都是通过发酵过程来制作的，也都含有可以保健的乳酸菌，但是奶酪的浓度比酸奶更高，近似固体食物，营养价值也因此更加丰富。每千克奶酪制品都是由10千克的牛奶浓缩而成。奶酪含有丰富的蛋白质、钙、脂肪、磷和维生素等营养成分，是纯天然的食品。就工艺而言，奶酪是发酵的牛奶；就营养而言，奶酪是浓缩的牛奶。

酸奶：是以新鲜的牛奶为原料，经过巴氏杀菌后再向牛奶中添加有益菌（发酵剂），经发酵后，再冷却灌装的一种牛奶制品。市场上酸奶制品多以凝固型、搅拌型和添加各种果汁果酱等辅料的果味型为多。酸奶不仅保留了牛奶的所有优点，某些方面还扬长避短，成为更加适合于人类的营养保健品。

奶油：又称淇淋、激凌、忌廉，是由未均质化之前的生牛乳顶层的牛奶脂肪含量较高的一层制得的乳制品。因为生牛乳静置一段时间之后，密度较低的脂肪便会浮升到顶层。在工业化制作程序中，这一步骤通常被分离器离心机完成。在许多国家，奶油都是根据其脂肪含量的不同分为不同的等级。而国内市场上常见的淡奶油、鲜奶油其实是指动物性奶油，即从天然牛奶中提炼的奶油。

奶粉：是将牛奶除去水分后制成的粉末，它适宜保存。奶粉是以新鲜牛奶或羊奶为原料，用冷冻或加热的方法，除去乳中几乎全部的水分，干燥后添加适量的维生素、矿物质等加工而成的冲调食品。有的设计是使用真空蒸发罐，先将牛奶浓缩成饼状，然后再干燥制粉；有的设计则是将经过初步浓缩后的牛奶摊在加热的滚筒上，剥下烙成的薄奶膜再制粉等。而最好的奶粉制作方法是美国人帕西于1877年发明的喷雾法。这种方法是先将牛奶真空浓缩至原体积的1/4成为浓缩乳，然后以雾状喷到有热空气的干燥室里，脱水后制成粉，再快速冷却过筛，即可包装为成品了。这一方法至今仍被沿用。它的诞生推动了奶粉制造业在20世纪初的大发展。

炼乳：是一种牛奶制品，用鲜牛奶或羊奶经过消毒浓缩制成的饮料，它的特点是可储存较长时间。炼乳是“浓缩奶”的一种，是将鲜乳经真空浓缩或其他方法除去大部分的水分，浓缩至原体积25%～40%的乳制品，再加入40%的蔗糖装罐制成的。炼乳加工时由于所用的原料和添加的辅料不同，可以分为加糖炼乳（甜炼乳）、淡炼乳、脱脂炼乳、半脱脂炼乳、花色炼乳、强化炼乳和调制炼乳等。中国以前主要生产全脂甜炼乳和淡炼乳。近年来，随着中国奶业的发展，炼乳已退出乳制品的大众消费市场。但是，为了满足不同消费者对鲜奶的浓度、风味以及营养等方面的特殊要求，采用适当的浓缩技术将鲜奶适度浓缩（闪蒸）而制成的“浓缩奶”仍有一定的市场。

酥油：藏族食品之精华。酥油是似黄油的一种乳制品，是从牛奶、羊奶中提炼出的脂肪。藏区人民最喜食牦牛产的酥油。产于夏、秋两季的牦牛酥油，色泽鲜黄，味道香甜，口感极佳，冬季的则呈淡黄色。羊酥油为白色，光泽、营养价值均不及牛酥油，口感也逊牛酥油一筹。酥油滋润肠胃，和脾温中，含多种维生素，营养价值颇高。在食品结构较简单的藏区，能补充人体多方面的需要。

营养：牛奶味甘，性平，微寒，入心、肺、胃经，具有补虚损、益肺胃、生津润肠的功效，用于久病体虚、气血不足、营养不良、噎嗝反胃、胃及十二指肠溃疡、消渴、便秘等。

图6.7　大良炒鲜奶

烹调应用：牛奶在烹饪中多作辅料。在西点制作中应用较多，可制作多种糕点，也可制作少数特色菜肴，如大良炒鲜奶。

大良炒鲜奶：纯牛奶倒进玻璃大碗里，拌入3汤匙生粉、1/3汤匙盐和1/4汤匙鸡粉搅匀。火腿切成小丁。敲开鸡蛋，用鸡蛋壳隔离出蛋黄，只留鸡蛋清，持打蛋器沿一个方向快速搅打15分钟，直至其充分搅匀。基围虾去壳洗净，切成丁状，放入另一大碗中，倒入一半打好的奶蛋液，将其搅拌均匀。烧热锅，注入5汤匙油烧热，倒入未掺虾仁的奶蛋液，转小火并快速翻炒至其略微凝固，盛起待用。锅内再添3汤匙油烧热，倒入有虾仁的奶蛋液，转小火快速翻炒。等奶蛋液略微凝固，倒入火腿丁和之前炒好的牛奶蛋白炒匀，便可熄火装盘。大良炒鲜奶如图6.7所示。

6.4.2 火腿

火腿即由猪的腿熏制或腌制而成的食物。

别名：熏蹄、南腿、兰熏。

等级：市场上销售的火腿有4种。南腿是产于金华地区的一种火腿；北腿是产于江苏北部的如皋一带；云腿产于云南省宣威、榕峰一带；川腿是产于四川地区的火腿。其中，金华火腿最为有名，有蒋腿、茶腿、贡腿、竹叶熏腿之分。

根据火腿的重量、外观及气味等方面的状况，分为不同的等级。

特级火腿每只重2.5～4千克，外形美观、整洁，表皮平整，爪细，腿心饱满，油头小，瘦肉多肥膘少。

一级火腿每只重2～4.5千克，腿形完整、光滑干燥，油头较小，无裂缝、虫蛀、鼠咬等伤痕。

二级火腿每只重2～5千克，皮稍厚，肥肉较一级多，肉偏咸，腿较粗，外形美观整齐。

三级火腿每只重2～5千克，腿粗胖，肥肉较多，刀工略粗糙，稍有伤痕。

四级火腿每只重1.5～5千克，腿粗胖，皮厚，腿的样式差，肉不包骨，有虫蛀而不严重。

品种：金华火腿、宣威火腿等。

金华火腿是浙江金华的著名特产。抗金名将宗泽是浙江金华义乌人，一次他带着家乡腌制的猪腿进献给宋钦宗，咸猪腿肉色、香、味俱全，因为色泽鲜红如火，宋钦宗就赐名“火腿”，从此火腿成了贡品。火腿都是猪后腿。金华火腿本来应该使用金华两头乌的后腿制作，可是由于金华两头乌几乎绝种，因此现代标准的火腿应该是一般咸腿作为原料（也就是在冷库里用盐腌制的腿）。火腿的制作需要多个工艺流程，火腿含有丰富的矿物质及蛋白质，火腿不仅是令人垂涎欲滴的美味，而且是强身的补品。盛产火腿的有金华、东阳、兰溪、义乌、武义、浦江、永康，这些地方都属于金华，统称金华火腿。

宣威火腿又称云腿，因为产于滇东北的宣威而得名。它的制作采用当地的乌蒙猪，膘厚肉细。在宣威一带，山地气候寒凉，是腌腊肉类的适宜气候，尤其每年霜降到次年立春之前，是制作火腿的最佳季节。这些因素，是宣威盛产火腿必备的物产、社会、气候条件。宣威火腿制作是将切割成琵琶形的猪后腿洗净，以盐反复用劲搓揉，使之渗入肉中，然后腌制让其自然发酵，历半年方成熟。鉴定火腿质量，是待其表面呈绿色时以篾针刺入3个不同部位嗅之，以“三针清香”为合格。宣威火腿个大骨小、皮薄肉厚，横剖面肉色鲜艳、红白分明，瘦肉呈桃红色，其味咸香带甜，肥肉肥而不腻，因形似琵琶，也称“琵琶脚”。

营养：火腿含有丰富的蛋白质和适量的脂肪，以及10多种氨基酸，多种维生素，矿物质。火腿制作经冬历夏，经过发酵分解，各种营养成分更易被人体所吸收，具有养胃生津、益肾壮阳、固骨髓、健足力、愈创口等作用。火腿肉性温，味甘咸，具有健脾开胃、生津益血、滋肾填精之功效，可用以治疗虚劳怔忡、脾虚少食、久泻久痢、腰腿酸软等症。江南一带常以之煨汤作为产妇或病后开胃增食的食品。因火腿有加速创口愈合的功能，现已用为外科手术后的辅助食品。

烹调应用：火腿在烹饪中应用广泛，特别是在南方应用较多，可制成多种菜肴，如火腿炖甲鱼、火腿炖鸡、火腿炖菜心等。还可作面点馅心，如火腿萝卜丝盒子酥、火腿脂油饼等。北方用火腿作辅料较多。火腿适合多种刀工成型，可切成小块、条、片、丝、丁、末等形状。用火腿制作菜肴忌少汤或无汤烹制，也不宜用红烧、酱、卤等方法，不宜用酱油、醋、八角、桂皮等香料，主要取其本身的鲜香气味，忌用色素，不宜上浆挂糊，勾芡不宜太稀或太稠，忌与牛羊肉配合制作菜肴。火腿可作菜肴的主料，也可作辅料，还可用于菜肴配色。

图6.8　火腿萝卜丝饼

火腿萝卜丝饼：辣椒切细丝，火腿磨碎，萝卜切丝，打入鸡蛋1个。加入面粉，撒入盐和胡椒粉适量,然后慢慢搅拌均匀。平底锅中抹油，倒入做好的糊，抹平。约5分钟后即可翻面，煎另一面，煎至两面金黄，取出后即可切块食用。火腿萝卜丝饼如图6.8所示。

6.4.3　香肠

香肠以猪或羊的小肠衣（也有用大肠衣的）灌入调好味的肉料干制而成。香肠一般指猪肉香肠，全国各地均有生产，著名的有江苏如皋香肠、云塔香肠、广东腊肠、四川宜宾广味香肠、山东招远香肠、武汉香肠、辽宁腊肠、贵州小香肠、济南南肠、潍坊香肠、正阳楼风干肠和江苏香肠等。按风味分，香肠可分为五香香肠、玫瑰香肠、辣味香肠等，各具特色。

品种：

贵州麻辣香肠：用柏枝、果木烟熏，严格控制各个阶段工艺指标瘦肉、肥肉比为6：4，用猪的前夹肉制作，配料考究，熏烤温湿度严格控制，吃起来有一种浓郁独特香味，麻辣突出，让人回味无穷，是平时生活及节日的佳品。

如皋香肠：每根长约20厘米，原料净重0.45千克，晒干后约0.3千克。它的做法是：将猪的前夹心和后腿部分精肉及足膘肥肉切成小方块，放在木盆或瓦盆里，加盥、硝水拌和。拌好后，静置30分钟。这样盥和硝水就慢慢地浸入肉里，然后再加糖、酱油、酒拌和，要拌得匀透。拌好后，将肉灌进大肠衣内，一面用针在肠上戳眼放出里面的空气，一面用手挤抹，并用花线将两头扎牢。这样做，肉块挤得紧，质量好。灌进肉的肠，挂在晒架上吹晒。一般约晒5个晴天（夏天只需两天），然后取下入仓晾挂。仓库内必须通风透气，以便晒后的肠子退去余热，慢慢干透。晾挂一个月即可。

睢宁香肠：是闻名苏、鲁、豫、皖、冀的历史名菜。选用猪后腿精肉，佐以数十种名贵天然植物香料，传统工艺精心制作。其特点为：农家风味，腊香袭人，醇香适口，回味久长。睢宁香肠是酒席、宴会之首选荤盘，是居家、旅游、馈赠亲友之佳品。睢宁香肠真空包装，二次灭菌，开袋即食。

莱芜香肠：旧称“南肠”，是饮誉山东省内外的传统名吃。清道光年间开始生产，已有170多年的历史。莱芜香肠以顺香斋南肠最为上乘，以莱芜猪瘦肉和小肠为主要原料，配以砂仁、八角、边桂、花椒、石落子等中药，外加自制酱油，经过刮肠、剁肉、拌馅、灌肠、晾晒、蒸煮等工序精制而成，黑褐油亮，味道香醇，营养丰富，具有耐储耐运等优点。目前，莱芜香肠加工厂已增至百余处，其中规模较大、经营较好的有全香斋、正香斋、玉香斋、盛香斋、锦香斋、聚香斋、源香斋、兴香斋等。莱芜香肠的原料，原是一种莱芜当地产的叫作“莱芜黑”的黑猪猪肉。这种猪通体乌黑，特别好养，母猪产崽多，还不挑食，吃糠咽菜也能长得一身好膘，深受当地百姓喜爱。

济南香肠：是在莱芜香肠的基础上不断发展创新，历时100余年演变而来，以净香园品牌最为闻名。济南香肠精选猪肉各部分加工成多种特色香肠，辅以秘制香料，有严格的肉料配比和火候掌控，出锅香肠有奇香扑鼻，瘦肉不柴，肥肉不腻，口感醇厚有嚼劲儿，回味长久。无论宴请宾客，还是自家小酌，都是上乘的餐桌美食。

滨海香肠：源自安徽，立足江苏，经过不断的改良加工，最终形成了独具滨海特色的美食，并在江苏省内享有盛誉。滨海香肠选料考究，制作精良，口味上佳，当地有句话：四分肥，六分瘦，小肠洗净套好肉，姜葱辅，日光照，上锅蒸熟真美味！因为出色的品质，现在滨海香肠已经成为当地人的送礼首选，甚至很多外地人慕名前来购买滨海香肠馈赠亲友。出色的滨海香肠，正在不断走向全国，走向世界。

营养：香肠可开胃助食，增进食欲。儿童、孕妇、老年人、高脂血症者少食或不食，肝肾功能不全者不适合食用。

烹调应用：香肠作主料一般可蒸熟后作冷盘食用，作辅料可放入炖煮类菜肴中，刀工成型不多，主要是切成薄片食用。

6.4.4 肉松

肉松是中国著名的汉族美食，具有营养丰富、味美可口、携带方便等特点。肉松用猪的瘦肉或鱼肉、鸡肉除去水分后制成。一般的肉松都是磨成了末状物，适合儿童食用。

品种：肉松按加工方式不同可分为3种，即太仓式肉松，油酥肉松和肉粉松。按产地不同可分为福建肉松、太仓肉松、如皋肉松、上海猪肉松、温州肉松等。

太仓式肉松：加工工艺以畜禽肉为原料，经煮制、撇油、调味、收汤、炒松、搓松制成的肌肉纤维蓬松成絮状的肉制品。比较有名的太仓式肉松有太仓肉松、如皋肉松、上海快乐牌肉松等。太仓式肉松的特点是纤维长。

油酥肉松：加工工艺是用畜禽瘦肉为原料，经煮制、撇油、调味、收汤、炒松后，再加入食用油炒制成颗粒状或短纤维状的肉制品。油酥肉松以福建产的最有名，近几年天津的家家乐牌肉酥也很受消费者喜欢。油酥肉松的特点是纤维较短、很酥，吃起来很容易化，口味好。

肉粉松：加工工艺是用畜禽瘦肉为主要原料，经煮制、撇油、绞碎、调味、收汤、炒松，再用食用油脂和适量面粉炒制成颗粒状的肉制品。肉粉松在福建和天津一带产量较大。

太仓式肉松形态呈絮状，纤维柔软蓬松，允许少量结头无焦头，色泽呈均匀金黄色或淡黄色，稍有光泽。滋味浓郁鲜美，甜咸适中，香味纯正，无不良气味，无杂质。

油酥肉松和肉粉松形态呈疏松颗粒状或纤维状，无焦头，无糖块，色泽呈棕褐色或黄褐色，色泽均匀，有光泽。滋味浓郁鲜美，甜咸适中，具有酥甜特色，油而不腻，香味纯正，无不良气味，无杂质。

烹调应用：肉松一般佐餐食用。由于猪瘦肉本身就含有一定量的钠离子，而大量的酱油又带来了相当数量的钠离子，因此饮食中需要限制食盐的朋友要少吃。另外，由于加工过程中还加入了白糖，原本瘦肉中含量很低的碳水化合物也增加了许多。有些肉松还加入了大量脂肪，味道更加香美，但是所带来的能量也增加了不少。肉松热量远高于瘦肉，属于高能食品，吃的量和频率都要有所控制。

任务5　家畜肉及制品的品质鉴别

6.5.1　家畜肉的感官检验

家畜肉的品质好坏，主要以新鲜度来确定。按照家畜肉的新鲜度一般分为新鲜肉、不新鲜肉、腐败肉3种，常用感官检验方法来鉴定。家畜肉的感官检验主要是从色泽、带度、弹性、气味、骨髓状况、煮沸后肉汤等几个方面来确定肉的新鲜程度。家畜肉的感官鉴别标准见表6.1。

表6.1　家畜肉的感官鉴别标准

特　征	新鲜的肉	不新鲜的肉	腐败的肉
色泽	肌肉有光泽，色淡红均匀，脂肪洁白（新鲜牛肉脂肪呈淡黄色或黄色）	肌肉色泽较暗，脂肪呈灰色，无光泽	肌肉变成黑或淡绿色，脂肪表面有污秽和霉菌，或出现淡绿色，无光泽
黏度	外表微干或有风干膜，微湿润，不黏手，肉液汁透明	外表有一层风干的暗灰色或表面潮湿，肉液汁浑浊并有黏液	表面极干燥并变黑或者很湿、很黏，切面呈暗灰色
弹性	刀切面肉质紧密，富有弹性，指压后的凹陷能立即恢复	刀切面肉比新鲜肉柔软，弹性小，指压后的凹陷恢复慢，且不能完全恢复	肉质松软而无弹性，指压后凹陷不能复原，肉严重腐败时能用手指将肉戳穿
气味	具有每种家畜肉的正常特有气味，刚宰杀不久的有内脏气味，冷却后稍带腥味	有酸味、氨味或腐臭味，有时在肉的表层稍有腐败味	有刺鼻、腐败的气味
骨髓的状况	骨腔内充满骨髓，呈长条状，稍有弹性，较硬，色黄，在骨头折断处可见骨髓的光泽	骨髓与骨腔间有小的空隙，较软，颜色较暗，呈黄色或白色，在骨头折断处无光泽	骨髓与骨腔有较大的空隙，骨髓变形腐烂，有的被细菌破坏，有黏液且色暗，并有腥臭味
煮沸后的肉汤	透明澄清，脂肪凝聚于表面，具有香味	肉汤浑浊，脂肪呈小滴浮于表面，无鲜味，往往有不正常的气味	肉汤污秽带有絮片，有霉变腐臭味，表面几乎不见油滴

6.5.2 家畜内脏的感官检验

家畜内脏的感官鉴别标准见表6.2。

表6.2 家畜内脏的感官鉴别标准

种 类	新鲜的内脏	不新鲜的内脏
肝	褐色或紫红色，有光泽，有弹性	颜色暗淡或发黑，无光泽，表面萎缩有皱纹，无弹性，很松软
肾	浅红色，表面有一层薄膜，有光泽，柔润，有弹性	外表颜色发暗，组织松软，有异味
胃	有弹性，有光泽，颜色一面呈浅黄色，一面呈白色，黏液多，质地坚韧、紧实	白中带青，无弹性，无光泽，黏液少，质地软烂
肠	色泽发白，黏液多，稍软	色泽呈淡绿色或灰白色，黏液少，发黏软，腐臭味重
肺	色泽淡红，光滑，富有弹性	色灰白，无光泽，有异味
心	用手挤捏一下有鲜红或暗红色的血液或血块排出，组织坚韧，富有弹性，外表有光泽，有血腥味	组织松软易碎，无弹性，可能有结节、肿块，颜色不正，有斑点，外表有绒毛状包膜粘连现象

6.5.3 冷冻肉、解冻肉及再冻肉的品质鉴别

冷冻肉、解冻肉及再冻肉的感官指标见表6.3。

表6.3 冷冻肉、解冻肉及再冻肉的感官指标

感官指标	冷冻肉	解冻肉	再冻肉
外观和色泽	肉表面颜色正常，颜色比冷却肉鲜明，切面呈灰粉红色，手指或热刀接触处呈现鲜红色的斑块	肉表面呈红色，脂肪呈淡红色，切面平滑而湿润，可沾湿手指，从肉中流出红色肉汁	肉表面呈红色，脂肪呈浅红色，切面为暗红色，手指或热刀接触时色泽无变化
硬度	肉坚硬如冰，用硬物敲打发出响亮的声音	切面没有弹性，指压形成凹陷不复原，硬度如同面团	肉坚硬如冰，用硬物敲打发出响亮的声音
气味	在冰冻状态下无气味	有该种家畜肉特有的气味，但无成熟肉特有的芳香	无特别气味
脂肪	牛脂肪从白色到浅黄色，猪脂肪白色	脂肪柔软，水分多，有些部分呈浅红色或鲜红色	脂肪呈砖红色，其他特征与冷冻肉相同
腱和关节	腱致密，白色带有浅灰色或黄色，关节液透明微红	腱松软，带鲜红色或淡红色	腱为鲜红色，关节液也染上鲜红色而稍不透明
肉汤	长期保存的肉汤稍浑浊	肉汤浑浊，有油脂气味	肉汤浑浊，有很多灰红色泡沫，没有新鲜肉特有的香味

6.5.4 注水肉的品质鉴别

1）注水猪肉的品质鉴别

猪肉注水，不耐储存，容易腐败变质，味道和营养也受到影响。猪肉注水太多时，水会从瘦肉上往下滴，肌肉缺乏光泽，表面有水淋淋的亮光。瘦肉组织松弛，颜色较淡，呈淡灰红色。手触摸，按压，弹性差，有水流出，无黏性。注水后的猪肉，刀切面有水顺刀面渗出。割下一块瘦肉，放在盘中，稍待片刻，就有水流出来。用卫生纸或吸水纸贴在肥瘦肉上，待纸湿后揭下来，用火点燃，若不能燃烧，则说明注了水。若是冻肉，肌肉间有残留的碎冰，解冻后营养流失严重，猪肉品质下降。

2）瘦肉精猪肉的品质鉴别

瘦肉精学名叫盐酸克伦特罗，是一种平喘药。瘦肉精既非兽药，也非饲料添加剂，而是肾上腺类神经兴奋剂。由于瘦肉精能够改变营养物质的代谢途径，促进动物蛋白质的合成，抑制脂肪的合成和积累，从而改变胴体的品质，其生长速度加快，胴体瘦肉率提高10%以上，因此被称为瘦肉精。

猪在吃了瘦肉精后，其主要的积累都在猪肝、猪肺等处。瘦肉精化学性质稳定，只有在172 ℃以上的高温才会分解。人在吃了即便是烧熟的猪肝、猪肺后，都会立即出现恶心、头晕、肌肉颤抖、心悸等神经中枢中毒失控的现象，尤其对高血压、心脏病、糖尿病、甲亢、前列腺肥大患者危险性更大。健康人摄入超过20毫克瘦肉精就会出现中毒症状。

鉴别猪肉是否含有瘦肉精的方法为：首先，看猪肉皮下脂肪层的状态，如果其厚度不足1厘米，瘦肉与脂肪间有黄色液体流出，说明该猪肉存在含有瘦肉精的可能。其次，含有瘦肉精的瘦肉外观鲜红，后臀较大，纤维比较疏松，时有少量“汗水”渗出肉面，肥肉非常薄，肥肉和瘦肉有明显的分离，而一般健康的瘦猪肉是淡红色，肉质弹性好，肉上没有液体流出。最后，一般含瘦肉精的猪肉比较软，不能立于肉案上。购买时还要看清猪肉是否加盖了检验检疫印章。

3）注水牛肉的品质鉴别

未注水的牛肉肌肉有光泽、色泽深红、脂肪洁白或淡黄色，外表微干，新切面稍湿润，指压后的凹陷能迅速复原，具有鲜牛肉的正常气味，用手触摸弹性好，有油油的黏性。而注水牛肉的肌肉切面湿润且有较强的光泽，肌肉纤维膨胀，肉色浅红，用手指触压，肉质较松软，弹性小，易留有纹痕，用力按压时，从切口处可渗出粉红色的液体，用手摸没有黏性。如用卫生纸贴在肌肉组织的切面上，注水肉对纸张的黏着度小，纸张吸水速度快，而正常牛肉则相反。如果将注水肉放在一个容器中，容器中很快会渗出血水。

6.5.5 畜肉制品的品质鉴别

1）火腿

火腿的品质鉴别主要从外表、肉质、式样、气味几个方面来判断。

（1）外表

①皮面呈淡棕色，肉面呈酱黄色的为冬腿，即冬天加工的火腿。

②皮面呈金黄色，肉面油腻凝结为粉状物较少的为春腿，即春天加工的火腿。

③皮面发白，肉面边缘呈灰色，表面附有一层黏滑物或在肉面有结晶咸盐析出，为太咸的火腿。

（2）肉质

火腿在保管期间，容易产生脂肪酸败，特别是接近骨髓和肌肉深处更容易产生。因此，检验火腿是否产生酸败和哈喇味，可以用3根竹签，插入肉面的上、中、下肉厚部位的关节处，然后拔出，嗅竹签尖端是否有浓郁的火腿香味，根据其香味，鉴定火腿的质量。如果将火腿切开，断面肥肉层薄而色白，瘦肉层厚而色鲜红，则是好火腿。

（3）式样

以脚细直、腿形长、骨不露、油头小、刀工光净、状似竹叶形或琵琶形者为佳。

（4）气味

气味是鉴别火腿质量的主要标准，以气味清香无异味的为佳品。火腿如有炒芝麻香味，是肉层开始轻度酸败的表现；如有酸味表明肉质重度酸败，已不宜食用。

2）香肠

肠体干爽，呈完整的圆柱形，表面有自然皱纹，断面组织紧密。肥肉呈乳白色，瘦肉呈鲜红、枣红或玫瑰红色，红白分明，有光泽，咸甜适中，鲜美适口，腊香明显，醇香浓郁，食而不腻，具有香肠的特有风味，长度150 ～200毫米，直径17 ～26毫米，不得含有淀粉、血粉、豆粉、色素及外来杂质。

[小组探究]

猪、牛、羊肉在刀工处理、烹调方法、味型选择等方面有何不同。

[练习实践]

1. 如何评价猪肉的营养价值?
2. 简述香肠的品种。
3. 简述牛肉的烹饪运用。
4. 利用周末，选择当地一家三星级以上的酒店进行畜肉类菜销售情况的市场调研，统计并制作 PPT，下节课小组汇报调研成果。

项目7

家禽类原料

（4课时）

情境导入

✧ 家禽是指人工圈养的鸟类动物，主要是为了获取其肉、卵和羽毛，同时，家禽也有其他用处，如信鸽、宠物等。家禽一般有鸡、鸭、鹅等。家禽除提供肉、蛋外，它们的羽毛和粪便也有重要的经济价值。家禽的肉、蛋营养丰富。家禽的肉富含蛋白质，还含有丰富的磷和大量的复合维生素B。与大多数牛肉和猪肉相比，家禽的肉脂肪更低。家禽的肝富含维生素A。

教学目标

✧ 了解家禽类原料的品种及产地。

✧ 理解常见的家禽类原料的营养特性及烹调应用。

任务1　禽类原料概述

7.1.1　禽类原料的概念

禽类原料是指家禽的肉、蛋、副产品及其制品的总称。

7.1.2　家禽的种类

我国常用家禽一般是指鸡、鸭、鹅。家禽的分类方法有两种，即按用途分和按产地分。常用的方法是按用途分类，可以将家禽分为肉用型、卵用型和兼用型。

1）肉用型

肉用型家禽以产肉为主。体型较大，肌肉发达，特别是脯肉、腿肉。肉用型家禽类一般体宽身短，外形方圆，行动迟缓，性成熟晚，性情温顺。鸡类如九斤黄、狼山鸡、洛岛红鸡、白洛克鸡等，鸭类如北京鸭、建昌鸭等，鹅类如中国鹅、狮头鹅等。

2）卵用型

卵用型家禽以产蛋为主。一般体型较小，活泼好动，性成熟早，产蛋多。如来航鸡、仙居鸡、金定鸭、绍鸭、烟台五龙鹅等。

3）兼用型

兼用型家禽体型介于肉用型与卵用型之间，同时具有两者的优点。如浦东鸡、寿光鸡、娄门鸭、高邮鸭、白洋淀鸭、太湖鹅等。

7.1.3　家禽肉的组织结构

家禽肉的组织结构与家畜肉的组织结构基本相同，但是家禽肉的结缔组织较少，肌肉组织纤维较细，脂肪熔点比家畜肉脂肪熔点低，易消化，并且较均匀地分布在全身组织中。因为家禽肉含水量较高，所以家禽肉较家畜肉细嫩，滋味鲜美。

家禽肉的组织与家畜肉一样，从烹饪加工和可利用的程度来看，包括肌肉组织、结缔组织、脂肪组织和骨骼组织。这4种组织比例的不同决定了家禽肉品质和风味的差异。其组织比例依家禽的种类、品种、性别、年龄、饲养状况、家禽体部位的不同而不同。

1）肌肉组织

家禽类肌肉组织的基本组成单位是肌纤维，其结构与家畜类肌肉组织的结构基本相同。但家禽肉肌纤维比家畜肉细，家禽类肌纤维的粗细与家禽的种类、品种、性别、年龄、部位、饲养状况有关。家禽肉的食用品质特点如下。

（1）禽肉的颜色

与畜肉一样，禽肉的颜色也会影响食欲和商品价值，因为消费者将它与产品的新鲜度联系起来，决定购买与否。浅色或白色的禽肉称为“白肌”；颜色发红一些的禽肉称为“红肌”。一般来说，红肌有较多的肌红蛋白，富有血管，肌纤维较细；白肌的肌红蛋白含量较少，血管较少，肌纤维较粗。不同的禽或同一种禽的不同部位，红肌与白肌的分布不同。

（2）禽肉的风味

禽肉中有大量的含氮浸出物，如含有较丰富的肌酸和肌酐，具有特殊的香味和鲜味。因为同一禽类随年龄不同所含的浸出物有差异，幼禽所含浸出物比老禽少，公禽所含浸出物比母禽少，所以老母鸡适宜炖汤，而仔鸡适合爆炒。

（3）禽肉的嫩度

禽肉的嫩度是消费者最重视的食用品质之一，它决定了禽肉在食用时口感的老嫩，是反映禽肉质地的指标。一般来说，老龄家禽肌纤维较粗，公禽比母禽肌纤维粗，水禽（如鸭）肌纤维比陆养家禽（如鸡）的粗，不同部位的肌纤维粗细也不一样，活动量大的部位肌纤维粗。

（4）禽肉的保水性

一般鸡肉的保水性比猪肉、牛肉、羊肉差，对禽肉菜肴的质量有很大影响。例如，鸡脯肉肌间脂肪少，因为在加热时，蛋白质受热收缩，固定的水分减少，肉汁流失，菜肴的质感变老，所以，要通过一定的烹调技术，如控制加热温度、腌渍、上浆、挂糊等，增加禽肉的保水性，保证菜肴的质量。

2）脂肪组织

家禽类的脂肪组织在肌肉中分布极其均匀，并且家禽类脂肪中含亚油酸多，熔点低，这两点都与家禽肉的嫩度有关。脂肪在皮下沉积使皮肤呈现一定颜色，沉积多的呈微红色或黄色，沉积少的则呈淡红色。

3）结缔组织

家禽肉中结缔组织的含量总的来说比家畜肉少，而且家禽肉中结缔组织较柔软。结缔组织的含量与家禽肉的嫩度有关，幼禽肌纤维较丰满，肌膜较薄，结缔组织较少，因此肉质较细嫩。

4）骨骼组织

家禽类的骨骼分长骨、短骨和扁平骨，轻而坚固。除长骨内充满骨髓外，短骨和扁平骨中空。

7.1.4 家禽的分档取料

1）头

禽类头部大部分是皮，肉少，含胶原蛋白丰富，用时要摘净毛，主要适用于卤、酱、烧、烤等烹调方法。

2）颈

禽类颈部为活肉，肉少而细嫩，皮下脂肪较丰富，有淋巴（需去除），皮韧而脆，可用于制汤或卤、酱、焖、煮、烧等烹调方法。

3）翅膀

禽类翅膀上的肉是活肉，质地鲜嫩，适合煮、炖、焖、烧、炸、酱等烹调方法，也可去除翅骨填入其他原料后用蒸、扒、烧等烹调方法制成菜肴。

4）胸脯

胸脯是禽类最大的一块整肉，脂肪较少，细嫩香鲜，肉质比腿肉略柴，但适宜精细加工成片、丝、条、丁、粒、茸等形状，适合爆、炒、熘、煎、炸等烹调方法。在胸脯肉里面紧贴三角形胸骨的两侧还各有一条肌肉，是禽肉全身最嫩的肉，用法与胸脯肉相同。

5）腿

腿部肌肉为活肉，禽腿骨粗，肉厚，筋多。整只适合炸、烧、炖、焖、烤、煮等方法，去骨取肉可切成丝、片等形状，适合爆、炒等烹调方法。

6）爪

禽类的爪有韧性和少量肌肉，含胶原蛋白丰富，质地脆嫩。表面有一层老皮，用时应去除，适合卤、酱、烧、煮、焖、煨、烩等烹调方法，也可煮熟后拆骨制作冷菜。

7）胃

禽类的胃又叫砂囊，俗称肫。加工时，清除肫表面的油，用刀片开肫体，倒出食料，撕去肫皮。肫质地脆韧，适合爆、炒、炸、卤、煮、烧等烹调方法。

8）肝

禽类的肝位于腹腔前下部，下有胆囊。加工时，应小心去掉胆囊，千万不可弄破胆囊，否则影响菜肴质量。禽肝质地细嫩，适合爆、炒、烧、熘、炸、卤等烹调方法。

9）心

禽类的心呈锥形，表面附有油脂，质韧。用时切去血管，洗净血污，整用、剖开、花刀处理或削片供用。适合爆、炒、熘、炸、卤、酱、熏等烹调方法。

7.1.5　家禽原料的特点

1）肉质特点

家禽肉的组织结构，与家畜肉的组织结构基本相同。与家畜肉相比，家禽肉的结缔组织较少，肌肉组织纤维极其柔细，硬度较低，脂肪比畜类脂肪熔点低。育肥比较好的家禽，脂肪均匀分布在肌肉组织中，肉中含水量较高。因此，禽肉比畜肉更鲜嫩。

家禽的肌肉组织发达，特别是胸肌和腿肌，胸肌和腿肌占禽体的50%。雌禽的肌肉纤维较细，结缔组织较少；雄禽的肌肉组织，比雌禽粗糙些。鸭、鹅等禽的肌肉组织，较鸡的肌肉组织粗糙。

家禽的肉质、味道，与家禽的品种、养殖期和生理状态有很大的关系。一般来说，老母鸡、粮食喂养鸡、散养鸡品质较好。

2）营养特点

家禽肉中含有丰富的蛋白质、脂类、浸出物、维生素和矿物质。其中，蛋白质含量一般在20%左右，且大多为优质蛋白，营养价值较高。因为幼禽的含氮浸出物比较少，老禽则较多，所以老母鸡适合煲汤。

家禽肉脂肪中的脂肪酸，主要由软脂酸、硬脂酸、油酸、亚油酸组成，不饱和脂肪酸的含量高于饱和脂肪酸的含量。因此，禽体脂肪的熔点较低，易于人体消化吸收，其消化率为97%～98%。禽肉脂肪中的胆固醇含量较高。

家禽肉及内脏都含有较丰富的维生素A、维生素B、维生素C、维生素E，特别是肝脏中维生素A的含量十分丰富。禽肉及禽内脏中，磷、铁的含量也比较丰富。

家禽肉中水分的含量一般在70%以上，幼禽肌肉水分含量在75%以上。

7.1.6 家禽肉的感官检验

家禽肉的品质检验主要以家禽肉的新鲜度来确定。采用感官检验的方法从其嘴部、眼部、皮肤、脂肪、肌肉、气味、肉汤等几个方面，检验其新鲜、不新鲜，或是腐败。家禽肉的感官鉴别标准见表7.1。

表7.1 家禽肉的感官鉴别标准

项目	新鲜的禽肉	不新鲜的禽肉	腐败的禽肉
嘴部	有光泽，干燥有弹性，无异味	无光泽，部分失去弹性，稍有异味	暗淡，角质部位软化，口角有毒黏液，有腐败味
眼部	饱满，充满整个眼窝，角膜有光泽	部分下陷，角膜无光	干缩下陷，有黏液，角膜暗淡
皮肤	呈淡白色，表面干燥，内湿不黏	淡灰色或淡黄色，表面发潮	灰黄，有的地方呈淡绿色，表面湿润
肌肉	结实而有弹性，鸡的肌肉呈玫瑰色，有光泽，胸肌为白色或淡玫瑰色；鸭、鹅的肌肉为红色，幼禽有光亮的玫瑰色	弹性小，手指按压后不能立即或完全恢复	暗红色、暗绿色或灰色，肉质松弛，手指按压后不能恢复，留有痕迹
脂肪	白色略带淡黄，有光泽，无异味	色泽稍淡，或有轻度异味	呈淡灰或淡绿色，有酸臭味
气味	有该家禽特有的新鲜气味	有轻度酸味及腐败气味	体表及腹腔有霉味或腐败味
肉汤	有特殊的香味，肉汤透明，芳香，表面有大的脂肪滴	肉汤不太透明，脂肪滴小，味差，无鲜味	浑浊，有腐败气味，几乎无脂肪滴

7.1.7 活禽的品质检验

左手提握两翅，看头部、鼻孔、口腔、冠等部位有无异物或变色，眼睛是否明亮有神，口腔、鼻孔有无分泌物流出。右手触摸嗉囊判断有无积食、气体或积水，倒提时看口腔有无液体流出，看腹部皮肤有无伤痕，是否发红、僵硬，同时触摸胸骨两边，鉴别其肥瘦程度，按压胸骨尖的软硬，检验其肉质老嫩。检查肛门，看有无绿白稀薄的粪便黏液。

不同生长期的活鸡鉴别：根据生长期的不同，一般可分为仔鸡、当年鸡、隔年鸡和老鸡。仔鸡是指尚未成年期的鸡，其羽毛未丰，体重在0.5千克左右，胸骨软，肉嫩，脂肪少。当年鸡也称新鸡，已到成年期，但生长时间未满1年，其羽毛紧密、胸骨较软、嘴尖发软、后爪趾平，鸡冠和耳垂为红色，羽毛管软，体重一般已达到各品种的最大重量，肥度适当，肉质嫩；隔年鸡是指生长期在12个月以上的鸡，羽毛丰满，胸骨和嘴尖稍硬，后爪趾尖、鸡冠和耳垂发白，羽毛管发硬，肉质渐老，体内脂肪逐渐增加，适合烧、焖、炖等烹调方法。老鸡是指生长期在2年以上的鸡，此时羽毛一般较疏，皮发红、胸骨硬，爪、皮粗糙，鳞片状明显，趾较长，成钩形，羽毛管硬，肉质老，但浸出物多，适合制汤或炖焖。

7.1.8 冻禽肉的品质鉴别

冻禽肉是指健康活禽经宰杀，卫生检验合格，并经净膛或半净膛的冷冻保藏禽肉。鉴别时，敲击是否有清脆回音，必要时可切开检查冻结状态。如果是注水禽，切开肌肉丰满处，可见大量冰碴或白冻块，皮下也有大量冰碴或肿胀。应重点检查胸肌、腿肌是否注水。

7.1.9 家禽肉的保藏

家禽肉的保管主要用低温保藏法。

1）鲜肉的保藏

购进的鲜肉一般先洗涤，然后进行分档取料，再按照不同的用途分别放置冰箱内进行冷冻保藏，最好不要堆压在一起，以方便取用。

2）冻肉的保藏

购进冻肉后，应迅速放入冷冻箱内保藏，以防解冻。最好在每块冻肉之间留有适当的空隙。冻肉与冰箱壁也应留有适当空隙，以增强冷冻效果，同时，也便于取用。

任务2 鸡

7.2.1 品种

九斤黄鸡：世界最著名的肉用鸡品种，原产于我国。因体重可达9斤（1斤=500克，下同），故有“鸡中之王”的称号。据推测，这种鸡可能产自北京或上海，北京现有的油鸡和上海的浦东鸡都和这种鸡相似。这种鸡体躯硕大，头小，颈粗短，体躯宽深，背部稍向上拱起，羽毛丰满，脚上有毛，但尾羽不发达，毛色有金黄、棕黄等色，以黄色居多，有“九斤黄”之称。

浦东鸡：产于上海市郊的沙川、南汇等县。浦东鸡体格较大，胸宽而深，骨粗脚高，羽毛较疏松。公鸡羽毛呈红棕色，并夹杂有一些黑毛，尾羽短，镰羽不发达；母鸡羽毛有黄、麻黄、麻褐等色。公鸡、母鸡脚上一般都有毛。浦东鸡羽毛以黄色居多，喙蹼、皮肤都是黄色，有“三黄鸡”之称。

星布罗鸡：加拿大雷佛公司培养成功的杂交肉用鸡。7周龄的肉用仔鸡体重达1.8千克，生长快，肌肉丰满，肉质嫩，饲料报酬高，是当前国际市场上优良的肉用商品鸡之一。

科尼什鸡：原产于英国，在育成过程中，曾引入过斗鸡。该鸡有3个变种，即红色科尼什鸡、白色科尼什鸡和白边红羽科尼什鸡。我国已引进红色和白色两种。科尼什鸡既有良好的肉用体形，又具有斗鸡的姿态。科尼什鸡骨粗体大，两肩宽阔，胸部发达，公鸡体重可达3.5～4千克。随着肉用仔鸡业的发展，科尼什鸡因其体形结构具有较大的载肉量、肉质良好、遗传性稳定而被广泛利用。

洛克鸡：原产于美国，现有7个变种（白色、斑纹、黄色、银条斑、鹧鸪色、浅花、蓝色），常见的有白色、斑纹（即芦花）洛克两种。尽管羽毛颜色不同，但都是单冠，体形大，各部分发育匀称。斑纹洛克鸡羽毛有黑白相间的斑纹，羽毛末端黑色，斑纹清晰，颜色分明。

狼山鸡：产于江苏如东、南通一带，与“九斤黄”同被列为世界珍贵的肉用鸡品种，对改良世界的鸡种起过积极的作用。狼山鸡头颈昂挺，尾羽高耸，背呈“V”形，胸部发达，体高腿长，外貌雄伟秀丽，羽毛黑色，稍带有绿色光泽，单冠，喙、脚黑色，皮肤白色，脚上有毛。公鸡体重3.5～4千克；母鸡体重2.5～3千克，年产蛋120枚左右。狼山鸡具有肉质良好、抗病力强等优点，但性成熟晚、产蛋量低。狼山鸡的体形、生产性能都接近于兼用型品种的标准。

乌鸡：又称武山鸡、乌骨鸡，是一种杂食家养鸟。它源自中国江西省的泰和县武山。在那儿，它已被饲养超过2 000年的历史。乌鸡不仅喙、眼、脚是乌黑的，而且皮肤、肌肉、骨头和大部分内脏也都是乌黑的。从营养价值上看，乌鸡的营养远远高于普通鸡，口感细嫩。至于药用和食疗作用，更是普通鸡所不能比的，被人们称作“名贵食疗珍禽”。

7.2.2 营养

鸡肉含有维生素C、维生素E等，蛋白质的含量比例较高，种类多，而且消化率高，很容易被人体吸收利用，且有增强体力、强壮身体的作用。另外鸡肉还含有对人体发育有重要作用的磷脂类，是中国人膳食结构中脂肪和磷脂的重要来源之一。

鸡肉对营养不良、畏寒怕冷、乏力疲劳、月经不调、贫血、虚弱等人群有很好的食疗作用。我国医学认为，鸡肉有温中益气、补虚填精、健脾胃、活血脉、强筋骨的功效。

鸡的品种很多，但作为美容食品，以乌鸡为佳。乌鸡性味甘温，含有蛋白质、脂肪、硫胺素、核黄素、尼克酸、维生素A、维生素C、胆甾醇、钙、磷、铁等多种成分。乌鸡入肾经，具有温中益气、补肾填精、养血乌发、滋润肌肤的作用。凡虚劳羸瘦、面瘦、面色无华、水肿消渴、产后血虚乳少者，可将之作为食疗滋补之品。

鸡肝性味甘微温，能养血补肝，凡血虚目暗、夜盲翳障者可多食之。另外能养心安神、滋阴润肤。

7.2.3 烹调应用

鸡在烹调中应用广泛，一般作主料使用。鸡适宜块、片、丁、丝、泥茸等多种刀工成型，也适宜多种烹调方法，如炖、酱、黄焖、爆、炒、炸等。鸡也是制汤的重要原料，口味多以鲜咸为主，可以制成众多菜肴，如宫保鸡丁、白斩鸡、盐焗鸡、奶汤鸡脯、德州扒鸡、油爆鸡丁、清炖狼山鸡、叫化鸡、汽锅鸡、三杯鸡、白切文昌鸡等。在面点中可制作馅心，也可制成卤用于面条，如鸡丝面等。鸡的内脏也可制成多种菜肴。鸡胗与猪肚头称为双脆，可制作油爆双脆、汤爆双脆。鸡心又称安南子，以此制作的菜肴有孔府菜烧安南子。鸡翅又称凤翅、鸡爪又称凤爪，可制作黄焖凤翅、泡椒凤爪等菜肴。鸡血也可制作菜肴，如酸辣鸡血等。

用鸡制作菜肴时应注意鸡肺不能食用，因鸡肺有明显的吞噬功能，肺泡能容纳进入的各种细菌，宰杀后仍残留少量死亡病菌，在加热过程中虽能杀死部分病菌，但仍有细菌不能完全杀死或去除。

小雏鸡一般生长为2个月左右，重量在250克左右。小雏鸡肉质最嫩，但出肉少，适宜带骨制作菜肴，如炸八块、油淋仔鸡。

雏鸡一般生长不足1年，重量在500克左右。雏鸡肉质细嫩，常用于旺火速成的菜肴，也可带骨制作菜肴。

成年鸡一般为生长1～2年的鸡，肉质较嫩，可供剔肉，加工成丁、丝、片、块等状，也可整鸡烹制。成年鸡适合炒、爆、扒、蒸等多种烹饪方法。

老鸡一般为2年以上的鸡，肉质较老，适合小火长时间加热的烹饪方法，如炖、焖、酱等。老鸡最适宜制汤，特别是老母鸡，是制汤的最佳原料。

图7.1 白斩鸡

白斩鸡：鸡宰杀洗净，把鸡的嘴巴从翅膀下穿过去，然后把鸡放入热水中浸30分钟，注意用小火，保证锅里的水不会沸腾，利用水的热度把鸡浸透、泡熟，这样鸡肉会比较嫩。葱、姜洗净切末，蒜剁成茸，同放到小碗里，再加糖、盐、味精、醋、香油，用浸过鸡的鲜汤将其调匀。接着把鸡拿出来剁小块，放入盘中，把调好的汁浇到鸡肉上即成。白斩鸡如图7.1所示。

图7.2 叫花鸡

叫花鸡：先用刀背将鸡腿的骨头敲断，以便折叠成型。加入葱、姜、蒜、盐、蚝油、料酒，胡椒等调味料，将调味料揉搓到鸡肉中。先将花椒煸炒出香味，然后将煸炒出香味的花椒用擀面杖碾碎，再加入鸡中一起腌制，用保鲜膜覆盖好，放入冰箱中，腌制1小时以上，其间拿出来翻动一下。将干荷叶用冷水泡一会儿。用冷水和白酒一起和面，将面和成软硬适中的面团。在腌好的鸡上抹一层五香粉和胡椒。将洋葱、香菇切成丝备用，丝放入腌过鸡的剩余汁料中充分混合，将混合好的香菇丝和洋葱丝、姜、蒜等其他调料塞入鸡腹中。将鸡放在泡过水的荷叶中，并包裹起来。将面团擀成一张大小合适的大圆片，将荷叶包裹的鸡放在中间，再用面皮包裹起来，放在刷了油的烤盘中预热至160 ℃，烤80分钟，敲开面皮，揭去荷叶即成。叫花鸡如图7.2所示。

图7.3　黄焖凤翅

黄焖凤翅：冬菇洗净，去蒂，一剖两片，挤去水分；鸡翅洗净，沥干，从弯部顺骨缝处改刀剁成两段，斩去翅尖，洗净，沥干，再用酱油抹搓均匀。锅置火上，加花生油烧至七成热，放入鸡翅段，炸成金黄色，倒入漏勺，沥油。锅置火上，放入炸鸡翅、绵白糖、酱油、料酒、葱白段、姜末，略烧，倒入砂锅里，再加鸡清汤，旺火烧沸，撇去浮沫，用微火焖至酥烂。捞出鸡翅，另换砂锅，将小翅垫入砂锅底，大翅沿砂锅边排成菊花形，倒入原汤，再加红葡萄酒。锅置火上，加猪油烧热，下入葱白段，煸出香味，放入冬菇片，略炒，连同余油倒入砂锅里。砂锅置微火上，焖约15分钟即成。黄焖凤翅如图7.3所示。

任务3　鸭

7.3.1　品种

经过长期驯化和选择，人们将鸭培育成3种用途的品种，即肉用型、蛋用型和兼用型。

1）肉用型

肉用鸭体形大，体躯宽厚，肌肉丰满，肉质鲜美，性情温顺，行动迟钝。早期生长快，容易肥育。具有代表性的有北京鸭、樱桃谷鸭、法国番鸭、奥白星鸭等。比较适应市场的有法国番鸭、奥白星鸭等，其突出特点为肉质好、瘦肉率高、料肉比低、抗病力强。如法国番鸭其肉质具有野禽风味，胸腿肌占胴体27%～30%，在粗放条件下育雏率和成活率达95%～98%。

北京鸭：相传北京鸭是由南京湖鸭驯化成的。明代以前南京湖鸭就很有名，因为这种鸭子是用稻谷喂养的，所以肥嫩多肉，特别适于烹制菜肴。后来明永乐皇帝从南京迁都北京后，把这种鸭带到北京南苑饲养。

樱桃谷鸭：由英国林肯郡樱桃谷鸭公司引入北京鸭选育而成。

狄高鸭：由澳大利亚狄高公司用北京鸭和北京鸭与爱斯勃雷鸭的杂交母鸭杂交而成。

番鸭：原产于南美洲，是世界著名的优质肉用型鸭种。

天府肉鸭：产于四川。

2）蛋用型

蛋用型鸭体形较小，体躯细长，羽毛紧密，行动灵活，性成熟早，产蛋量多，但蛋形小，肉质稍差。比较具有代表性的有金定鸭、绍兴鸭、高邮鸭等。福建的金定鸭，年产蛋260～300枚，蛋重60～80克，其次是产于浙江的绍兴鸭和江苏的高邮鸭，年产蛋量在250枚左右。

绍兴鸭：原产于浙江绍兴、萧山、诸暨等地。

金定鸭：产于福建省。

攸县麻鸭：产于湖南攸县境内的洣水和沙河流域。

卡叽—康贝尔鸭：是英国采用浅黄色和白色印度跑鸭与法国罗恩公鸭杂交，再与公野鸭杂交选育而成的蛋鸭品种。

3）兼用型

高邮鸭：产于江苏省高邮、宝应、兴化等地，分布于江苏北部京杭运河沿岸的里下河地区。

建昌鸭：主产于四川省凉山彝族自治州境内德昌、西昌、冕宁、会理等地。德昌县古称建昌县，因而得名建昌鸭。

巢湖鸭：主产于安徽省中部巢湖周围的庐江、巢县、肥西、肥东等县。

桂西鸭：主产于广西的靖西、德保、那坡等地。

我国鸭饲养区主要分布在长江中下游、华东、东南沿海各省及华北等省市。

7.3.2 营养

鸭肉性寒、味甘、咸，归脾、胃、肺、肾，可大补虚劳、滋五脏之阴、清虚劳之热、补血行水、养胃生津、止咳自惊、消螺蛳积、清热健脾、虚弱浮肿，可治身体虚弱、病后体虚、营养不良性水肿。鸭肉的营养价值很高，蛋白质含量比畜肉高得多，而鸭肉的脂肪、碳水化合物含量适中，特别是脂肪均匀地分布于全身组织中。鸭肉中的脂肪酸主要是不饱和脂肪酸和低碳饱和脂肪酸，含饱和脂肪酸量明显比猪肉、羊肉少。有研究表明，鸭肉中的脂肪不同于黄油或猪油，其饱和脂肪酸、单不饱和脂肪酸、多不饱和脂肪酸的比例接近理想值。其化学成分近似橄榄油，具有降低胆固醇的作用，对防治心脑血管疾病有益，对于担心摄入太多饱和脂肪酸而形成动脉粥样硬化的人群来说尤为适宜。

公鸭肉性微寒，母鸭肉性微温。入药以老而白、白而骨乌者为佳。用老而肥大之鸭同海参炖食，具有很大的滋补功效，炖出的鸭汁，善补五脏之阴和虚痨之热。鸭肉与海带共炖食，可软化血管，降低血压，对老年性动脉硬化和高血压、心脏病有较好的疗效。鸭肉与竹笋共炖食，可治疗老年人痔疮下血。因此，民间认为鸭是“补虚劳的圣药”。肥鸭可治老年性肺结核、糖尿病、脾虚水肿、慢性支气管炎、大便燥结、慢性肾炎、浮肿；雄鸭可治肺结核、糖尿病。

7.3.3 烹调应用

鸭子一般用烤、蒸等烹饪方法制作，且整只制作较多，在宴席中多作大件，如烤鸭、板鸭、香酥鸭、鸭骨汤、熘鸭片、熘干鸭条、炒鸭心花、香菜鸭肝、扒鸭掌等上乘佳肴。烹调时，加入少量盐，肉汤会更鲜美。鸭子的内脏如肝、胗、心、舌、血等皆可作为主料制作菜肴。如以质地脆韧的鸭胗制作的油爆菊花胗，以细嫩的鸭肝制作的黄焖鸭肝，以嫩脆的鸭掌制作的白扒鸭掌，还有芥末鸭掌、火爆鸭心、氽鸡鸭腰、烩鸭胰等名菜，以及以烤鸭为主菜制作的全鸭席，肥鸭还是制汤的重要原料。

图7.4　虫草鸭子

虫草鸭子：将净鸭从背尾部横着切开口，去掉内脏、割去肛门，放入沸水锅内煮净血水，捞出斩去鸭嘴、鸭脚，将鸭翅扭翻在背上盘好。虫草用30 ℃温水泡15分钟后洗净。将竹筷削尖，在鸭胸腹部斜戳小孔（深约1厘米），每戳一孔插入一根虫草，逐一插完盛入大品锅中（鸭腹部向上），加绍酒、葱、姜、盐、鸭汤，将锅盖严，上笼蒸3小时，拣去葱、姜，加入味精，原品锅上席。虫草鸭子如图7.4所示。

干锅鸭掌：鸭脚、鸭翅洗净，全鸭翅从关节切成3块（翅根上划刀口），鸭脚从中将筋切断（这样鸭脚就不会贴在一起了，而是撑得很开、很大、很好看）。锅中烧开水，先将鸭翅根放下去煮，加料酒，待水再开后煮5分钟放入鸭脚，接着煮5分钟捞起晾凉备用。锅中烧油至七成热时，将土豆、藕下锅炸微黄捞起备用，鸭脚、鸭翅下锅炸片刻捞起备用。再加少许油到炸物剩下的油里（量要稍多，因为干锅里是不放很多水的，完全靠油料使其熟），上锅待油温烧至七成热时，放入生姜片、大蒜块、八角、糖炒一下，接着放入辣子鸡料炒1分钟（要不停地搅动以免炸糊），放入鸭脚、鸭翅炒均匀，加少许盐（辣子鸡本身含盐）再接着炒，直至鸭脚、鸭翅颜色红亮，放入土豆和藕以及香菇，不停地翻动（以免烧糊）约3分钟，放入鸡精、洋葱、辣椒、少量盐翻炒就可起锅装盆，撒上葱花即成。干锅鸭掌如图7.5所示。

图7.5　干锅鸭掌

任务4　鹅

7.4.1　品种

狮头鹅：是中国唯一的大型鹅种，因前额和颊侧肉瘤发达呈狮头状而得名。狮头鹅原产于广东饶平县溪楼村，现中心产区位于澄海市和汕头市郊，在北京、上海、黑龙江、广西、

云南、陕西等地均有分布。狮头鹅体形硕大，体躯呈方形，头部前额肉瘤发达覆盖于喙上，颌下有发达的咽袋一直延伸到颈部，呈三角形，喙短、质坚实、黑色，眼皮突出、多呈黄色或彩褐色，胫粗蹼宽为橙红色、有黑斑，皮肤米色或乳白色，体内侧有皮肤皱褶。全身背面羽毛、前胸羽毛及翼羽为棕褐色，由头颈至颈部的背面形成如鬃状的深褐色羽毛带，全身腹部的羽毛呈白色或灰色。

埃姆登鹅：原产于德意志联邦共和国西部的埃姆登城附近。19世纪，经过选育和杂交改良，曾引入英国和荷兰白鹅的血统，体形变大。埃姆登鹅全身羽毛纯白色、着生紧密，头大呈椭圆形，眼鲜蓝色，喙短粗，橙色有光泽，颈长略呈弓形，颌下有咽袋，体躯宽长，胸部光滑看不到龙骨突出，腿部粗短呈深橙色，其腹部有一双皱褶下垂，尾部较背线稍高，站立时身体姿势与地面呈30°～40°角。

图卢兹鹅：又称茜蒙鹅，是世界上体形最大的鹅种，19世纪初由灰雁驯化选育而成。原产于法国南部的图卢兹市郊区，主要分布于法国西南部，后传入英国、美国等欧美国家。图卢兹鹅体形大，羽毛丰满，具有重型鹅的特征。图卢兹鹅头大，喙尖，颈粗，中等长度，体躯呈水平状态，胸部宽深，腿短而粗。颌下有皮肤下垂形成的咽袋，腹下有腹皱，咽袋与腹皱均发达。羽毛灰色，着生蓬松，头部灰色，颈背深灰，胸部浅灰，腹部白色，翼部羽深灰色带浅色镶边，尾羽灰白色。喙橘黄色，腿橘红色，眼深褐色或红褐色。

7.4.2 营养

鹅肉含蛋白质、脂肪、维生素A、B族维生素、烟酸、糖。其中，蛋白质的含量很高，同时富含人体必需的多种氨基酸以及多种维生素、微量元素，脂肪含量很低。鹅肉营养丰富，脂肪含量低，不饱和脂肪酸含量高，对人体健康十分有利。

鹅肉作为绿色食品于2002年被联合国粮农组织列为21世纪重点发展的绿色食品之一。鹅肉具有益气补虚、和胃止渴、止咳化痰、解铅毒等作用，适宜身体虚弱、气血不足、营养不良之人食用。鹅肉还可补虚益气、暖胃生津，凡经常口渴、乏力、气短、食欲不振者，可常喝鹅汤，吃鹅肉，这样既可补充老年糖尿病患者营养，又可控制病情发展，还可治疗和预防咳嗽病症，尤其对治疗感冒和急慢性气管炎、慢性肾炎、老年浮肿、肺气肿、哮喘痰壅有良效，特别适合在冬季进补。

7.4.3 烹调应用

鹅在我国南方应用较多。鹅主要是用烤、酱、卤、炖、焖等小火长时间加热的烹饪方法，如烤鹅、糟鹅、盐水鹅等。鹅的内脏如肠、肝、胗、舌、血等均可用来制作菜肴，如椒麻鹅舌、酱鹅胗、卤鹅肠，特别是鹅肝，为国际市场上的珍品。

图7.6　烤鹅

烤鹅：选取经过良肥饲养，体肥肉嫩，骨细皮柔，活重2 250～3 000克的清远黑棕鹅（又名乌棕鹅）为原料（符合条件的其他品种幼鹅也可）。经屠宰放血，褪毛清皮，腹部开膛清内脏，洗净膛腔，斩脚去翅，烫皮晾干待腌。将精盐、五香粉、白糖、白酒、葱白、芝麻、生抽（酱油）、蒜与少许豉酱等辅料混合均匀，用竹针将膛口缝好，全表涂淋加5倍冷开水的麦芽糖溶液晾干即可烧烤。先以鹅背向火，微火烧烤约20分钟，见鹅体变干转色，使鹅胚胸背转向火口，炉温升至200 ℃，高温继续烘烤20分钟，便可出炉。在烤熟的鹅体上涂抹一层花生末即成。烤鹅如图7.6所示。

图7.7 鹅肝酱

鹅肝酱：将鹅肝表面的皮膜除尽，剖开鹅肝并取出血管，撒上盐、胡椒粉、糖、豆蔻粉，约半小时后再淋上白兰地酒。腌制约2小时后，放入烤盘内，入烤箱烘烤（烤箱内的温度控制在140 ℃左右）约1小时后取出，在烤盘上再置一空烤盘，上加重物，将鹅肝酱由上而下压平，待冷却后放入冰箱冷冻，食用时切片即成。鹅肝酱如图7.7所示。

任务5 禽蛋

7.5.1 禽蛋的结构

禽蛋的横切面呈圆形，纵切面呈不规则椭圆形，一头尖，一头钝。禽蛋是由蛋壳、蛋白和蛋黄3个部分组成，蛋壳约占蛋体重的11%，蛋白约占58%，蛋黄约占31%。

1）蛋壳

蛋壳主要由外蛋壳膜、石灰质蛋壳、内蛋壳膜和蛋白膜构成。外蛋壳膜覆盖在蛋的最外层，是一种透明的水溶性黏蛋白，能防止微生物的侵入和蛋内水分的蒸发，如遇水、摩擦、潮湿等均可使其脱落，失去保护作用。因此，常以外蛋壳膜的有无判断蛋的新鲜程度。

石灰质蛋壳由碳酸钙组成，质地坚硬，是蛋壳的主体，具有保护蛋白、蛋黄和固定蛋的形状的作用。蛋壳表面有颜色深浅不同的光泽，一般来说，颜色越深蛋壳越厚，颜色越浅蛋壳越薄。蛋壳上有许多微小气孔，尤其是大头部分气孔更多。这些气孔可以使微生物透过，可以进行气体交换，蛋内水分也由此蒸发。同时，这些小孔是家禽孵化和蛋品加工的必需条件，也是鲜蛋保存时是否会腐败变质的主要因素之一。

蛋壳内部有两层薄膜，紧靠蛋壳的一层叫内蛋壳膜，组织结构较疏松，里面还有一层蛋白膜，组织结构致密。这两层薄膜都是白色具有弹性的网状膜，能阻止微生物通过。在刚产下的蛋中，这两层薄膜是紧贴在一起的，时间一长，蛋白蛋黄逐渐收缩，蛋白膜在蛋的大头开始与内蛋壳膜分离，因而在两层膜之间形成气室。因为时间越长，气室越大，所以蛋的新鲜程度也可以由气室的大小来鉴别。

2）蛋白

蛋白也叫蛋清，位于蛋壳与蛋黄之间，是一种无色、透明、黏稠的半流动体。在蛋白的两端分别有一条粗浓的带状物称为系带，具有牵拉固定蛋黄的作用。

蛋白以不同的浓稠度分层分布于蛋内。最外层为稀薄层，中间为浓厚层，最内层又是稀薄层。蛋白中浓稠蛋白的含量与蛋的质量和耐储性有很大关系。含量高的质量好，耐储性强。新鲜蛋浓稠，蛋白较多；陈蛋稀薄，蛋白较多。受细菌感染的蛋白也会变稀。因此，蛋白的浓稠程度也是衡量禽蛋是否新鲜的重要标志之一。

3）蛋黄

蛋黄通常位于蛋的中心，呈球形。其外由一层结构致密的蛋黄膜包裹，以保护蛋黄液不向蛋白中扩散。新鲜蛋的蛋黄膜具有弹性，随着时间的延长，这种弹性逐渐消失，最后形成散黄。因此，蛋黄膜弹性的变化也与蛋的质量有密切关系。

在蛋黄上侧表面的中心有一个2～3毫米的白点，称为胚胎（受精蛋）或胚珠（未受精蛋）。在温度适宜的情况下，胚胎会迅速发育，使禽蛋的储藏性能降低。

蛋黄内容物是一种黄色的不透明的乳状液，由淡黄色和深黄色的蛋黄层所构成。内蛋黄层和外蛋黄层颜色都比较浅，只有两层之间的蛋黄层颜色比较深。

不同种类的禽蛋，其蛋壳、蛋白、蛋黄所占的比例不同，其营养价值也有一定的差异。

7.5.2 禽蛋的理化特性

禽蛋表现出多种理化特性，其中，与烹饪运用密切相关的是凝固性、乳化性和起泡性等特性。

1）易凝固性

禽蛋在加热、加盐、加酸、加碱等情况下均可发生蛋液凝固的现象。其热凝固温度低，蛋白60 ℃开始凝固，62 ℃失去流动性，80 ℃成为固体；蛋黄65 ℃开始凝固，70 ℃失去流动性。禽蛋新鲜度越高，凝固点越低。因为其凝固性好，所以易加工成熟、易造型。

2）蛋清的起泡性

搅打蛋清时，大量空气混入蛋液中。由于蛋白质的表面变性作用形成丰富而稳定的泡沫，这就是蛋清的起泡性。当蛋清的pH值在等电点附近时，起泡性最大。新鲜禽蛋的起泡性大。通过加入少量蔗糖增加蛋液的黏度可增强起泡性。

3）蛋黄的乳化性

蛋黄含有丰富的脂类，约占蛋黄内容物的33.3%。其中，卵磷脂的含量较高。卵磷脂和脂蛋白都是良好的乳化剂，能使水和油均匀分布且高度分散。

7.5.3 禽蛋的烹饪运用

禽蛋营养物质丰富，消化率较高，同时，禽蛋具有良好的加工性，运用形式多样，禽蛋在中西烹饪中运用广泛。

禽蛋是制作主食、糕点、小吃、饮料的常用原料。禽蛋的加入，不仅丰富营养，而且也起到一定的增色、增味的作用，如蛋炒饭、面包、蛋糕、鸡尾酒调制等。

禽蛋用于菜肴，可以作为主料，也可以作为配料。其运用形式多样，味型多样，常采取炒、煎、煮、炸、摊等方式快速成菜。禽蛋不仅可以做炒菜、汤菜、冷盘，还可做大菜和造型菜，如鸽蛋裙边、珍珠鸡等，也可以用于制作蛋卷、蛋饺等特殊菜式。

利用禽蛋的特殊理化特性作辅助原料。利用其热凝固性可作黏合料，用于制作糕、丸、茸等工艺菜以及上浆、挂糊的原料；还可加工出各式配形料，如蛋皮、蛋丝、蛋白糕、蛋黄糕、蛋丸等；利用蛋白、蛋黄的不同色泽可以作调色和配色料；利用蛋黄的良好乳化性可以调制沙拉酱、蛋黄酱，以及制作质地酥脆的金衣糊和全蛋糊；利用蛋白的特性和色泽可以调制蛋清浆，良好的起泡性可以制作松软的蛋泡糊和蛋糕等，蛋泡糊常用于软炸菜式，还可以制成芙蓉等特殊菜式。

禽蛋可以专门作为调味料使用，如蛋黄酱不仅利用蛋黄的乳化性和色泽，而且也呈现了禽蛋的风味。

禽蛋中运用最广泛的是鸡蛋，因为取料方便，而且无腥味，价格便宜。其他禽蛋运用较少。鸭蛋与鹅蛋有水腥味，食用加工方法和鸡蛋类似，但很少作辅助原料，多用于制咸蛋、皮蛋、糟蛋等。烹调时需加酒调味。鹌鹑蛋体小质轻，玲珑美观，质地细腻，一般煮熟后剥壳整用；可单用，也可作大菜和工艺菜的配料；可烧、烩、卤、炸以及制作汤菜。菜肴如鹑蛋裙边、珍珠鸡等。鸽蛋的产量较少，是高档的菜肴原料之一，宴席常用。体形略比鹌鹑蛋大，壳乳白光洁，煮熟后蛋白半透明，细嫩可口，一般剥壳整用，菜肴有象眼鸽蛋、龙眼鸽蛋、老蚌怀珠等。

7.5.4　禽蛋的品质鉴别

鲜蛋的品质检验对烹调和蛋品加工的质量起着决定性作用。鉴定蛋的品质常用感官鉴定法和灯光透视鉴定法，必要时可进一步进行理化鉴定和微生物检查。

1）感官检验

感官检验主要凭人的感觉器官（视、听、触、嗅等）来鉴别蛋的质量。鲜蛋的蛋壳洁净，无裂纹，有鲜亮光泽。蛋壳表面有一层胶质静膜并附着白色或粉红色霜状石灰质粉粒，触摸有粗糙感。将几个蛋在手中轻磕时有如石子相碰的清脆的咔咔声，用手摇晃无响水声，手掂有沉甸甸的感觉，打开后蛋黄呈隆起状，无异味。反之，则可能是陈次蛋或劣质蛋。

2）灯光透视检验

灯光透视检验是一种既准确又行之有效的简便方法。由于蛋本身有透光性，其质量发生变化后，蛋内容物的结构状态则发生相应的变化，因此，在灯光透视下有各自的特征。灯光透视时主要观察蛋白、蛋黄、系带、蛋壳、气室和胚胎等的状况，以综合评定蛋的质量。鲜蛋的灯光透视检验标准见表7.2。

表7.2 鲜蛋的灯光透视检验标准

鲜 蛋	蛋壳坚固无裂纹，无硌窝，灯光透视时气室鲜明，蛋黄位于中央，略见暗影，打开后蛋黄膜不破裂并带韧性，蛋白不浑浊
破损蛋	蛋壳上有很多细小裂纹，磕碰时有破碎声或闷哑声
陈次蛋	透视时气室较大，蛋黄阴影明显，不在蛋的中央，靠蛋黄气室大，蛋白稀薄，系带变细，明显看到蛋黄暗红色影子
劣质蛋	黑壳蛋透视可见到蛋黄大部分贴在蛋壳某个部位，有比较明显的黑色影子，气室很大，蛋内透光度降低，有霉菌斑点等

7.5.5 鲜蛋的保藏

鲜蛋的储藏保鲜方法很多，常用的有冷藏法、石灰水浸泡法、水玻璃浸泡法以及涂布法等。

1）冷藏法

广泛应用于大规模储藏鲜蛋，是国内外普遍采用的方法。当温度控制在0～1.5 ℃，相对湿度为80%～85%时，冷藏期为4～6个月；当温度在－1.5～2.0 ℃，相对湿度为85%～90%时，冷藏期为6～8个月。

2）石灰水浸泡法

石灰水浸泡法是利用石灰水澄清液保存鲜蛋的方法。将鲜蛋浸泡在石灰水中，其呼出的二氧化碳同石灰水中的氢氧化钙作用形成碳酸钙微粒沉积在蛋壳表面，从而闭塞鲜蛋气孔，达到保鲜的目的。

3）水玻璃浸泡法

水玻璃浸泡法是采用水玻璃（又称泡花碱，化学名称硅酸铀）溶液浸泡蛋的一种方法。水玻璃在水中生成偏硅酸或多聚硅酸的胶体溶液附着在蛋壳表面，闭塞气孔，起着同石灰水同样的保鲜作用。

4）涂布法

涂布法是采用各种被覆剂涂布在蛋壳表面，堵塞气孔，以防鲜蛋内的二氧化碳逸散和水分蒸发，并阻止外界微生物的侵入，达到保鲜的目的。常用的被覆剂有液体石蜡、聚乙烯醇、矿物油、凡士林等。

民间储藏鲜蛋的方法还有豆类储蛋法、植物灰储蛋法等。这些方法一般是用干燥的小缸作容器，以干燥的豆类或草木灰作填充物。在缸内每铺一层填充物，就摆放一层蛋，再铺一层填充物，再摆放一层蛋，直至装满，最后还要再覆盖一层填充物，放在室温下储藏。这种方法保鲜期一般为1～3个月。

禽蛋，被日本营养学家授予“人类最好的营养源”“天然最接近母乳的蛋白质食品”等殊荣。最近，有研究人员又为鸡蛋戴上了“世界上最营养早餐”的桂冠，认为鸡蛋除了含有人们熟知的多种营养物质外，还含有抗氧化剂，一个蛋黄的抗氧化剂含量相当于一个苹果。

瑞典研究人员也将其列为蛋白质食品中最低碳最环保的食品，在健脑益智、保护肝脏与心脑血管、抵御癌症侵袭等方面功勋卓著。

7.5.6 鸡蛋

鸡蛋又名鸡卵、鸡子，是母鸡所产的卵，其外有一层硬壳，内则有气室、卵白及卵黄部分。富含胆固醇，营养丰富，一个鸡蛋重约50克，含蛋白质7克。鸡蛋蛋白质的氨基酸比例很适合人体生理需要，易为机体吸收，利用率高达98%以上，营养价值很高，是人类常食用的食物之一。

营养：据分析，每百克鸡蛋含蛋白质12.8克，主要为卵白蛋白和卵球蛋白，其中含有人体必需的8种氨基酸，并且与人体蛋白的组成极为近似，人体对鸡蛋蛋白质的吸收率可高达98%。每100克鸡蛋含脂肪11~15克，脂肪主要集中在蛋黄中，极易被人体消化吸收。蛋黄中含有丰富的卵磷脂、固醇类、卵磷脂、钙、磷、铁、维生素A、维生素D和B族维生素，这些成分对增进神经系统的功能大有裨益，因此，鸡蛋又是较好的健脑食品。

一个鸡蛋所含的热量相当于半个苹果或半杯牛奶的热量，但是它还拥有8%的磷、4%的锌、4%的铁、12.6%的蛋白质、6%的维生素D、3%的维生素E、6%的维生素A、2%的维生素B_1、5%的维生素B_2、4%的维生素B_6。这些都是人体必不可少的，它们起着极其重要的作用，如修复人体组织、形成新的组织、消耗能量、参与复杂的新陈代谢过程等。

烹调应用：鸡蛋在烹饪中应用广泛，适合炒、煮、煎、炸、蒸等多种烹饪方法，可整用也可将蛋白、蛋黄分开使用。鸡蛋作主料可以制作炒鸡蛋、虎皮蛋、熘黄菜、三不沾等菜肴，也可制作蛋皮、蛋丝、蛋松、蛋糕等菜肴的辅料，还可以制作面点中的馅心。鸡蛋还是菜肴制作中挂糊上浆的重要原料，特别是蛋清制作的蛋泡糊，既是制作松炸菜肴的原料，也可制作雪山、芙蓉等菜式，还是面点制作中的蛋泡膨松面团的主要膨松原料。上至高档宴席下至家常菜肴，都有鸡蛋的应用。

人体对鸡蛋的营养吸收与消化率取决于烹调方式：煮蛋约100%，炒蛋约97%，嫩炸约98%，老炸约81.1%，开水、牛奶冲蛋约92.5%，生吃30%~50%。另外，煎蛋或烤蛋的维生素B_1、维生素B_2损失率分别为15%和20%，叶酸损失率高达65%。显然，煮蛋、蒸蛋羹等堪称最佳吃法。

图7.8　木樨肉

煮蛋大有讲究，首先要用洗涤剂清洗蛋壳，因为市场上购买的散装鸡蛋蛋壳上粘有大量大肠杆菌、沙门氏菌，不洗净可能污染食物。然后冷水下锅，慢火升温煮熟，以5~8分钟为佳，此时的蛋软嫩香浓，在人体内消化时间约2小时，最有利于人体摄取营养。煮沸过久不仅味道变差，而且会延长在人体内的消化时间，达到3小时以上。

木樨肉：将葱、姜洗净切成细末，待用；将肉切成6厘米长、0.4厘米粗的丝；笋切成火柴棍粗的丝；黄瓜切成蚂蚱腿；木耳择洗改刀；黄花菜摘去根切为两段。先将鸡蛋打入碗内，加入少许盐打散。净炒勺烧热，加净油烧热，倒入鸡蛋液，炒熟拨散，倒入碗内。原炒勺加入净油烧热，将肉丝下勺煸炒，放葱末、姜末、面酱，略炒，烹料酒、酱油，煸炒肉丝上色至熟，放入笋丝、黄瓜、木耳、黄花菜一起煸炒，再放入炒熟的鸡蛋，加盐、味精，翻炒均匀，淋花椒油即可出勺装盘。木樨肉如图7.8所示。

7.5.7 鸭蛋

营养：鸭蛋性味甘、凉，具有滋阴清肺的作用，入肺、脾经，具有大补虚劳、滋阴养血、润肺美肤等功效，适于病后体虚、燥热咳嗽、咽干喉痛、高血压、腹泻痢疾等病患者食用，还可用于膈热、咳嗽、喉痛、齿痛。中老年人不宜多食久食：因为鸭蛋的脂肪含量高于蛋白质的含量，其胆固醇含量也较高，每100克鸭蛋约含1 522毫克，中老年人多食久食容易加重和加速心血管系统的硬化和衰老。不宜食用未完全煮熟的鸭蛋：鸭子容易患沙门氏病，鸭子体内的病菌能够渗入正在形成的鸭蛋内。只有经过一定时间的高温处理，这种细菌才能被杀死，因此鸭蛋在开水中至少煮15分钟才可食用，且煮熟以后不要立刻取出，应留在开水中使其慢慢冷却。若食用未完全煮熟的鸭蛋，很容易诱发疾病，故不宜食用。

烹调应用：鸭蛋在烹调中可替代鸡蛋，但一般常用来加工成松花蛋、咸鸭蛋等蛋制品。

7.5.8 鹅蛋

鹅蛋呈椭圆形，个体很大，味道有些油，必须用很新鲜的鹅蛋稍加烹煮后食用。每颗鹅蛋重225～280克，较一般鸡蛋大4～5倍。表面较光滑，呈白色，其蛋白质含量低于鸡蛋；脂肪含量高于其他蛋类，鹅蛋中还含有多种维生素及矿物质，但质地较粗糙，草腥味较重。

品种：鹅蛋中以散养大白鹅蛋（白羽）营养最好。所有鹅蛋中，最宝贵的是出生蛋，带有血迹，个头和普通鹅蛋没有区别。鹅蛋中等级最低的是大雁鹅蛋，一般是集体养殖。

营养：性味甘、微温，有补中益气的作用，含有蛋白质、脂肪、卵磷脂、维生素、钙、铁、镁等成分，有一定营养价值，多用油煎食。《食疗本草》中记载，本品“多食发痼疾”，故一般较少作食疗用。

因为鹅蛋中有一种叫卵磷脂的物质，能帮助消化，还富含蛋白质，比鸡蛋和鸭蛋要高出许多倍。此外，鹅蛋有一种碱性物质，对内脏有损坏。

在家禽中，鹅是以长寿著称的。一般可以活30～50岁，个别甚至达到百岁高龄。则鹅的产蛋记录，可称世界冠军，年产60～100只蛋，个别的甚至能年产140多只。有人怀疑鹅蛋的营养价值不如鸡蛋，这不是事实。我们来比较一下：鸡蛋的营养成分（包括部分废物在内的比例）：水分占65.5%，蛋白质占12%，脂肪占9%；鹅蛋的水分占60%，蛋白质占13%，脂肪占12%。与鸡蛋、鸭蛋相比，鹅蛋的发热量最高。有人认为，鹅蛋不如鸡蛋那样细嫩可口，那只是加工的方法问题，用鹅蛋制成糟蛋，是特具风味的美味食品。

烹调应用：新鲜的鹅蛋可供人们煮、蒸、炒、煎等熟制食用，或者作为食品工业原料加工蛋糕、面包等食品。

任务6　禽蛋制品

7.6.1　松花蛋

松花蛋不仅为国内广大消费者所喜爱，在国际市场上也享有盛名。经过特殊的加工方式后，松花蛋会变得黝黑光亮，上面还有白色的花纹，闻一闻则有一种特殊的香气扑鼻而来。

经过历史的演变，松花蛋和咸鸭蛋已经成了我国最受欢迎的风味蛋，也逐渐形成了端午节吃两蛋的习俗。到了端午节，除了传统的粽子以外，咸鸭蛋和松花蛋也成了馈赠亲友的佳品。

松花蛋，不仅是美味佳肴，而且还有一定的药用价值。王士雄《随息居饮食谱》中说："皮蛋，味辛、涩、甘、咸，能泻热、醒酒、去大肠炎、治泻痢，能散能敛。"中医认为，皮蛋性凉，可治眼疼、牙疼、高血压、耳鸣眩晕等疾病。松花蛋如图7.9所示。

图7.9　松花蛋

松花蛋的传统制法几乎都用到中药密陀僧，但皮蛋中的铅含量让人望而生畏。现在人们已研制出无铅皮蛋，爱吃皮蛋的人们，不必为此担心了。

湖南益阳是松花皮蛋的发源地，从明朝初年至今已有几百年的历史。江西省宜春市袁州区是松花蛋的重要产地，而四川南充的松花蛋更具特色，贵州松桃的松花蛋更是起源于夏朝。

7.6.2　咸鸭蛋

咸鸭蛋是以新鲜鸭蛋为主要原料经过腌制而成的再制蛋，营养丰富，富含脂肪、蛋白质及人体所需的各种氨基酸、钙、磷、铁、各种微量元素和维生素等，容易被人体吸收，咸味适中，老少皆宜。咸鸭蛋的蛋壳呈青色，外观圆润光滑，又叫"青蛋"。咸鸭蛋是一种风味特殊、食用方便的再制蛋。咸鸭蛋是佐餐佳品，色、香、味均十分诱人。咸鸭蛋如图7.10所示。

图7.10　咸鸭蛋

咸鸭蛋的生产极为普遍，全国各地均有生产，其中以江苏高邮咸鸭蛋最为著名，个头大且具有鲜、细、嫩、松、沙、油六大特点。用双黄蛋加工的咸蛋，风味别具一格。因此，高邮咸鸭蛋除供应国内各大城市及港澳地区外，还远销东南亚各国，驰名中外。

7.6.3 德州扒鸡

德州扒鸡又称德州五香脱骨扒鸡，是著名的德州三宝（扒鸡、西瓜、金丝枣）之一。德州扒鸡是汉族传统名吃，经典鲁菜。德州扒鸡制作技艺是国家非物质文化遗产。早在清朝乾隆年间，德州扒鸡就被列为山东贡品送入宫中供帝后及皇族们享用。20世纪50年代，宋庆龄从上海返京途中，曾多次在德州停车选购德州扒鸡送给毛泽东。德州扒鸡因而闻名全国，远销海外，被誉为“天下第一鸡”。

制作工艺：德州扒鸡名曰扒鸡，是指扒鸡的制作工艺，借鉴扒肘、扒牛肉的烹制工艺，以扒为主。扒是我国烹调的主要技法之一，扒的制作过程较为复杂，一般要经过两种以上方式的加热处理。首先将原料放在开水中烧滚，除去血腥和污物，再挂上酱色入油锅中烹炸，炸后用葱姜烹锅，加上调料和高汤，加入原料后旺火烧开，用中小火焖透，然后拢交芡翻勺倒入盘内。

德州扒鸡在制作上，选鸡考究，工艺严谨，配料科学，加工精细，火上功夫，武文有行，采用经年循环老汤，以文火焖煮。

品质特点：形色兼优，五香脱骨，肉嫩味纯，清淡高雅，味透骨髓，鲜奇滋补。造型上两腿盘起，爪入鸡膛，双翅经脖颈由嘴中交叉而出，全鸡呈卧体，色泽金黄，黄中透红，远远望去似鸭凫水，口衔羽翎，十分美观，是上等的美食艺术珍品。

7.6.4 板鸭

板鸭，中国南方地区名菜。板鸭是江苏、福建、江西等省的特产。板鸭是以鸭子为原料的腌腊食品。因其肉质细嫩紧密，香味浓郁，干、板、酥、烂、香，像一块板似的，故名板鸭。

品种：板鸭分为腊板鸭与春板鸭两种，前者的产季是小雪至立雪，后者是立春至清明，质量以前者为佳。此外，还有盐水鸭、桂花鸭、琵琶鸭、酱鸭等。

制作工艺：蒸煮板鸭方法讲究。煮前，用温水洗净表面皮层，下温水浸泡3小时以上，以减轻咸度，使鸭肉回软。煮制时，用茴香1粒、葱1根、姜3片，从鸭翅下开口处塞入肚内。再用一根长约6厘米的空心管，插入鸭肛门半截，使汤汁在煮时内外对流。要先将锅中冷水烧开，停火后将鸭放入锅内，使水浸过鸭体，从开口处充分灌入鸭肚内。鸭在水中要保温，盖严锅盖，在85 ℃左右水中焖40分钟，并将肚内汤更换1次，把鸭翻过来。这时将水烧至95 ℃（即小沸），停火再焖10～20分钟，即起锅。煮熟鸭子，须待完全冷却后方可改刀，以免流失油卤，影响口味。若将生板鸭切下一块，再切成薄片放在板锅内蒸熟，这样吃，口味也很好。

7.6.5 盐水鹅

盐水鹅是淮扬菜系的杰出代表菜之一，在江苏长江流域及长江以北地区具有相当高的受众，从最北的盐城、淮安，向南依次到兴化、高邮、仪征、扬州及三泰地区，再向南到苏南的镇江和丹阳。盐水鹅在这些地区有相当长的历史，是这些地区人们广泛喜爱的一款上等卤味。

品质特点：盐水鹅以全天然科学的配方，先进的工艺精制而成。鹅肉味甘平、补阴益气、暖胃生津，具有低盐、低脂肪、低胆固醇及高蛋白、高瘦肉率的特点，盐水鹅不含人工合成香料和化学防腐剂，具有鲜嫩爽口、肥而不腻、味道清香、风味独特等特点。

制作工艺：煮前先将鹅体挂起，用10厘米左右长的芦苇管或竹管插入鹅的肛门，并在鹅肚内放入少许姜、葱、八角，然后用开水浇淋体表，再放在风口处沥干。煮制时将清水烧沸，水中加3料（葱、姜、八角），把鹅放入锅内，放时从右翅开口处和肛门管子处让开水灌入内腔。提鹅放水，再放入锅中，腹腔内再次灌入开水，然后再压上锅盖使鹅体浸入水面以下。停火焖煮约30分钟，将水温保持在85～90 ℃。30分钟后加热烧至锅中出现连珠水泡时，即可关火，提鹅倒出鹅内腔水，再放入锅中灌水入腔，盖上锅盖。停火焖煮20分钟左右，即可出锅，提腿倒汤，待冷却后切块食用。食用时，浇上煮鹅的卤汁风味更佳。

[小组探究]

鸡、鸭、鹅肉在刀工处理、烹调方法、味型选择等方面有哪些不同?

[练习实践]

1. 如何评价鸡肉的营养价值。
2. 简述鸭的品种。
3. 简述鸡蛋的烹饪运用。
4. 利用周末时间，选择当地一家三星级以上的酒店进行禽类菜销售情况的市场调研，统计好并制作成PPT，下节课小组汇报调研成果。

项目8

水产类原料

（4课时）

情境导入

✧ 水产类包括各种海鱼、河鱼和其他各种水产动植物，如虾、蟹、蛤蜊、海参、海蜇和海带等。它们是蛋白质、无机盐和维生素的良好来源，尤其蛋白质含量丰富，比如0.5千克重的大黄鱼中蛋白质含量约等于0.6千克鸡蛋或3.5千克猪肉中的含量。鱼类蛋白质的利用率高达85%～90%；鱼类的脂肪含量不高一般在5%以下；鱼类中维生素B_1的含量普遍较低，因为鱼肉中含有硫胺酶，能分解破坏维生素B_1；维生素B_2、尼克酸、维生素A含量较多，水产植物中还含有较多的胡萝卜素；鱼类中几乎不含维生素C。海产类的无机盐含量比肉类多主要为钙、磷、钾和碘等，特别是富含碘。

教学目标

✧ 了解水产类原料的品种及产地。
✧ 理解常见的水产类原料的营养特性及烹调应用。

任务1　鱼类原料概述

8.1.1　鱼类原料的结构特点

1）鱼类的体形

鱼的种类繁多，其生活环境、生活习性各不相同，其外表形状也不相同。烹饪中常用的鱼，其体形大致归纳为4种。

（1）梭形

梭形又称纺锤形，其形似梭子故名梭形，其鱼体呈流线型。多数鱼属于这一类型，如鲤鱼、草鱼、黄花鱼等。

（2）扁形

其形扁平如片状故名边扁形。海洋鱼类中栖息于海底的鱼，多属于这一类型，如比目鱼等。

（3）圆筒形

其形如细长的圆筒状故名，此类鱼体长，较细，如黄鳝、鳗鱼等。

（4）侧扁形

其形侧扁故名，如鲂鱼、鳓鱼、鳊鱼、鲥鱼、鲳鱼等。

此外，还有如带形的带鱼等。

2）鱼类的外表结构

（1）鱼鳞

鱼鳞是保护鱼体，减少水中阻力的器官。绝大多数的鱼有鳞，少数鱼已退化为无鳞。鱼鳞在鱼体表呈覆瓦状排列。鱼鳞可分为圆鳞和栉鳞，圆鳞呈正圆形，栉鳞呈针形且较小。

（2）鱼鳍

鱼鳍俗称划水，是鱼类运动和保持平衡的器官。根据鱼鳍的生长部位可分为背鳍、胸鳍、腹鳍、臀鳍、尾鳍。按照鱼鳍的构造，可分为软条和硬棘两种，绝大多数的鱼类是软条，硬棘的鱼类较少，如鳜鱼、刀鲚等。有的鱼的硬棘带有毒腺，人被刺后，其被刺部位肿痛难忍。

从鱼鳍的情况还可以判断鱼肉中小刺（肌间骨）的多少。低等的鱼类一般仅有一个背鳍，是由分节的鳍条组成，胸鳍腹位，这类鱼的小刺多，如鲢鱼。较高等的鱼类一般由两个或两个以上的背鳍构成（有的连在一起）。其第一背鳍由硬棘组成，第二背鳍由软条组成，腹鳍胸位或喉位，或者没有腹鳍，这类鱼刺少或者没有小刺，如鳜鱼等。

（3）侧线

侧线是鱼体两侧面的两条直线，它是由许多特殊凸棱的鳞片连接在一起形成的。侧线是鱼类用来测水流、水温、水压的器官。不同的鱼类其侧线的整个形状、有无侧线也不同。

（4）鱼鳃

鱼鳃是鱼的呼吸器官，主要部分是鳃丝，上面密布细微的血管呈鲜红色。大多数鱼的鳃、位于头后部的两侧，外有鳃盖。从鱼鳃的颜色变化可以判断出鱼的新鲜程度。鱼的鼻孔无呼吸作用，主要是嗅觉功能。

（5）鱼眼

鱼眼大多没有眼睑，不能闭合。从鱼死后其眼睛的变化上可以判定其新鲜程度。但不同品种的鱼，其鱼眼睛的大小、位置是有差别的。

（6）口

口是鱼的摄食器官。不同的鱼类其口的部位、形状各异，有的上翘，有的居中，有的偏下等。口的大小与鱼的食性有关。一般来说，凶猛鱼类及以浮游生物为食的鱼类的口都比较大，如鳜鱼、带鱼、鲶鱼等。

（7）触须

鱼类的触须是一种感觉器官，生长在口旁或口的周围，分为颌须和颚须，多数为一对，有的有多对（如胡子鲶）。触须上有发达的神经和味蕾，有触觉和味觉的功能。

3）鱼类的组织特点

鱼体从外形上主要分为头部、躯干部和尾部3个部分，其中，躯干部为供食的主要部分。除骨骼外，躯干部的组织主要是肌肉组织和脂肪组织。

（1）肌肉组织

鱼类的肌肉组织中肌纤维较短，结合疏松；白肌和红肌的分化很明显。因为白肌所含肌红蛋白较红肌少，色泽洁白，是制作鱼圆的上好原料。

由于鱼类肌肉中包裹肌束很薄、肌纤维结合酥松，加热时，鱼类原料成菜的成型性降低，因此，烹饪中常用挂糊、上浆、拍粉等方法，以保成菜的形状。

（2）脂肪组织

鱼类的脂肪在鱼体中分布广泛，通常在腹部、颈部较多，背部、尾部较少。成年鱼体内脂肪含量相对较高。雌鱼在产卵前脂肪含量最高，此时，鱼肉味鲜而肥美，为最佳食用期。另外，冷水性鱼类通常含脂肪较多，如鲑鱼。

鱼类脂肪中不饱和脂肪酸含量高，熔点低，常温下呈液态，容易被人体吸收，消化率可达95%。但同时也使得鱼类在保存时极不稳定，容易酸败，产生哈喇味，降低食用品质。另外，由于鱼类脂肪具有特殊的腥臭味，因此鱼油一般不作为食用油脂使用。

（3）骨骼组织

鱼类的骨骼由脊柱、头骨和附肢骨构成，有的鱼类在肌肉中有游离的肌间刺。在生物学分类上，根据骨骼组织的差异，将鱼类分为硬骨鱼类和软骨鱼类两大类。

硬骨鱼类的骨骼，除某些酥炸、香煎菜式外，其骨骼一般不单独用来制作菜肴。硬骨鱼类是烹饪中常用的鱼类原料。

软骨鱼类的骨骼全部由软骨组成，如鲨鱼、鳐鱼等。烹饪中，可将软骨鱼类的鳍、骨等经加工后制成相应的干制品，如鱼翅、鱼骨等，均为珍贵原料。软骨鱼类的鳞为盾鳞，较硬，深陷于皮肤内，烹饪加工时须经退砂处理。另外，由于软骨鱼无鳔，因此不能加工鱼肚。

4）鱼类原料的鲜味和腥味

（1）鱼类原料的鲜味

鱼类的鲜味，主要来自肌肉中含有的多种呈鲜氨基酸，如谷氨酸、天冬氨酸等。浸出物中的琥珀酸和含氮化合物，如氧化三甲胺。嘌呤类物质等对鱼肉的鲜美滋味也有增强作用。

此外，鱼类原料的鲜味还与蛋白质、脂类、糖类等组成成分的辅助呈鲜作用有关。

（2）鱼类原料的腥味

鱼类经捕捞出水后，其体表与空气接触不久便会有腥臭味产生。一般海水鱼刚出水时腥味很淡，淡水鱼则较浓，但随鱼种的不同而有所差异。另外，体表黏液分泌多的鱼类，与空气接触后往往腥味较重。这是黏液中的蛋白质、卵磷脂、氨基酸等被污染体表的细菌分解产生了氨、甲胺、硫化氢等腥臭物质造成的。

8.1.2 鱼类的部位分档与烹调应用

1）鱼类的部位分档

鱼类的部位分档见表8.1。

表8.1 鱼类的部位分档

名 称	烹饪应用
鱼头	肉少骨多，皮层含胶原蛋白质较多，适宜清蒸、红烧等烹调方法
脊背	肌肉丰厚，质地较细嫩，适宜多种烹调方法
肚裆	皮较多，含脂肪丰富，肉质肥嫩，柔软，适宜烧、蒸等方法
鱼尾	肉质较肥美，胶质丰富，多为红烧

2）鱼类原料的烹调应用

鱼类原料是烹饪原料中非常重要的一大类原料。因为鱼类原料种类繁多，并且各有特点，营养价值高，质地鲜嫩，口味鲜美，所以在烹饪中应用极为广泛。

（1）刀工处理，料形多样

鱼类在烹饪中的应用相当普遍，菜品极多。除鲜鱼外，还可选用鱼类的加工制品制作菜肴，例如干制品、腌制品、熏制品、冷冻鱼类等。在刀工处理上，体型较小的鱼整用较多，体型较大的鱼可先行分割处理，再分档使用。分档部位有头尾、中段、鱼块、肚裆等。在烹饪中，鱼类去骨取肉应用可制作较多的菜品，净鱼肉可加工成鱼条、鱼片、鱼丝、鱼丁、鱼米等料形。色泽洁白的鱼可加工成鱼肉糜，用于制作鱼圆、鱼饼、鱼糕、鱼线等。有些种类还可整鱼出骨，制作特色工艺菜。

（2）烹饪加工，方法众多

新鲜的鱼类适合各种烹调方法。例如，几乎所有的鱼都可红烧、油炸，新鲜且脂肪含量较高的鱼可清蒸、制汤。另外，新鲜的鱼可做冷盘、热炒、大菜、汤羹和火锅等，适合各种调味技法和味型，如咸鲜、家常、椒麻、茄汁、酸辣、糖醋、咸甜等。

除加热烹调外，某些海产鱼类还可生吃。我国餐饮业常用三文鱼加工成生鱼片食用。日本人用金枪鱼制作的刺生是上等的日本料理，但对鱼的鲜度要求很高。荷兰人也有生吃鲱鱼的习惯，为了杀死鱼中的寄生虫，出售商有在-20 ℃条件下冻结24小时的义务。

（3）腥臭异味，抑制去除

因为鱼类的腥臭异味会影响菜肴的风味品质，所以要采取适当方法抑制或除去异味成

分。在烹饪之前用水或淡盐水漂洗，或在剖鱼前，用食盐涂抹鱼身，再用水冲洗，可去掉鱼身上的黏液，有效减少三甲胺等各种水溶性臭气物质。在鱼类烹饪中，常使用葱、姜、酒、香料等，葱、桂皮等对三甲胺有明显的消除作用；姜汁可除去挥发性醛类的气味，对三甲胺也有明显消除作用；料酒对挥发性胺类有掩盖作用；醋可抑制胺的挥发。淡水池塘养殖鱼类存在土腥味，它来源于某些蓝藻类、绿藻类及放线菌所合成的物质，在净水中蓄养1~2个星期可除去。

8.1.3 鱼类的鲜度变化

鱼死后会发生一系列变化，大致分死后僵硬、解僵和自溶、细菌腐败3个阶段。与畜类相比，其肌肉组织的水分含量高，肌基质蛋白较少，脂肪含量低，死后的僵硬、解僵及自溶的进程快。

1）死后僵硬

鱼死后，其所含成分的变化和酶的作用引起肌肉收缩变硬，鱼体进入僵硬状态。其特征是肌肉缺乏弹性，如用手指压，指印不易凹下；手握鱼头，鱼尾不会下弯；口紧闭，腮盖紧合，整个躯体挺直。此时鱼仍然是新鲜的。因此，人们常把死后僵硬作为判断鱼类鲜度良好的重要标志。

2）解僵和自溶

鱼体僵硬持续一段时间后，又缓慢地解除，肌肉重新变得柔软，但失去了僵硬前的弹性，感官和质量下降，同时，肌肉中的蛋白质分解产物和游离氨基酸增加，给鱼体鲜度质量带来各种感官、风味上的变化，其分解产物为细菌的生长繁殖创造了有利条件，加速了鱼体腐败的进程。

3）细菌腐败

随着细菌繁殖数量的增多，鱼体的蛋白质等被分解成多种腐败产物，使鱼体产生具有腐败特征的臭味，这种过程就是细菌腐败。当鱼肉腐败后，它就完全失去食用价值，误食后还会引起食物中毒。腐败变质现象主要表现在鱼体表面、眼球、鳃、腹部、肌肉的色泽、组织状态以及气味等方面。

8.1.4 鱼类的品质鉴别

鱼类的品质鉴别主要是从鱼鳃、鱼眼、鱼嘴、鱼皮表面、鱼肉的状态等几个方面鉴别其新鲜程度。鱼类的品质鉴别标准见表8.2。

表8.2 鱼类的品质鉴别标准

部 位	新鲜鱼	不新鲜鱼	腐败鱼
鳃	色泽鲜红或粉红，鳃盖紧闭黏液少，呈透明状，无异味，鱼嘴紧闭，色泽正常	呈灰色或暗红色，鳃盖松弛。鱼嘴张开，苍白无光泽	呈灰白色，有黏液污物，有异味

续表

部　位	新鲜鱼	不新鲜鱼	腐败鱼
眼	清澈透明，向外凸出，黑白分明，没有充血发红现象	灰暗，稍有塌陷，发红	眼球破裂，位置移动
鳞	表面黏液少，透亮清洁。鳞片完整有光泽紧贴鱼体	表面有黏液，透明度降低，鱼鳞松弛，有脱鳞现象	表面色泽灰暗，鱼鳞特别松弛，极易脱落
腹	肌肉坚实无破裂，腹部不膨胀，腹色正常	腹部发软，有膨胀	鱼腹部膨胀较大，有腐臭味
肌	紧密有弹性，肋骨与脊骨处的鱼肉结实，不脱刺	组织松软，无弹性，肋骨与脊骨易脱离，脱刺	肌肉松弛，用手触压能压破鱼肉，骨肉分离

8.1.5　污染鱼类的鉴别

有些水域受到大量化学物质的污染，生活在这种水域中的鱼把富含有毒化学物质的食物摄入体内，通过食物链的放大（富集）作用，使得各种鱼特别是食肉性鱼类的体内大量聚集有毒物质。据测定，其体内毒物的浓度可比水中毒物浓度高几万倍，甚至几千万倍。这些富集有毒物质的鱼虾，一旦被人食用就会严重威胁人们的身体健康。避免误食污染鱼类，可以从4个方面鉴别鱼类品质。

1）看鱼形

凡是受污染较严重的鱼其体形一般有变化，如外形不整齐，脊柱弯曲，与同类鱼比较其头大尾小，鱼鳞部分脱落，皮发黄，尾部发青，肌肉有紫色的瘀点。

2）辨鱼鳃

鳃是鱼的呼吸器官，主要部分是鳃丝，上面密布细微的血管，正常鱼应是鲜红色。被污染的鱼，其水中毒物可聚集鳃中，使鱼鳃大多变成暗红色，不光滑，比较粗糙。

3）观鱼眼

有些受污染的鱼其体形和鱼鳃都比较正常，但眼睛出现异常，如鱼眼混浊，失去正常的光泽，甚至向外鼓出。

4）尝鱼味

污染严重的鱼经煮熟后，食用时一般都有一种怪味，特别是煤油味。这种怪味是由于生活在污染水域中的鱼，鱼鳃及体表沾有较多的污染物，煮熟后吃到嘴里便有一股煤油味或其他不正常的味，无论如何清洗和用其他方法处理，这种不正常的味道始终不会去掉，因此不能食用。

8.1.6　鱼类的保藏

鱼类捕获后，很少立即进入原料处理，而是带着易于腐败的内脏、鳃等运输、销售，细菌侵入鱼体的机会增多。同时，鱼类除消化道外，鳃及体表也附有各种细菌，而体表的黏性

物质更起到培养液的作用，是细菌繁殖的好场所。因此，鱼类是最不容易保存的烹饪原料，特别是夏季，有些鱼类很难保存一天以上。鱼类保鲜是餐饮业很重要的问题。

1）活养与运输

鱼类活养是餐饮业常用的方法。活的淡水鱼适于清水活养。部分海产鱼可采用海水活养，但因受地域限制运用较少。活养既可使鱼类保持鲜活状态，又能减少其体内污物，减轻腥味。

市场采购的少量新鲜活鱼，可采用密封充氧运输。将水和鱼装入袋中充氧密封，用纸板盒包装。运输用水必须清新，运输中要防止破袋漏气。可使用双层袋，避免太阳暴晒和靠近高温处。

2）低温保鲜

对已经死亡的各种鱼类，以低温保鲜为宜。低温环境可以延缓或抑制酶的作用和细菌繁殖，防止鱼的腐败变质，保持鱼的新鲜状态和品质。鱼类低温保鲜的方法主要有：冰藏、冷海水保鲜、冷藏和冷冻等。餐饮业常用的是冷藏和冷冻保鲜。

（1）冷藏保鲜

将去净内脏的鲜鱼放在-3～-2 ℃的微冻温度环境下保藏。此法储存期短，对鱼类的质量影响较小。一般仅用于鱼类的暂时保鲜。

（2）冷冻保鲜

利用低温将鲜鱼中心温度降至-15 ℃以下，使鱼体组织水分绝大部分冻结，然后在-18 ℃以下进行储藏。采用快速冻结方法，并在储藏过程中保持恒定的低温，可以在数月至接近1年的时间内有效地抑制微生物和酶类引起的腐败变质，使鱼体能长时间、较好地保持其原有的色、香、味和营养价值。

任务2　淡水鱼

从广义上说，能生活在盐度为3‰的淡水中的鱼类就可称为淡水鱼。从狭义上说，淡水鱼是指在其生活史中只有幼鱼期或成鱼期，或是终其一生都必须在淡水域中度过的鱼类。世界上已知鱼类有26 000多种，其中淡水鱼有8 600余种。我国现有鱼类近3 000种，其中淡水鱼有800余种。

8.2.1　青鱼

别名：黑鲩、青鲩、乌鲭、螺蛳青、青根鱼、乌青鱼、黑鲲、青棒、钢青、溜子。

产地：青鱼主要分布于我国长江以南的平原地区，长江以北较为稀少。青鱼习性不活泼，通常栖息在水体中下层，天然水域中以螺蛳、蚌、蚬、蛤等为主要食物。青鱼是长江中下游和沿江湖泊里的重要渔业资源和各湖泊、池塘中的主要养殖对象，为我国“四大淡水鱼”之一。

营养：青鱼中除含有19.5%的蛋白质、5.2%的脂肪外，还含有钙、磷、铁、维生素B_1、维生素B_2和微量元素锌，成人每日需锌12～16毫克。青鱼含丰富的硒、碘等微量元素，有抗衰老、抗癌作用。青鱼体内还含有二十碳五烯酸（EPA）与二十二碳六烯酸（DHA），EPA具有扩张血管、防止血液凝结等作用，DHA对大脑细胞、特别对脑神经传导和突触的生长发育有着极其重要的作用。

尽管人体锌的含量很低，但如果锌的含量不足，往往会导致智商降低、精神状态不佳，还会出现生长高度不足、创伤难以愈合等病变。常吃青鱼可以避免上述病症发生。

青鱼肉性味甘、平，无毒，有益气化湿、和中、截疟、养肝明目、养胃的功效；主治脚气湿痹、烦闷、疟疾、血淋等症。其胆性味苦、寒，有毒，可以泻热、消炎、明目、退翳。外用主治目赤肿痛、结膜炎、翳障、喉痹、暴聋、恶疮、白秃等症；内服能治扁桃体炎。由于胆汁有毒，不宜滥服。过量吞食青鱼胆会发生中毒，吞食半小时后，轻者恶心、呕吐、腹痛、水样大便；重者腹泻后昏迷、尿少、无尿、视力模糊、巩膜黄染，继之骚动、抽搐、牙关紧闭、四肢强直、口吐白沫、两眼球上窜、呼吸深快；若治疗不及时，会导致死亡。

烹调应用：青鱼可红烧、干烧、清炖、糖醋或切段熏制，也可加工成条、片、块制作各种菜肴。加工青鱼的窍门：右手握刀，左手按住鱼的头部，刀从尾部向头部用力刮去鳞片，用右手大拇指和食指将鱼鳃挖出，用剪刀从青鱼的口部至脐眼处剖开腹部，挖出内脏，用水冲洗干净，腹部的黑膜用刀刮一刮，再冲洗干净。

图8.1　熏鱼

熏鱼：青鱼中段，每6～7厘米斜剖1块，加酱油、黄酒拌匀，将鱼块散放入烧热的油锅中，反复炸至金黄色，外表松脆后捞出。在炸鱼的同时，另用油滚热锅，投入葱结、姜和茴香，炸出香味，加白汤、酱油、白糖、黄酒、味精，滚至卤浓肥醇后，倒入盘中，趁热放入炸好的鱼块，翻滚均匀，切块即可。熏鱼如图8.1所示。

8.2.2　鲢鱼

别名：白鲢、水鲢、跳鲢、鲢子。

产地：鲢鱼是典型的食浮游生物的鱼类，以浮游生物为食。它适宜生长的温度和草鱼一样，生长季节，大都在江河支流和湖泊中肥育。低温季节，食欲减退，但依然摄食，且多集中于河床及湖泊深处越冬。鲢鱼的分布范围比较广泛，在我国各地区均有分布，是我国淡水鱼中分布最广泛的。鲢鱼主要生活在水中的表层，以藻类为食。鲢鱼为我国“四大淡水鱼”之一。

营养：鲢鱼能提供丰富的胶质蛋白，既能健身，又能美容，是女性滋养肌肤的理想食品。鲢鱼对皮肤粗糙、脱屑、头发干脆易脱落等症均有疗效，是女性美容不可忽视的佳肴。鲢鱼是温中补气、暖胃、泽肌肤的养生食品，适用于脾胃虚寒体质、溏便、皮肤干燥者，也可用于脾胃气虚所致的乳少等症。

烹调应用： 鲢鱼常用烧、炖、清蒸等烹调方法，可整条使用，刀工成型以块形居多，可制作红烧鲢鱼等菜肴。

红烧鲢鱼： 将鱼收拾干净，用刀在鱼身两侧剞十字花刀（深至鱼骨），葱、姜、蒜切片，木耳洗净。将锅中放油烧热，鱼下锅，炸至两面浅黄色时捞出，锅中余油倒出，留少许，葱、姜、蒜放入稍炒，烹入料酒、酱油，添汤，以淹过鱼为宜，随即把鱼、木耳、味精、精盐、白糖、醋、胡椒粉放入锅中，烧开；用小火慢烧，待鱼烧透，捞出放碟中，锅中勾入水淀粉，浇在鱼上即成。红烧鲢鱼如图8.2所示。

图8.2　红烧鲢鱼

8.2.3　鳙鱼

别名： 花鲢、胖头鱼、包头鱼、大头鱼、黑鲢、麻鲢、雄鱼。

产地： 鳙鱼分布水域范围很广，为我国“四大淡水鱼”之一。

营养： 鳙鱼味甘，性平，无毒。鳙鱼的作用是温补脾胃强身，消除赘疣。食多易引发风热和疥疮。鳙鱼属高蛋白、低脂肪、低胆固醇鱼类，对心血管系统有保护作用，起到治疗耳鸣、头晕目眩的作用。鳙鱼富含磷脂及改善记忆力的脑垂体后叶素，特别是脑髓含量很高，常食能暖胃、祛头眩、益智商、助记忆、延缓衰老，还可润泽皮肤。鳙鱼鱼脑中含有一种人体所需的鱼油，鱼油中富含多种不饱和脂肪酸，是一种人体必需的营养素，可以起到维持、提高、改善大脑机能的作用。鱼鳃下边的肉呈透明的胶状，水分充足，里面富含胶原蛋白，能够对抗人体老化及修补身体细胞组织。

烹调应用： 鳙鱼烹调应用与鲢鱼基本相同，但鳙鱼头较大，并且富含胶质，肉质细嫩，配以豆腐、粉皮、粉丝等制作菜肴风味独特。如名菜砂锅鱼头、拆烩鲢鱼头、剁椒鱼头等。

图8.3　剁椒鱼头

剁椒鱼头： 先将鱼头洗净切成两半，鱼头背相连，泡红椒剁碎，葱切碎，姜块切末，蒜剁细末。然后将鱼头放在碗里，抹上油，在鱼头上撒上剁椒、姜末、盐、豆豉、料酒。锅中加水烧沸后，将鱼头连碗一同放入锅中蒸熟（约需10分钟）。将蒜茸和葱碎铺在鱼头上，再蒸1分钟。从锅中取出碗后，再将砂锅置火上放油烧至十成热，铲起淋在鱼头上即成。剁椒鱼头如图8.3所示。

拆烩鲢鱼头： 葱去根须，洗净，切段，打结；将油菜心洗净，菜头削成橄榄形；熟火腿切片；鸡肉洗净，煮熟，切片；春笋去皮，洗净，切片；姜洗净，切片；香菇去蒂，洗净，切片；鸡肫洗净，煮熟，切片。将鱼头（鲢鱼头）劈成两片，去鳃洗净，放入锅内加清水淹没鱼头，置旺火上烧至鱼肉离骨时，捞起拆去骨。锅内再换清水，放入鱼头肉，加葱结、姜片、料酒，置旺火上烧沸，捞出，拣去葱、姜。炒锅置中火上烧热，舀入熟猪油，烧至四成热时，放入菜心，用手勺推动，至菜色翠绿时，倒入漏勺沥去油。将锅置旺火上烧热，舀入熟猪油，烧至五成热时，放入葱段、姜片，稍炸。炸香后捞去葱、姜，放入虾仁、蟹肉略炒，加料酒、鸡汤、精盐、白糖，再放入笋片、香菇片、鸡肉片、鸡肫片、鱼头肉，盖上锅盖，烧10分钟左右。加入菜心，味精，烧沸后，用水淀粉勾芡，淋入白醋、熟猪油翻炒均匀，起锅装盘，撒上胡椒粉（白胡椒粉），上放火腿片即成。拆烩鲢鱼头如图8.4所示。

图8.4 拆烩鲢鱼头

8.2.4 草鱼

别名：鲩、鲩鱼、油鲩、草鲩、白鲩、草根、海鲩、混子、黑青鱼。

产地：草鱼栖息于平原地区的江河湖泊，一般喜居于水的中下层和近岸多水草区域。草鱼生性活泼，游泳迅速，常成群觅食。草鱼为中国广西至黑龙江等平原地区的特有鱼类。草鱼在干流或湖泊的深水处越冬。生殖季节草鱼有溯游习性。草鱼已被亚、欧、美、非各洲的许多国家引进。因其生长迅速，饲料来源广，是中国“四大淡水鱼”之一。

营养：草鱼含有丰富的不饱和脂肪酸，对血液循环有利，是心血管病人的良好食物。草鱼含有丰富的硒元素，经常食用有抗衰老、养颜的功效，而且对肿瘤也有一定的防治作用。对于身体瘦弱、食欲不振的人来说，草鱼肉嫩而不腻，可以开胃、滋补。草鱼富含蛋白质，具有维持钾钠平衡、消除水肿等作用，有利于生长发育。草鱼富含磷，磷具有构成骨骼和牙齿的作用，促进成长及身体组织器官的修复，供给能量与活力，参与酸碱平衡的调节。草鱼富含铜，铜是人体健康不可缺少的微量营养素，对于血液、中枢神经和免疫系统、头发、皮肤和骨骼组织以及脑和肝、心等内脏的发育和功能有重要影响。

烹调应用：草鱼应用广泛，小的可以整条应用，大的可切块，也可剔肉加工成片、条、丁、丝、蓉、泥等，还可用花刀加工。适合炸、熘、烧、炖、蒸等多种烹调方法和多种口味，如著名的西湖醋鱼。此外，草鱼还可制成炒鱼片、炒鱼丝、氽鱼丸、红烧瓦块鱼、糖醋瓦块鱼等菜肴。

西湖醋鱼：将草鱼饿养两天，促其排尽草料及泥土味，使鱼肉结实，宰杀去掉鳞、鳃、内脏，洗净。把鱼身劈成雌雄两片（连背脊骨一边称雄片，另一边为雌片），斩去牙齿。在雄片上，从颔下4.5厘米处开始每隔4.5厘米斜片一刀（刀深约5厘米），刀口斜向头部（共片5刀），片第3刀时，在腰鳍后处切断，使鱼分成两段，再在雌片脊部厚肉处向腹部斜剞一长刀（深4～5厘米），不要损伤鱼皮。将炒锅置旺火上，舀入清水1千克，烧沸后将雄片前后两段相继放入

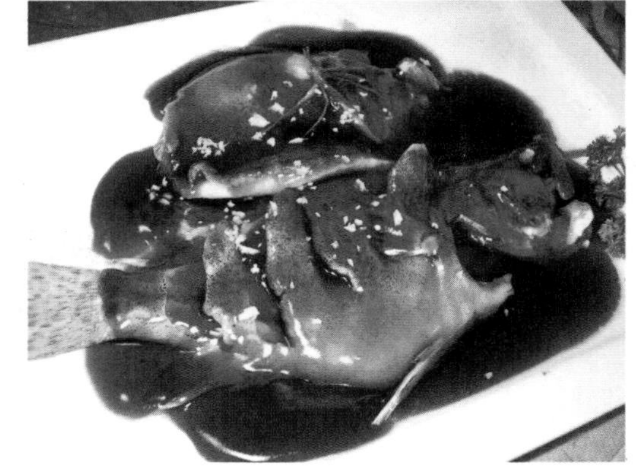

图8.5 西湖醋鱼

锅内，然后，将雌片并排放入，鱼头对齐，皮朝上（水不能淹没鱼头，胸鳍翘起），盖上锅盖。待锅水再沸时，揭开盖，撇去浮沫，转动炒锅，继续用旺火烧煮，前后共烧约3分钟，用筷子轻轻地扎鱼的雄片颔下部，如能扎入，即熟。炒锅内留下250克清水（余汤撇去），放入酱油、绍酒和姜末调味后，即将鱼捞出，装在盘中（要鱼皮朝下，两片鱼的背脊拼连，鱼尾段拼接在雄片的切断处）。把炒锅内的汤汁加入白糖、湿淀粉和醋，用手勺推搅成浓汁，见滚沸起泡立即起锅，徐徐浇在鱼身上即成。西湖醋鱼如图8.5所示。

8.2.5 鲤鱼

别名：鲤拐子、鲤子。

产地：鲤鱼适应性强，具有抗污染能力强、繁殖快、生长快等特点，在适应环境和抗污染能力方面是常见鱼类中最突出的。鲤鱼生长在江河湖泊甚至稻田里，无论南方、北方均随遇而安，是我国水产养殖的主要淡水鱼。

品种：鲤鱼按其生长水域可分为江鲤鱼、池鲤鱼、河鲤鱼。

江鲤鱼体肥、肉质较绵软，知名品种有黑龙江水系的龙江鲤，还有产于长江上游、嘉陵江、金沙江的岩鲤。

池鲤鱼有较浓的泥土味，肉质细嫩。

河鲤鱼以黄河鲤鱼最佳，肉质鲜嫩肥美，肉味纯正。

营养：鲤鱼味甘，性平，无毒。煮食，可治咳逆上气、黄疸、口渴，通利小便，消除下肢水肿及胎气不安。作鲊，有温补作用，可用于去冷气、胸闷腹胀、上腹积聚不适等症。烧研成末，能发汗、治咳嗽气喘、催乳汁和消肿。用米饮调服，可治大人、小儿的严重腹泻。鲤鱼不仅蛋白质含量高，而且质量佳，人体消化吸收率可达96%，并能供给人体必需的氨基酸、矿物质、维生素A和维生素D；每100克鲤鱼肉中含蛋白质17.6克、脂肪4.1克、钙50毫克、磷204毫克，并含有多种维生素。鲤鱼的脂肪多为不饱和脂肪酸，能很好地降低胆固醇，可以防治动脉硬化、冠心病。因此，多吃鲤鱼可以健康长寿。

烹调应用：鲤鱼适合多种烹调方法，如烧、炖、蒸、炸等。一般整条使用，往往在宴席中作为大菜，也可切成块、条、片等，适宜多种口味的调味。著名的有糖醋黄河鲤鱼、红烧鲤鱼、醋椒鱼、软熘鲤鱼焙面、奶汤锅子鱼、金毛狮子鱼、干烧岩鲤等。

糖醋黄河鲤鱼：鲤鱼去鳞、内脏、两鳃，鱼身两侧每2.5厘米直剞后斜剞成翻刀，提起鱼尾使刀口张开，料酒、精盐撒入刀口稍腌。清汤、酱油、料酒、醋、白糖、精盐、湿淀粉兑成芡汁。在刀口处撒上湿淀粉后放在七成热的油中炸至外皮变硬，移微火浸炸3分钟，再上旺火炸至金黄色，捞出摆盘，用手将鱼捏松。将葱、姜、蒜放入锅中，炸出香味后倒入兑好的芡汁，起泡时用炸鱼的沸油冲入汁内，再略炒迅速浇到鱼上即可。糖醋黄河鲤鱼如图8.6所示。

图8.6　糖醋黄河鲤鱼

8.2.6 鲫鱼

别名：河鲫、鲋鱼、喜头、鲫瓜子、喜头鱼、海附鱼、童子鲫、鲭。

品种：高背鲫鱼是20世纪70年代中期在云南滇池及其水系发展起来的一个优势种群，具有个体大、生长快、繁殖力强等特点，因背脊高耸而得名。个体最大3千克，亲水性强，不宜在内地饲养。

方正银鲫原产于黑龙江省方正县双风水库，是一个较好的银鲫品种。方正银鲫背部为黑灰色，体侧和腹部深银白色，最大个体重1.5千克，一般在0.5～1千克。

彭泽鲫是由江西省水产科技人员选育出的一个优良鲫鱼品种，肉味鲜美，含肉率高，营养丰富。彭泽鲫体形丰满，易运输，易暂养，易上钩，是一种生产和游钓可兼发展的鱼类。

淇河鲫因产于河南省北部一条东西流向的山区性河流淇河而得名。淇河常年不结冰，1—2月水温仍在10 ℃以上，淇河河床两岸水草丛生。优良的生态环境，为淇河鲫的生长、繁殖创造了良好条件。淇河鲫肉嫩味美，据古籍记载，淇河鲫和香稻米、丝蛋一起，是当地的三大贡品。

除上述几种经济价值较高的优良鲫鱼外，还有江苏省六合县的龙池鲫鱼、产于内蒙古海拉尔地区的海拉尔银鲫等。它们的共同特点是个体大、肉嫩、味道鲜美，均深受当地群众所喜爱。

营养：鲫鱼含有丰富的营养成分，如常食，益体补人。鲫鱼含有蛋白质、脂肪、糖类、无机盐、维生素A、B族维生素、尼克酸等。据测定，每100克黑鲫鱼中，含蛋白质高达20克（仅次于对虾），含脂肪7克。鲫鱼所含的蛋白质质优、氨基酸种类较全面，易于消化吸收。鲫鱼含有少量的脂肪，多由不饱和脂肪酸组成。鲫鱼和其他淡水鱼比较，含糖量较高，多由多糖组成。鲫鱼含有丰富的微量元素，尤其钙、磷、钾、镁含量较高。鲫鱼的头含有丰富的卵磷脂。

鲫鱼肉质细嫩，肉味甜美，营养价值很高。其性味甘、平、温，入胃、肾，具有和中补虚、除湿利水、补虚羸、温胃进食、补中生气之功效。尤其是活鲫鱼汆汤在通乳方面有其他药物不可比拟的作用。鲫鱼汆冬瓜、鲫鱼熬萝卜，不仅味道鲜美，而且可以祛病益寿。医学认为，鲫鱼能利水消肿、益气健脾、解毒、下乳，适用于脾胃虚弱、少食乏力、呕吐或腹泻、脾虚水肿、小便不利、气血虚弱、乳汁不通、便血、痔疮出血、臃肿、溃疡等。

烹调应用：用鲫鱼制作菜肴一般为整条使用，且最适合制汤，以体现其鲜美滋味，如奶汤鲫鱼、萝卜丝鲫鱼汤等。也可用烧、酥等烹调方法制作干烧鲫鱼、酥鲫鱼等。

干烧鲫鱼：将鲫鱼宰杀，去鳞，去鳃，去内脏，清水洗净，在鱼身两面各斜划3～5刀，刀深约3毫米，并在鱼身上涂抹酱油。炒锅上火，下油烧至八成热，将鲫鱼放入煎至两面呈金黄色，倒入漏勺沥油。原锅留油少许坐火上，下肉末、葱花、姜末，泡椒末炒出香味，加豆瓣酱，煸炒出红油，再放进酒酿炒散，然后加绍酒、白糖，用小火焖烧5～6分钟，至鲫鱼熟透，加味精、葱花，用旺火收紧卤汁，下湿淀粉勾芡，浇上烧热的熟猪油，起锅前淋少许醋和麻油即成。干烧鲫鱼

图8.7　干烧鲫鱼

如图8.7所示。

8.2.7 鳜鱼

别名：桂鱼、鳌花鱼。

产地：各大江河、湖泊、水库均产，长江流域的湖北、江西、安徽等省产量较多，著名产地有湖北省监利县、洪湖市和邵阳湖、新安江水库、黑龙江、松花江等。

营养：鳜鱼蛋白质的含量比鲫鱼、武昌鱼、鲢鱼、鲤鱼、草鱼、黑鱼等淡水鱼的含量高，脂肪的含量在淡水鱼中仅次于河鳗和武昌鱼。鳜鱼还含有较多维生素A和尼克酸，还有维生素E、硫胺素、核黄素等，且含有钙、磷、铁、锌、铜、锰等。鳜鱼的营养价值比鲫鱼、鲤鱼、鲢鱼的营养价值高。鳜鱼肉质细嫩，极易消化，对儿童、老人，以及体弱、脾胃消化功能不佳的人来说，吃鳜鱼既能补虚，又不必担心消化困难。因为鳜鱼每到春天为最肥美，所以被称为“春令时鲜”。

中医认为，鳜鱼味甘、性平、无毒，归脾、胃经，具有补气血、益脾胃的滋补功效。同时，吃鳜鱼有“痨虫”的作用，即有利于肺结核病人的康复。

烹调应用：鳜鱼常用作高档宴席的大菜，多为整条使用，大者也可加工成块、片等。烹饪方法多用清蒸、奶汤、红烧等以突出其鲜美味道，也可用于其他风味，如糖醋味，以此制作的菜肴有清蒸鳜鱼、奶汤鳜鱼、干蒸鳜鱼、松鼠鳜鱼、宋嫂鱼羹等。因为鳜鱼硬棘有毒，被刺后会引起剧烈肿痛，所以初加工时要注意。

松鼠鳜鱼：将鳜鱼去鳞、鳃、鳍、内脏，去掉头上的皮衣，洗净，把鱼头斩下，摊开、拍扁。用刀把鱼背部的鱼骨切掉（不要把鱼腹切破），在尾巴处留约1寸（3.3厘米左右）的脊骨。鳜鱼去骨后，皮朝下摊开，用斜刀切成花刀，刀深达肉的4/5，不要切破鱼皮，在尾巴处开一个口，将尾巴从刀口中拉出。在鱼身上撒上食盐、胡椒粉、料酒、湿淀粉（少许）涂匀。炒锅上火，烧热后倒入植物油。油热至七成，将鳜鱼蘸少许淀粉放油锅中炸数分钟，再将鱼头蘸上淀粉，放入油锅中炸，炸至呈金黄色捞出，将有花刀的一面朝上摆在鱼盘中，装上鱼头。将松子放在油锅中，待炸熟后捞出，放小碗中。炒锅中留少许油，放入少许清汤，加食盐、糖、番茄酱、食醋，烧沸后，用湿淀粉勾芡，加入热油少许推匀，出锅浇在鱼肉上，撒上松子即可。松鼠鳜鱼如图8.8所示。

图8.8　松鼠鳜鱼

8.2.8 黑鱼

别名：乌鱼、生鱼、财鱼、蛇鱼、火头鱼等。

黑鱼也叫孝鱼，这是因为鱼妈妈每次生鱼宝宝的时候，都会失明一段时间。这段时间，鱼妈妈不能觅食，也许是出于母子天性，鱼宝宝们好像一生下来就知道鱼妈妈是为了它们才看不见，如果没有东西吃会饿死的，所以争相游进鱼妈妈的嘴里，直到鱼妈妈复明的时候，她的孩子已经所剩无几了。传说，鱼妈妈会绕着它们住的地方一圈一圈地游，似乎是在祭奠它的孩子。所以后来人们叫黑鱼为孝鱼。

产地：黑鱼分布于热带的非洲及亚洲等地的淡水流域。我国除西北地区陕西合阳洽川的黄河湾湿地较多外，西北其他地区极少分布。银川黄河流域近几年黑鱼泛滥，各地有信佛者用黑鱼放生，因而在陕西的部分水库中有黑鱼放生点，西安的沣河流域黑鱼也很多见，各地的淡水江河、湖泊、沟塘、池沼中均产。

营养：黑鱼蛋白质含量较高，脂肪含量较少，含钙量高于其他鱼的含量，还含有多种维生素和无机盐。黑鱼含有瓜氨酸、丝氨酸、蛋氨酸等10多种游离氨基酸。黑鱼肉蛋白质组织结构松软，容易被人体消化吸收，是儿童、老年体弱者适宜的食品。黑鱼肉中含蛋白质、脂肪、多种氨基酸等，还含有人体必需的钙、磷、铁及多种维生素，适用于身体虚弱、低蛋白血症、脾胃气虚、营养不良、贫血之人食用。西广一带民间常视黑鱼为珍贵补品，用以催乳、补血。

黑鱼有祛风治疳、补脾益气、利水消肿之效，因此三北地区常有产妇、风湿病患者、小儿疳病者觅黑鱼食之，作为一种辅助食疗法。食黑鱼可以补充氨基酸，对增强机体抗病能力有着十分重要的意义。黑鱼与生姜红枣煮食对治疗肺结核有辅助作用。黑鱼与红糖炖服可治肾炎。

烹调应用：黑鱼在烹调中一般都要经刀工处理，出肉后切片、丝、丁、条、蓉、泥均可。黑鱼特别易于花刀造型，也可切段用，制作红烧黑鱼或制汤。在风味上多用咸鲜，以突出原料本身的鲜美滋味，如江苏名菜将军过桥，为一鱼两吃，鱼肉做菜，鱼骨架制汤。黑鱼肉质结实不宜散碎，较易成形，可制作炒鱼片、炒鱼丝、爆鱼丁等菜肴，还可制作其他菜肴，如黑鱼丝薄饼、玉带黑鱼卷、汤卤黑鱼、豉油黑鱼、醋椒黑鱼汤、翡翠米汤鱼、红糟鱼丝、酸菜黑鱼、干烧黑鱼、清蒸黑鱼、清炖黑鱼、蒜煨黑鱼等。

图8.9 酸菜鱼

酸菜鱼：鲜鱼经剖杀，去鳞、鳍、鳃和内脏洗净，用刀片下两扇鱼肉，另将鱼头劈开，鱼骨斩成1.5厘米大小的块；泡青菜稍洗，切成短节；蒜剥成瓣洗净；姜洗净切成片；泡红辣椒碾成细末。锅置火上，下油烧至五成热时，放蒜瓣、姜片、花椒粒爆出香味，再下泡青菜煸炒后，掺鲜汤烧沸，下鱼头、鱼骨块用猛火熬煮，打尽浮沫，烹入料酒，下川盐、胡椒粉调味后，继续熬煮。鱼肉斜刀片成厚3毫米的带皮鱼片，入碗，用川盐、料酒、味精码味，再将鸡蛋破壳，倒入蛋清，拌匀，在鱼片上裹一层蛋清，将鱼片逐渐抖散，放入熬煮的鱼汤锅内。另锅置火上，下油烧至五成热时，下泡辣椒末煸炒出香味后，迅即倒入汤锅内煮几分钟至鱼片断生，下味精提味增鲜，起锅倒入汤碗内即成。酸菜鱼如图8.9所示。

炒鱼片：将鱼肉斜刀切片，放入碗中，用盐、料酒略腌备用。将番茄酱、醋、白糖、酱油、水淀粉加适量清水调成味汁。锅置火上，放油烧至六成热，将鱼片裹上味汁，逐

片放入锅中，炸至金黄色捞出沥油。原锅留底油加热，放入葱末、姜末、蒜末煸炒出香味，加入剩余的味汁烧开，倒入鱼片，翻炒均匀即可。炒鱼片如图8.10所示。

图8.10　炒鱼片

8.2.9　鳊鱼

别名：武昌鱼、长身鳊、鳊花、油鳊；古名槎头鳊、缩项鳊。

产地：鳊鱼主产于长江中下游，以湖北为最多，多产于5—8月。

营养：鳊鱼性温，味甘；具有补虚、益脾、养血、祛风、健胃之功效；可以预防贫血症、低血糖、高血压和动脉血管硬化等疾病。

烹调应用：鳊鱼适合多种烹调方法及多种口味，但以清蒸最能保持原汁原味，也可红烧，可制作名菜清蒸武昌鱼、海参武昌鱼等。

清蒸武昌鱼：将武昌鱼洗净，在鱼身两面剞上兰草花刀。炒锅置旺火上，下入清水烧沸，将打有花刀的武昌鱼下沸水锅中烫一下，立即捞出入清水盆内，刮尽鱼鳞，洗净沥干水分。用精盐、黄酒、味精抹在鱼身上腌制入味。将香菇、冬笋、熟火腿分别切成柏叶片。将香菇片、冬笋片、火腿片均放入汤锅内稍烫捞出，间接摆放在鱼身上，呈白、褐、红相间的花边。葱结、姜片也放在鱼身上，淋上鸡汤、熟猪油。将加工好的整鱼连盘入笼以旺火蒸，蒸至鱼眼凸出、肉质松软时取出，拣去姜片、葱结，淋上熟鸡油，撒上白胡椒粉，连同调好的酱油、香醋、姜丝的小味碟上席即成。清蒸武昌鱼如图8.11所示。

图8.11　清蒸武昌鱼

8.2.10　银鱼

别名：面丈鱼、炮仗鱼、帅鱼、面条鱼、冰鱼、玻璃鱼。

产地：银鱼是可以生活在近海的淡水鱼，具有海洋至江河洄游的习性。分布于山东至浙江沿海地区，尤以寿县瓦埠湖、鄱阳湖、巢湖、太湖、安徽明光市的女山湖、安徽宿松县下仓的大官湖、四川雷波县的马湖乃至长江口崇明等地为多。我国的太湖、西湖、马湖是三大银鱼盛产湖，少数种类分布到朝鲜、日本及俄罗斯远东库页岛地区。近年来，北方各渔业部门加大对银鱼生产的重视力度，采取措施从太湖引进银鱼，如河北各大水库均有，其中邯郸磁县岳城水库有优质银鱼。

营养：中医认为，银鱼味甘、性平，归脾、胃经，有润肺止咳、善补脾胃、利水等功效，可治脾胃虚弱、肺虚咳嗽、虚劳诸疾。尤其适合体质虚弱，营养不足，消化不良者食用。另外，银鱼属一种高蛋白低脂肪食品，对高脂血症患者食之亦宜。据现代营养学分析认

图8.12 银鱼炖蛋

为，银鱼不去鳍、骨，属“整体性食物”，营养全，有利于提高人体的免疫力。

烹调应用：银鱼适合炸、炒、涮、氽汤等多种烹调方法及多种口味，但多以突出其本身清鲜的咸鲜味较多。一般因体形较小可整条使用，不需要刀工处理。可制作名菜雪丽银鱼、干炸银鱼、银鱼炖蛋等，银鱼也可制成鱼干。

银鱼炖蛋：鸡蛋加清汤、盐、味精、姜汁、料酒打匀。将银鱼、蛤蜊洗净，加盐、料酒腌制5分钟，焯水。将鸡蛋液倒入蒸碗中，放银鱼、蛤蜊，上笼小汽蒸25分钟，蛋液凝固后撒葱花即可。银鱼炖蛋如图8.12所示。

8.2.11 鳝鱼

别名：黄鳝、罗鳝、蛇鱼、白鳝、血鳝、常鱼、长鱼。

产地：鳝鱼广泛分布于全国各地的湖泊、河流、水库、池沼、沟渠等水体中。除西北高原地区外，各地区均产鳝鱼，特别是珠江流域和长江流域，更是盛产鳝鱼的地区。鳝鱼在国外主要分布于泰国、印度尼西亚、菲律宾等地。

营养：鳝鱼不仅为席上佳肴，其肉、血、头、皮均有一定的药用价值。据《本草纲目》记载，鳝鱼具有补血、补气、消炎、消毒、除风湿等功效。鳝鱼肉性味甘、温，有补中益血、治虚损之功效，民间用以入药，可治疗虚劳咳嗽、湿热身痒、痔瘘、肠风痔漏、耳聋等症。鳝鱼头煅灰，空腹温酒送服，能治妇女乳核硬痛。其骨入药，兼治臁疮，疗效颇显著。其血滴入耳中，能治慢性化脓性中耳炎；滴入鼻中可治鼻衄（鼻出血）；外用时能治口眼歪斜，颜面神经麻痹。有人说“鳝鱼是眼药”，过去患眼疾的人都知道吃鳝鱼有好处。常吃鳝鱼有很强的补益功能，特别对身体虚弱、病后及产后之人更为明显。它的血还可以治疗口眼歪斜。我国医学认为，鳝鱼具有补气养血、温阳健脾、滋补肝肾、祛风通络等医疗保健功能。

烹调应用：鳝鱼加工成段，适合烧、焖、炖等烹调方法；鳝鱼取肉后可加工成丝、条等状，适合爆、炒、炸、熘等多种烹饪方法。鳝鱼可用于制作江苏名菜大烧马鞍桥、炒软兜、炖生敲等。

大烧马鞍桥：蒜瓣剥去蒜衣，洗净；葱洗净，挽结；姜洗净，切片；青蒜择洗干净，切成丝。将鳝鱼宰杀，去内脏，洗净，切成4.5厘米长的段，每段剞2～3刀。取锅置旺火，舀入清水，加精盐、香醋烧沸，放入鳝段略烫，沸后捞出洗净。将猪肉洗净，切成长约4.5厘米的长方形厚片，待用。炒锅置旺火上烧热，舀入熟猪油，烧至五成热，放入葱结、姜片，再倒入猪肉片，煸炒至肉片变色时加入酱油和清

图8.13 大烧马鞍桥

水，盖上锅盖，烧沸后，用小火焖约30分钟。另取炒锅置旺火上，舀入熟猪油，烧至五成热，放入蒜瓣略炸，锅离火，焖约3分钟；再置旺火上，捞出蒜瓣，放入葱结、姜片，投入鳝鱼段翻炒几下，加入香醋、酱油、精盐、料酒、糖色和清水，烧沸后端离火口。将肉片、鳝段一同下入带有竹算的砂锅中，倒入肉汤和鳝鱼卤汁，加入白糖，盖上锅盖，置旺火上烧沸后，改用小火焖约15分钟，再用旺火收浓汤汁。用水淀粉勾芡，淋上香油，撒上胡椒粉（宜用白胡椒粉）、青蒜丝即成。大烧马鞍桥如图8.13所示。

炒软兜：黄鳝处理干净划成鳝丝，葱、姜、蒜切末备用。热锅上油，油热后，放入姜、葱白和2/3的蒜末煸香。倒入鳝丝，一边翻炒一边沿锅淋1大勺料酒，再加入1勺生抽、1勺老抽，1/2小勺白糖翻匀。调匀用1勺淀粉、2勺清水、少许盐和胡椒粉制成的淀粉糊，翻炒均匀，待汁水收干时起锅装盘。在炒好的鳝丝上撒上剩下的蒜末和小葱。另取油锅，把油烧到微微冒烟后浇在蒜末上即可。炒软兜如图8.14所示。

图8.14　炒软兜

8.2.12　泥鳅

品种：泥鳅体为长圆柱形，尾部侧扁，口下位，呈马蹄形。口须5对，上颌3对，较大，下颌2对，1大1小。尾鳍圆形，鳞片细小，埋于皮下。体背及背侧灰黑色，并有黑色小斑点。体侧下半部白色或浅黄色，尾柄基部上方有一黑色大斑。体表黏液较多，头部尖，吻部向前突出，眼和口较小。

大鳞副泥鳅分布于长江中下游及其附属水体，体形酷似泥鳅。须5对，眼被皮膜覆盖,无眼下刺，鳞片大，埋于皮下，尾柄处皮褶棱发达，与尾鳍相连，尾柄长与高约相等，尾鳍圆形，肛门近臀鳍起点。

中华沙鳅分布于长江中上游，又称钢鳅。吻长而尖，须3对，眼下刺分叉，末端超过眼后缘，颊部无鳞，肛门靠近臀鳍起点，尾柄较低。栖居于砂石底河段的缓水区，常在底层活动。

产地：泥鳅在中国除西藏林芝地区外，全国各地河川、沟渠、水田、池塘、湖泊及水库等天然淡水水域中均有分布，尤其在长江和珠江流域中下游分布极广，在中国西部的伊犁河里的种群也在不断地扩大。在赣江的支流袁河流域、江西萍乡等地，泥鳅的人工养殖随着市场的需求量不断增加，养殖规模也在不断扩大，全国也大体呈现这种趋势。泥鳅群体数量大，是一种小型淡水经济鱼类。

营养：中医认为，泥鳅味甘、性平，具有补中益气、祛邪除湿、养肾生精、祛毒化痔、消渴利尿、保肝护肝的功能，还可治疗皮肤瘙痒、水肿、肝炎、早泄、黄疸、痔疮等症。《医学入门》中称它能补中、止泻。《本草纲目》中记载泥鳅有暖中益气之功效，对解渴醒酒、利小便、壮阳、化痔都有一定药效。

烹调应用：泥鳅可整条应用，也可加工成段、片、丁等。泥鳅最宜烧、煮、制汤，也可用炸、熘、炖等烹饪方法。口味多以咸鲜为主，可制作干炸泥鳅、腊肉炖泥鳅、糟熘泥鳅等菜肴。

图8.15　干炸泥鳅

干炸泥鳅：将泥鳅养在清水盆中，多次换水，让泥鳅吐净泥水。捞出泥鳅，在盆中加少许盐、料酒和几片生姜，煨0.5～1小时，让调料的味道进入泥鳅。将泥鳅沥干，打散鸡蛋，将面粉、盐加入鸡蛋液中拌匀备用，准备一些面包糠。锅里热油，将泥鳅一只只夹起，在鸡蛋液里拖一下，再裹上一层面包糠，扔到油锅里，炸一两分钟即可。全部炸好以后，再放入锅回炸1分钟，装盘后撒上葱花即可。干炸泥鳅如图8.15所示。

任务3　海产鱼

8.3.1　大黄鱼

别名：黄鱼、大王鱼、大鲜、大黄花鱼、红瓜、金龙、黄金龙、桂花黄鱼、大仲、红口、石首鱼、石头鱼、黄瓜鱼。

产地：大黄鱼是中国四大海产之一。大黄鱼分布于黄海中部以南至琼州海峡以东的中国大陆近海及朝鲜西海岸，雷州半岛以西也偶有发现。中国沿海的大黄鱼可分为3个种群。

①东海北部、中部群，分布于黄海南部至东海中部，包括吕泗洋、岱衢洋、猫头洋、洞头洋至福建嵛山岛附近。②闽、粤东群，主要分布在东海南部、南海北部等地。③粤西群，主要分布于珠江口以西至琼州海峡的南海区。

营养：大黄鱼含有丰富的蛋白质、微量元素和维生素，对人体有很好的补益作用，对体质虚弱和中老年人来说，食用大黄鱼具有很好的食疗效果。大黄鱼不仅肉质肥厚、脆嫩、味道鲜美，还易于消化吸收，大黄鱼的鳔、肉、胆均可治疗疾病。《本草纲目》中记载，大黄鱼味甘、性平，有明目、安神、益气、健脾开胃等功效。现代营养学研究也发现，大黄鱼的蛋白质含量较高，并富含脂肪、钙、磷、铁、碘等，具有较高的药用价值。

烹调应用：大黄鱼适合清蒸、清炖、干炸、炸熘、红烧、锅塌等多种烹饪方法。一般整条使用，刀工成型也可切块、条，也可经花刀处理加热后形成多种形状。大黄鱼可制作多种口味的菜肴，如家常熬黄花鱼、锅塌黄鱼、蛙式黄鱼，还有各种花色工艺菜如松鼠黄鱼、糖醋棒子鱼等，也可出肉作羹，如黄鱼海参羹。

图8.16　常熬黄花鱼

常熬黄花鱼：将活黄花鱼刮去鳞，掏净内脏及鳃，洗净，在鱼身两面剖上斜直刀，用精盐腌渍。猪肥瘦肉切丝、青菜切段。炒锅内加花生油，中火烧至六成热（约150℃），用葱段、姜片煸炒几下，倒入肉丝煸至断血，放入绍酒、醋，加入酱油、清汤、精盐烧至沸。将鱼入锅内小火熬炖20分钟，撒上青菜、青蒜，淋上芝麻油盛汤盘内即成。常熬黄花鱼如图8.16所示。

8.3.2 小黄鱼

别名：小鲜、大眼、花色、小黄瓜、古鱼、黄鳞鱼、小春色、金龙、厚鳞仔，也叫“小黄花”。

产地：小黄鱼是中国的四大海产之一。小黄鱼体小，鳞片大，嘴尖。小黄鱼主要分布在渤海、黄海和东海，如青岛、烟台、渤海湾、辽东湾和舟山群岛等渔场，以青岛产的数量最多。各渔场捕捞期不同，渤海为5—6月，秋汛9月；浙江舟山渔场为3—4月，9—11月；江苏吕泗渔场为5—6月，9—10月。

大黄鱼和小黄鱼的区别：大黄鱼和小黄鱼的外形很相似，但大黄鱼个头比小黄鱼大，其尾柄的长度为尾柄高度的3倍多，臀鳍的第二鳍棘等于或大于眼径，鳞较小、组织紧密，背鳍与侧线间有鳞片8～9个，头大，口斜裂，头部眼睛较大。小黄鱼体背较高，鳞片圆大，尾柄粗短，口宽上翘，眼睛较小。

营养：小黄鱼含有丰富的蛋白质、矿物质和维生素，对人体有很好的滋补作用，对体质虚弱和中老年人来说，食用小黄鱼会收到很好的食疗效果。小黄鱼含有丰富的微量元素硒，能清除人体代谢产生的自由基，能延缓衰老，并对各种癌症有防治功效。

烹调应用：小黄鱼适合烧、煎、炸、糖醋等烹调方法。黄鱼的肉质鲜嫩，适合清蒸，如果用油煎的话，油量需多一些，以免将黄鱼肉煎散，煎的时间也不宜过长，烧黄鱼时，揭去头皮，就可除去异味。

8.3.3 带鱼

别名：刀鱼、裙带、肥带、油带、牙带鱼。

产地：带鱼分布比较广，主要分布于西太平洋和印度洋，中国沿海地区也有分布。

中国沿海的带鱼可以分为南、北两大类。北方带鱼个体较南方带鱼大，在黄海南部越冬，春天游向渤海，形成春季鱼汛，秋天结群返回越冬地形成秋季鱼汛。南方带鱼每年沿东海西部边缘随季节不同做南北向移动，春季向北做生殖洄游，冬季向南做越冬洄游，东海带鱼有春汛和冬汛之分。

营养：带鱼富含脂肪、蛋白质、维生素A、不饱和脂肪酸、磷、钙、铁、碘等多种营养成分。带鱼性温、味甘，具有暖胃、泽肤、补气、养血、健美以及强心补肾、舒筋活血、消炎化痰、清脑止泻、消除疲劳、提精养神之功效。

带鱼富含人体必需的多种矿物元素以及多种维生素，是老人、儿童、孕产妇的理想滋补食品，尤其适宜气短乏力、久病体虚、血虚头晕、食少羸瘦、营养不良及皮肤干燥者食用。此外，孕妇吃带鱼有利于胎儿脑组织发育；少儿多吃带鱼有益于提高智力；老人多吃带鱼则可以延缓大脑萎缩、预防老年痴呆；女性多吃带鱼，能使肌肤光滑润泽，长发乌黑，面容更加靓丽。

图8.17　红烧带鱼

烹调应用：带鱼适合鲜食，多用炸、炖、蒸、煎、烧等烹饪方法。带鱼不整条使用，一般刀工成型为块、段等。在口味上以咸鲜为主，以突出带鱼本身的鲜美滋味。用带鱼制作的名菜有清蒸带鱼、炸带鱼、红烧带鱼、煎带鱼等。

红烧带鱼：将带鱼切成5厘米长的段，加入1/3汤匙盐、1汤匙料酒、1汤匙酱油和1/2汤匙生粉抓匀，腌制15分钟。姜切片，蒜剁成蓉，葱切段。取一空碗，放入1/3汤匙盐、1汤匙料酒、1/3汤匙白糖、1/2汤匙生粉、1汤匙酱油和1/2杯清水，与葱段、姜片和蒜蓉一起拌匀制成酱汁。鸡蛋打入碗内，搅打均匀成蛋液待用。大葱去头尾，切成段后再切丝。烧热锅内1碗油，先给带鱼裹上一层蛋液，再放入锅内煎至双面呈金黄色，盛起沥干油。倒入锅内余油，爆香大葱，倒入带鱼和调好的酱汁，以大火烧开改小火焖煮5分钟，待汤汁呈浓稠状，便可盛盘。红烧带鱼如图8.17所示。

8.3.4　鲳鱼

别名：镜鱼、鮀鱼、昌侯龟、昌鼠、狗瞌睡鱼、鲳鳊、平鱼白昌、叉片鱼。

产地：鲳鱼主要分布在中国沿海、日本中部、朝鲜和印度东部。

营养：鲳鱼含有丰富的不饱和脂肪酸，具有降低胆固醇的功效。鲳鱼还含有丰富的微量元素硒和镁，对冠状动脉硬化等心血管疾病有预防作用，并能延缓机体衰老，预防癌症的发生。鲳鱼具有益气养血、补胃益精、滑利关节、柔筋利骨之功效，对消化不良、脾虚泄泻、贫血、筋骨酸痛等很有效。鲳鱼还可用于小儿久病体虚、气血不足、倦怠乏力、食欲不振等症。

鲳鱼忌用动物油炸制，不要和羊肉同食。鲳鱼腹中的鱼籽有毒，能引发痢疾。

烹调应用：鲳鱼在烹饪中刀工成型较少，多为整条使用。鲳鱼适宜清蒸、炖、干烧、焖、煎等烹调方法。其口味以本身鲜味为主的咸鲜味居多，也有酱味、辣味等，著名的菜肴有清蒸鲳鱼、干烧鲳鱼、酱焖鲳鱼等。

清蒸鲳鱼：将鲳鱼洗净，将锅烧热，放油20克，烧至五成热，投入切成丝的洋葱，煸出香味，带油盛出。先将鲳鱼放入盆器中，加黄酒、盐、酱油、葱结、姜等，再将洋葱连油浇上，然后将鲳鱼连容器放锅中或上蒸笼蒸20分钟左右，鱼熟取出。清蒸鲳鱼如图8.18所示。

图8.18　清蒸鲳鱼

8.3.5　鲈鱼

别名：花鲈、七星鲈、鲈鲛、寨花、鲈板、四肋鱼。

产地：鲈鱼主要分布于中国、朝鲜及日本的近岸浅海，中国沿海也有分布。鲈鱼喜栖息于河口，也可上溯至江河淡水区，国内以舟山群岛、胶东半岛海域产量较多。鲈鱼为经济鱼类之一，也是发展海水养殖的品种。

营养：鲈鱼含蛋白质、脂肪、碳水化合物等营养成分，还含有维生素B_2、烟酸和微量的维生素B_1、磷、铁等物质。鲈鱼能补肝肾、健脾胃、化痰止咳，对肝肾不足的人有很好的补益作用，还可以治胎动不安、产后少乳等症。准妈妈和产后妇女吃鲈鱼，既可补身，又不会因营养过剩而导致肥胖。另外，鲈鱼血中含有较多的铜元素，铜是维持人体神经系统正常功能发挥并参与多种物质代谢的不可缺少的元素。

烹调应用：鲈鱼适合清蒸、红烧、炸、炒、锅塌等多种烹调方法。除整条使用外，鱼肉还可加工成片、丝、蓉、泥及花刀等。在口味上也适合多种调味，著名菜肴有两吃鱼、松仁鱼米、软熘鲈鱼片、清蒸鲈鱼、香滑鲈鱼球、锅塌鱼片、菊花鲈鱼。

清蒸鲈鱼：将鲈鱼宰好，除内脏，洗净，用盐、生姜丝、花生油浇入鲈鱼肚内。将2～3条葱放在碟底，葱上放鲈鱼。再用猪肉丝、冬菇丝、姜丝和（少许）热盐、酱油、地栗粉搅匀，涂在鱼身上，隔水猛火蒸10分钟，熟后取出一半原汁，加生葱丝及胡椒粉放于鱼上，再烧滚猪油淋上，略加适量酱酒即好。清蒸鲈鱼如图8.19所示。

图8.19 清蒸鲈鱼

8.3.6 沙丁鱼

别名：沙甸鱼、萨丁鱼、鳁和鰯。

产地：中国东南沿海拥有丰富的沙丁鱼类资源。沙丁鱼主要摄食浮游生物和硅藻等，因鱼种、海区和季节而异。金色小沙丁鱼一般不做远距离洄游，秋、冬季成鱼栖息于70～80米以外深水，春季向近岸做生殖洄游。

营养：沙丁鱼具有惊人的营养价值。沙丁鱼富含磷脂、蛋白质和钙。这种特殊的脂肪酸可以减少甘油三酸酯的产生，并具有逐渐降低血压和减缓动脉粥样硬化速度的神奇作用。孕妇在妊娠期可多吃沙丁鱼，因为沙丁鱼富含磷脂，对胎儿的大脑发育具有促进作用。除了磷脂，沙丁鱼还含有大量钙质，尤其是鱼骨中。罐装沙丁鱼的鱼骨很松软，可以安全食用。我们的身体需要足够的矿物质，沙丁鱼也因其丰富的含钙量适合于不同年龄层的人。人们可以通过食用煮熟沙丁鱼来吸收钙。

图8.20 椒盐沙丁鱼

烹调应用：沙丁鱼肉味鲜美，适合炸制，也可做汤。此外，沙丁鱼还是制作罐头食品的优良原料。

椒盐沙丁鱼：将沙丁鱼处理干净，腌制入味，沙丁鱼拍粉。用六七成热油将沙丁鱼炸至金黄色。炒香配料，再加沙丁鱼炒匀即可。椒盐沙丁鱼如图8.20所示。

任务4　其他水产品

8.4.1　虾类

1）对虾

别名：中国对虾、中国明对虾、斑节虾。

产地：我国黄海、渤海、辽宁、河北、山东及天津沿海是对虾的重要产地。

营养：对虾中含有丰富的镁，镁对心脏活动具有重要的调节作用，能很好地保护心血管系统。镁可减少血液中胆固醇含量，防止动脉硬化，同时还能扩张冠状动脉，有利于预防高血压及心肌梗死。对虾的通乳作用较强，并且富含磷、钙，对小儿、孕妇尤有补益功效。对虾体内很重要的一种物质就是虾青素，即表面红颜色的成分，虾青素是目前发现的最强的一种抗氧化剂，颜色越深说明虾青素含量越高。虾青素广泛应用于化妆品、食品，以及药品中。日本大阪大学的科学家发现，虾体内的虾青素有助于消除因时差反应而产生的"时差症"。

中医认为，海水虾性温湿、味甘咸，入肾、脾经。虾肉具有补肾壮阳、通乳抗毒、养血固精、化瘀解毒、益气滋阴、通络止痛、开胃化痰等功效，适宜于肾虚阳痿、遗精早泄、乳汁不通、筋骨疼痛、手足抽搐、全身瘙痒、皮肤溃疡、身体虚弱和神经衰弱等病人食用。

烹调应用：整只对虾的烹调方法有红烧、油炸、甜烤，加工成片、段后，可熘、炒、烤、煮汤，可制成蓉、泥，也可制虾饺、虾丸，还可制作糖醋大虾、烹虾段、炸雪丽凤尾虾、三吃大虾等。色发红、身软、掉脱的虾不新鲜尽量不吃；腐败变质虾不可食；虾背上的虾线应挑去不吃。

凤尾虾：将葱去葱叶、根须，葱白洗净，切成宽约0.3厘米长的段。将虾去头、壳，留尾壳，放水中洗去红筋，当虾肉洁白时，取出沥干水，放入碗内。加入鸡蛋清、精盐少许、干淀粉，搅拌均匀。将锅置旺火上烧热，舀入熟鸭油，烧至五成热。放入虾，用手勺不断推动，待虾肉呈白色，尾壳变鲜红色时，倒入漏勺沥油。将锅刷净后置旺火上，加色拉油，放入葱段、豌豆翻炒几下。舀入鸡清汤，加精盐少许、黄酒、味精，用水淀粉勾芡并用手勺轻轻搅动。烧成乳白汁后，将虾仁倒入，一边翻锅，一边淋入色拉油即可，再颠几下锅，盛入盘内。凤尾虾如图8.21所示。

图8.21　凤尾虾

2）龙虾

别名：大虾、龙头虾、虾魁、海虾。

产地：龙虾分布于世界各大洲，品种繁多，一般栖息于温暖海洋的近海海底或岸边。中国产的龙虾至少有8种，其中，主要品种有：中国龙虾，呈橄榄色，产于广东沿海一带，体形较大，产量也较大；波纹龙虾，色形均似中国龙虾，产于南海近岸区；密毛龙虾，色形均同上两种，产于海南岛和西沙群岛；锦绣龙虾，有美丽的五彩花纹，最大可重达4～5千克，产于浙江舟山群岛一带，产量不多。此外，还有日本龙虾、杂色龙虾、少刺龙虾、长足龙虾等，但产量都很少。美洲螯龙虾和挪威龙虾价值最高，常常以活龙虾的形式市售，可食部分为多肌肉的腹部和螯。真龙虾见于除极地外的所有海洋和较深的水域。

营养：水产品的营养素种类与含量都不亚于畜禽肉，而各种虾体内的营养成分几乎是一致的。各种虾体内都含有高蛋白、低脂肪，蛋白含量占总体的16%～20%，脂肪含量不到0.2%，而且所含的脂肪主要是由不饱和脂肪酸组成的，易于人体吸收。虾肉内锌、碘、硒等微量元素的含量要高于其他食品。龙虾肉的肌纤维细嫩，易于消化吸收。龙虾不仅肉洁白细嫩、味道鲜美、高蛋白、低脂肪、营养丰富，还有药用价值，能化痰止咳，促进手术后的伤口生肌愈合。

图8.22　上汤龙虾

烹调应用：龙虾在烹饪中一般可煮、蒸后剥食，或拆肉后烹饪，适合炸、炒、炸、熘等多种烹调方法，可制作生菜龙虾、上汤龙虾等。

上汤龙虾：在长形玻璃盘内加入油和蒜，大火加热2分钟。加入葱段，放入龙虾，排成一层，倒入鸡汤，用胶膜包好，覆上一角泄气。大火加热5分钟，加热中途拌龙虾一次并翻面。调好生粉水，拌入盘内。加入调味料，不用包盖，大火热1分钟。铲匀龙虾及汁液，供食。如欲装饰，可另煮龙虾头，盖在龙虾件上即可。上汤龙虾如图8.22所示。

3）青虾

产地：青虾分布在中国和日本，除中国西北的高原和沙漠地带外，其他无论哪个地区，只要有水资源就有它的存在。青虾在中国的分布极广，江苏、上海、浙江、福建、江西、广东、湖南、湖北、四川、河北、河南、山东等地均有分布。江苏泗阳、浙江德清是中国的“青虾之乡”。

图8.23　盐水虾

烹调应用：青虾在烹饪中一般整只使用，可制作盐水虾、油爆虾等。去头、壳后的完整的虾肉称为虾仁，可用来制作炒虾仁、炸虾仁、龙井虾仁等菜肴，也可用刀工切成蓉、泥后制作菜肴。青虾虾仁的干货制品称为虾米，其子可制作虾子。

盐水虾：剪去虾须、虾脚，洗净。锅内加1千克清水，下所有的调料烧沸，将虾放入，继续用大火煮至水再沸，撇去泡沫，煮约3分钟，见虾壳泛红，即可将虾连汤盛入汤碗内，待其自然冷却后，整齐地装盘。盐水虾如图8.23所示。

4）基围虾

品种：近缘新对虾体淡棕色，额角上缘6～9齿，下缘无齿，无中央沟，第一触角上鞭约为头胸甲技的1/2，腹部第1～6节背面具纵脊，其腹部游泳肢鲜红色、中央板呈台状。刀额新对虾最大体长可达19厘米。近岸浅海虾类具有杂食性强、广温、广盐和生长迅速、抗病害能力强等优点，而且能耐低氧，具有潜底习性。因壳薄体肥、肉嫩味美、能活体销售而深受消费者青睐，是"海虾淡养"的优良品种。

产地：基围虾主要分布于日本东海岸，在中国广泛分布于山东半岛以南沿岸水域。菲律宾、马来西亚、印度尼西亚及澳大利亚一带也有分布。

烹调应用：基围虾肥而鲜美，可制作白焯基围虾、火焰醉虾等。

8.4.2 蟹类

品种：

①按产地划分。

天津紫蟹：中华绒蟹的一种。天津紫蟹体小，仅有一颗大衣纽扣大小。揭开蟹盖，蟹黄呈猪肝紫色，煮熟后变成橘红色，味极鲜美。紫蟹都产在寒风凛冽的冬季，因此，常常用于什锦火锅。

辽宁兴城梭子蟹：肉色洁白，肉质细嫩，膏似凝脂，味道鲜美，为海蟹之上品。

微山湖醉蟹：为山东传统名食，已有200多年的历史。这种醉蟹用微山湖所产的鲜蟹及多种调料精制而成。渍好的醉蟹，仍栩栩如生，色、形仍如活蟹。揭开蟹盖，蟹肉雪白，蟹黄鲜红，入口酒香浓郁，鲜美异常，风味独特，是严冬宴席上的珍品。

莱州大蟹：此蟹是掖县的著名特产。因掖县古时是莱州府的所在地，因此，莱州大蟹之名流传至今。莱州大蟹的背面有3个隆起部分，前侧缘各有9个锯齿，最后1齿特别长，形似梭子，俗称"三疣梭子蟹"。这种蟹个大味鲜，肉质细嫩。最大的雌蟹可重达0.75千克。雌蟹的卵块、雄蟹的脂膏、螯里雪白粉嫩的肌肉以及大蟹后腿上的肉，吃起来更是鲜美可口，让人回味无穷。

阳澄湖大闸蟹：产于江苏苏州地区阳澄湖，是闻名国内外的中国名产。阳澄湖大闸蟹个大体肥，一般3只重500克，大者1只重250克以上，最大者可重达500克。阳澄湖大闸蟹青背白肚金爪黄毛，十肢矫健，蟹肉丰满，营养丰富。自古以来，阳澄湖大闸蟹令无数食客为之倾倒。有诗曰："不是阳澄蟹味好，此生何必住苏州！"

中庄醉蟹：此蟹为江苏兴化县的特产，历史悠久。因最早制作此蟹而又做得最好的为兴化县中堡庄一带，故人称"中庄醉蟹"。这种醉蟹，色如鲜蟹，放在盘中栩栩如生。其肉质细嫩，味道鲜美，且酒香浓郁，香中带甜，营养丰富。当地民间制作醉蟹的方法很多，但基本工艺大同小异。一般专业化生产多采取封缸浸泡法，要经选料、浸养、干放、去绒毛、灌料、封缸、装坛、封口等工序。人称"不见庐山空负目"，又说"不食醉蟹空负腹"。

屯溪醉蟹：此蟹是安徽屯溪地区的著名特产，已有140多年历史。屯溪醉蟹个体完整，

色泽青中泛黄，肉质细嫩，味极鲜美，酒香浓郁，回味甘甜，为宴上珍品。密封好的醉蟹，可保存两个月而不变质。

南湖蟹：产于浙江省的杭、嘉、湖水网地带，素以个体肥大、肉质鲜美而著称。这里的湖蟹，过去都是靠自然繁殖，每年汛期捕捉上市。现在已开始人工繁殖和放养，并取得了一定成果。

炎亭江蟹：此蟹是浙江平阳县炎亭的著名水产，素以个大味鲜而蜚声国内外市场。炎亭位于敖江出海处，是寒暖流交汇地，饵料丰富，是江蟹得天独厚的繁殖场所，故盛产江蟹。这里的江蟹，产量大，质量好，一般个重250~300克，大的有500多克，且体肥肉厚。

芷寮蟹：产于广东吴川县吴扬乡芷寮村，为蟹中上品，驰名中外。芷寮蟹之所以有名，主要是因为这种蟹肉质极其鲜美，并具有特有的“顶角膏”。打开芷寮蟹的蟹壳，可见一层蛋黄色的蟹膏覆盖在雪白的蟹肉上。煮熟后，蟹肉雪白，蟹膏金黄，入口鲜美嫩滑，回味无穷。秋后之蟹，不仅长得肥大，硬壳底下还会长出一层软壳，不仅蟹肉、蟹黄味美可口，那层软壳更脍炙人口，让人百吃不厌。

潮汕赤蟹：此蟹即潮汕膏蟹，学名锯缘青蟹，为广东潮汕的著名海产。膏蟹就是卵巢最丰满的雌蟹。已受精但卵巢不太饱满的雌蟹称“母”，略微饱满的叫“花蟹”。而雄蟹仅供炒用，与未受精的母蟹统称“肉蟹”。捕自海中的雌蟹，卵巢饱满的不多，要进行人工育肥，使之成为“膏蟹”。养殖好的膏蟹，腿粗肉满，膏满脂丰，清蒸之后，鲜美异常，营养价值甚高。

②按习性划分。

河蟹：学名中华绒螯蟹，属甲壳动物，分类学上隶属于节肢动物门，甲壳纲，方蟹科。河蟹在海水中繁殖，在淡水里生长，喜掘穴而居，常匿居于江河、湖池的岸边，或隐藏在石砾、水草丛中。杂食，偏喜动物性食物。感觉灵敏，行动迅速，能在地面迅速爬行，也能攀登高处，能在水中作短暂游泳。自古以来，河蟹为水产珍品，具有独特的风味，鲜美可口，营养丰富，其蛋白质、脂肪、碳水化合物含量极高，河蟹体内的维生素A和核黄素含量在食品中首屈一指。而维生素A是人体内一种不可缺少的物质，能促进生长、延寿，增强人体抵抗力，预防夜盲症。

石蟹：别名篾蟹、溪蟹，淡水和咸淡水产蟹类。石蟹，即溪蟹，旧称石蟹。栖息溪流旁或溪中石块下。近似种类繁多，中国已发现的有50多种。潮汕常见品种为细齿溪蟹和锯齿溪蟹，个体较小，头胸甲背面稍隆起，额部后方有一对隆块，其前面有皱纹或颗粒，腿窝后方下凹，隆线清晰，前侧缘有小锯齿。潮阳市的海门港、澄海区的莱芜湾、饶平县的黄冈河口等咸淡水区常有发现，尤以暴雨过后为多，渔民在近海时有捕获。石蟹经盐渍，加入酱油、辣椒、蒜头和味精调味，便可食用，为潮汕人喜爱的佐膳佳品。但石蟹是人类肺吸虫的中间宿主，为保障身体健康，食用前最好煮熟。

青蟹：学名锯缘青蟹，青蟹甲壳呈椭圆形，体扁平、无毛，头胸部发达，双螯强有力，后足形如棹，有据棹子之称。头胸甲宽约为长的1.5倍，背面隆起，光滑。头胸甲表面有明显的“H”形凹痕。前额具4个突出的三角形齿，齿的大小及间距大致相等。前侧缘具9个大小相对突出的三角形齿。螯脚光滑、不对称，右脚略大于左脚。掌节肿胀而光滑，背面具2条颗粒形隆脊，其末端各具1棘。前3对步脚无齿，指节的前、后缘具刷状短毛。青蟹又称黄甲蟹，也称蝤蛑，系甲壳纲，蝤蛑科，俗名蝤蛑虫寻，栖息于泥涂及近岸浅海中，平时随潮水进入泥涂，喜穴居于有淡水流出的地方。青蟹一年四季均产，但以每年农历八月初三到廿三这段时间为佳。青蟹壳坚如盾，脚爪圆壮，只只都是双层皮，民间有“八月蟚蜞抵只鸡”之说。著名诗人苏东坡曾作有“半壳含黄宜点酒，两螯斫雪劝加餐”的诗句。

花蟹：属远海梭子蟹。头胸甲宽约为长的2倍，梭形，表面具有粗糙的颗粒，雌性的颗粒较雄性显著。前额具4齿，中间1对额齿较短小，成体的较尖锐，幼体的较圆钝。前侧缘具9尖齿，末齿比前面各齿大得多，向两侧突出。螯脚左右大小不同，瘦长，雄性螯脚长度约等于头胸甲长的4倍，表面具花纹。雌雄体色有明显差异。雄性除在螯脚的可动指与不可动指及各步脚的前节、指节为深蓝色外，其余部位大都呈蓝绿色并布有浅蓝或白色斑驳。雌性头胸甲前部为深绿色，后部布有黄棕色斑驳。螯脚前节腹面淡橙色、延伸至可动指及不可动指基部，二指前端为深红色。步脚前节和指节淡橙色。

梭子蟹：因头胸甲呈梭子形，故名梭子蟹。因为梭子蟹甲壳的中央有3个突起，所以又称“三疣梭子蟹”。雄性脐尖而光滑，螯长大，壳面带青色；雌性脐圆有绒毛，壳面呈赭色，或有斑点。梭子蟹肉肥味美，具有较高的营养价值和经济价值，且适宜于海水暂养增肥。头胸甲梭形，宽几乎为长的2倍。头胸甲表面覆盖有细小的颗粒，具2条颗粒横向隆及3个疣状突起。额具2只锐齿。前侧缘具9只锐齿，末齿长刺状，向外突出。螯脚粗壮，长度较头胸甲宽长。长节棱柱形，雄性长节较修长，前缘具4锐棘。头胸甲为茶绿色。螯脚背部和步脚呈鲜蓝色并布有白色斑点。步脚和螯脚的指节则为红色。

红蟹：头胸甲宽约为长的1.6倍，表面光滑；额具6齿，中央4齿大小相近，外侧齿窄而尖锐；前侧缘具6齿，第一齿平钝，前缘中部内凹，末齿小于其他各齿，但尖锐而突出。螯脚相当粗壮，左右对称；掌节背面具4棘；长节内侧缘具3锐棘。头胸甲红棕色，具黄色条纹，中部前方则有一黄色十字交叉纹。螯脚红色并布有黄色斑纹，二指前端为深啡色。

面包蟹：学名馒头蟹、逍遥馒头蟹。头胸甲背部甚隆，表面有5条纵列的疣状突起，侧面具软毛；额窄，前缘凹陷，分2齿；眼窝小。前侧缘具颗粒状齿；后侧缘具3齿；后缘中部具1圆钝齿，两侧各具4枚三角形锐齿。螯脚形状不对称，右边的指节较为粗壮，螯脚收缩时则紧贴前额。步脚细长而光滑。雄性腹部呈长条状，第3～5节愈合，节缝可辨，第6节近长方形，第7节近三角形。雌性腹部呈阔长条形，第6节近长方形，第7节近三角形。头胸甲为浅褐色；眼区具一半环状的赤褐色斑纹；螯脚腕节和长节外侧面具一赤褐色斑点；步脚尖端为褐色。

三点蟹：红星梭子蟹。头胸甲梭状，宽约为长的2倍。头胸甲前部表面具颗粒，后部光滑。前额分4齿，成体刺状，幼体较钝，侧齿比中央齿大，但不太突出。前侧缘具9齿，第一齿比随后的7齿长而锐，而末齿最大，向两侧突出。螯脚的长度略大于头胸甲的宽度，长节前缘具3～4棘；指节很长。最后的步脚表面具软毛，后部表面光滑无刺。头胸甲、螯脚为绿黄色，头胸甲后部有3个圆形镶白边红色斑点。螯脚可动指有红色标记。步脚则大致为淡蓝色。

旭蟹：长相怪异，既像虾又像蟹。壳薄肉多，味道鲜美。因其习惯躲在两侧岩礁、中间沙沟地带，只露出橘红色的额头，如旭日东升而得名。一般多用清蒸或奶油烧烤，食之令人回味无穷。

目前，市场上又在流行一种美食蟹，名铁螃蟹或称铁蟹，多产于越南、缅甸、菲律宾等地。其美食特征是汤味特别鲜美，以黑色和黄色为主。

营养：螃蟹含有丰富的蛋白质及微量元素，对身体有很好的滋补作用。螃蟹还有抗结核的作用，吃蟹对结核病的康复大有补益。螃蟹性寒、味咸，归肝、胃经，有清热解毒、补骨添髓、养筋接骨、活血祛痰、利湿退黄、利肢节、滋肝阴、充胃液之功效，对于淤血、黄疸、腰腿酸痛和风湿性关节炎等有一定的食疗效果。适宜跌打损伤、筋断骨碎、淤血肿痛、产妇胎盘残留、孕妇临产阵缩无力、胎儿迟迟不下者食用，尤以蟹爪为好。平素脾胃虚寒、大便溏薄、腹痛隐隐、风寒感冒未愈、宿患风疾、顽固性皮肤瘙痒疾患之人忌食。月经过多、痛经、怀孕妇女忌食螃蟹，尤忌食蟹爪。

烹调应用：蟹肉滋味鲜美，蟹黄更别有风味。整蟹适合清蒸，蟹肉、蟹黄可制作著名菜肴蟹黄海参、蟹黄蹄筋、蟹黄鱼翅、蟹粉狮子头、炒全蟹等，也可用于面点馅心，如蟹黄汤包、蟹黄水饺等。用蟹制作菜肴要注意突出其鲜美味道，故多用鲜咸口味。

香辣蟹：将肉蟹放在器皿中加入适量白酒，蟹醉后去腮，胃、肠切成块。将葱、姜洗净，葱切成段，姜切成片。坐锅点火放油，油烧至三成热时，放入花椒、干辣椒炒出麻辣香味时，加入姜片、葱段、蟹块，倒入料酒、醋、白糖、盐翻炒均匀出锅即成。香辣蟹如图8.24所示。

图8.24　香辣蟹

8.4.3　海参

别名：刺参、海鼠。

品种：全世界有1 300多种海参，中国有140多种，绝大多数海参不能食用。据统计，全世界有40余种可食用海参，中国可食用的海参约占一半，达20余种。海参分布于中国黄海、渤海交界处以及辽宁、山东、河北沿海，主产于青岛、大连、长山岛、威海、烟台等地，捕捞期为每年11月—次年6月，尤其是6月和12月捕捞量最大，7—9月是海参夏眠季节。根据海参背面是否有圆锥肉刺状的疣足分为刺参类和光参类两大类。

产地：辽宁海参起步较早，以高品质的大连海参为主。在该区域内，水冷、水深，没有污染，所产海参数量虽少，但品质高端，从古到今，均有典籍记载。

营养：海参除含有蛋白质、钙、钾、锌、铁、硒、锰等活性物质外，海参体内其他活性成分有海参素及由氨基己糖、己糖醛酸和岩藻糖等组成刺参酸性黏多糖，另含18种氨基酸且不含胆固醇。将海参的各项成分进行分析发现，海参中含有的活性物质酸性多糖、多肽等能大大提高人体免疫力，人体只要免疫力强，就能抵抗各种疾病的侵袭。大量含有的硒能有效防癌抗癌，硫酸软骨素能延缓衰老。

烹调应用：海参是名贵的海产品，多为干货制品，经涨发后使用。海参在烹饪中常作宴席的头道菜，该宴席即名为“海参席”。刀工成型可切成大片、丝、丁等形，或整形使用。在菜肴中多作主料，海参发好后适合于红烧、葱烧、烩等烹调方法。适合多种口味，可制作葱烧海参、鸡丝海参、奶汤海参、扒海参、虾子大乌参、麻酱海参等菜肴。

葱烧海参：先将水发嫩小海参洗净，整个放入凉水锅中，用旺火烧开，约煮5分钟捞出，沥净水，再用鸡汤煮软并使其进味后沥净鸡汤。将大葱分别切成长5厘米的段和末，将

图8.25 葱烧海参

青蒜切成长3.3厘米的段。将炒锅置于旺火上，倒入熟猪油，烧至八成热时下入葱段，炸成金黄色时炒锅端离火中，葱段放在碗中，加入鸡汤、绍酒、姜汁、酱油、白糖和味精，上屉用旺火蒸1～2分钟取出，滗去汤汁，留下葱段备用。在熟猪油中加入炸好的葱段、海参、精盐、清汤、白糖、料酒、酱油、糖色，烧开后移至微火煨2～3分钟，上旺火加味精用淀粉勾芡，用中火烧透收汁，淋入葱油，盛入盘中即成。葱烧海参如图8.25所示。

8.4.4 鲍鱼

产地：各大洋中，以太平洋沿岸及其部分岛礁周围分布的鲍鱼种类与数量最多，印度洋次之，大西洋最少，北冰洋沿岸无分布。迄今为止，只有北美的东海岸以及南美洲沿岸各海域尚未见有鲍鱼分布的报道。

品种：鲍鱼的等级按“头”数计，每司马斤（俗称港秤，约605克）有“2头”“3头”“5头”“10头”“20头”不等，“头”数越少，价钱越贵，即所谓“有钱难买两头鲍”。目前以网鲍头数最少，吉品鲍排第二，禾麻鲍体积最小，头数也最多，已犹如古董珍品一样。在鲍鱼的身体外边，包被着一个厚的石灰质贝壳，这个贝壳是一个右旋的螺形贝壳，呈耳状。在中国古代，给鲍鱼起名叫“九孔螺”，就是从它的这种特征而来的。“干鲍鱼”因产地和加工不同，具体又被称为“网鲍”“窝麻鲍”“吉品鲍”，以及鲜为人知的中国历代朝廷贡品“硇洲鲍”等。

营养：中医认为，鲍鱼具有滋阴补阳、止渴通淋的功效，是一种补而不燥的海产，吃后没有牙痛、流鼻血等副作用。《食疗本草》记载，鲍鱼“入肝通瘀，入肠涤垢，不伤元气。壮阳，生百脉”。主治肝热上逆、头晕目眩、骨蒸劳热、青盲内障、高血压、眼底出血等症。鲍鱼的壳，中药称石决明，因其有明目退翳之功效，古书又称之为“千里光”。石决明还有清热平肝、滋阴壮阳的作用，可用于医治头晕眼花、高血压及其他类症。现代研究表明，鲍鱼肉中能提取一种被称作鲍灵素的生物活性物质。实验表明，这种物质能够提高免疫力，破坏癌细胞代谢过程，提高抑瘤率，却不损害正常细胞，具有保护免疫系统的作用。鲍鱼能“养阴、平肝、固肾”，可调整肾上腺分泌，调节血压，润燥利肠，治月经不调、大便秘结等疾患。

烹调应用：鲍鱼鲜品、速冻品、罐头制品应用较多。鲍鱼刀工以片状居多，作主料适合爆、炒、拌、扒等烹饪方法，可制作扒原壳鲍鱼、蚝油鲍鱼、麻汁紫鲍等。

蚝油鲍鱼：用老母鸡肉、猪瘦肉、火腿加清水1 000毫升，用旺火烧沸后改用小火熬约4小时，加精盐，得上汤250毫升，备用。将鲍

图8.26 蚝油鲍鱼

鱼用沸水涨发、浸4小时，洗净污物，放在沸水锅中滚漂3次，至漂清灰味为止。把鲍鱼切片，每只切成4片，每片约重15克，在片上刻上井字形花纹。中火烧热炒锅，下油，烹黄酒，放入上汤、味精、白糖、蚝油、鲍鱼片，再放入胡椒粉、酱油，用湿淀粉调稀勾芡，淋香油和植物油，拌匀上碟即成。蚝油鲍鱼如图8.26所示。

8.4.5 鱿鱼

别名：枪乌贼、笔管、锁管、柔鱼。

品种：如中国鱿鱼、日本鱿鱼、剑尖鱿鱼、福氏鱿鱼、皮氏鱿鱼、莱氏拟乌贼等。最大长可达550毫米，最高体重可达5.6千克。

产地：鱿鱼分布于南北纬40° 之间的热带和温带海域，世界主要鱿鱼渔场在南海北部、暹罗湾、日本九州、菲律宾群岛中部、西欧西部和美国东部、西部海域。渔场多位于岛礁周围，水清流缓、盐度较高、底质粗硬、海底凹窝、沿岸水系和暖流水系交汇处。

营养：鱿鱼的营养价值非常高，其含有蛋白质、钙、牛磺酸、磷、维生素B_1等多种人体所需的营养成分，且含量极高。此外，鱿鱼的脂肪含量极低，胆固醇含量较高。

鱿鱼虽然是美味，但是并不是人人都适合吃。高血脂、高胆固醇血症、动脉硬化等心血管病及肝病患者就应慎食。鱿鱼性质寒凉，脾胃虚寒的人也应少吃。鱿鱼是发物，患有湿疹、荨麻疹等疾病的人忌食。

烹调应用：鱿鱼适合多种刀法，刀工成型以鱼卷、鱼花较多。作主料适合爆、炒、汆汤、拌、烤等烹饪方法，可制成干锅鱿鱼、爆炒鱿鱼、铁板鱿鱼等。

干锅鱿鱼：先将土豆条和胡萝卜条在热油中炸至八成熟，捞出控油。锅内留比平时炒菜多2~3倍的油，油热后加入1大勺豆瓣酱炒出红油，下葱、姜、蒜、花椒、辣椒煸香。倒入鱿鱼圈加点糖翻炒，再加1大勺辣椒面炸成的辣椒油继续翻炒。倒入所有的配料（青辣椒块除外），加点高汤，继续翻炒，至汤汁快收干，菜品九成熟时再加入青辣椒块，加鸡精快速翻炒，倒入干锅即成。干锅鱿鱼如图8.27所示。

图8.27 干锅鱿鱼

8.4.6 甲鱼

别名：鳖、水鱼、团鱼和王八。

产地：甲鱼主要分布于亚洲、非洲、美洲的大海和湖泊中。

品种：中华鳖在中国分布广泛，除新疆、西藏和青海外，其他各省均产，尤以湖南、湖北、江西、安徽、江苏等省产量较高。在湖北省发现的红色鳖和白色鳖是中华鳖的变异型。中华鳖化石发现于中国的上新世地层中。

珍珠鳖主要分布在美国中、南部，引入中国的广东、广西等地养殖比较成功。

山瑞鳖分布在云南、贵州、广东、海南、广西等省、自治区，广西全境均有分布。国外主要分布在越南。

营养：甲鱼富含蛋白质、无机盐、维生素A、维生素B_1、维生素B_2、烟酸、碳水化合物、脂肪等多种营养成分。此外，龟甲富含骨胶原、蛋白质、脂肪、肽类和多种酶以及人体必需的多种微量元素。甲鱼肉性平、味甘，归肝经，具有滋阴凉血、补益调中、补肾健骨、散结消痞等作用，可防治身虚体弱、肝脾肿大、肺结核等症。

烹调应用：甲鱼刀工成型较少，可整只使用也可剁块。在烹饪中，甲鱼多作主料使用，适合清蒸、炖、焖、红烧、制汤等烹饪方法，可制作清蒸甲鱼、清炖甲鱼、黄焖甲鱼、红烧甲鱼、霸王别姬等菜肴。

图8.28 霸王别姬

霸王别姬：先将母鸡清洗干净斩大块，火腿蒸熟切片。煮1锅开水，关火后将宰杀洗净后的甲鱼放入，浸没后迅速捞起，褪去腹背上的皮膜污衣，斩块洗净待用。把鸡和甲鱼分别放入冷水锅中，放葱、姜焯煮5分钟，用温水洗净。将焯过水的鸡和甲鱼放炖锅中，加足量清水、葱结、姜片、胡椒粒和香叶。大火烧开后转微火炖1个半小时。下火腿片和泡开的枸杞，再炖10分钟，加盐调味即成。霸王别姬如图8.28所示。

8.4.7 牛蛙

产地：牛蛙原产于北美洲。1959年从古巴、日本引入我国。目前，我国各地均产牛蛙，主要集中于湖南、江西、新疆、四川、湖北等地。

营养：牛蛙具有滋补解毒的功效，消化功能差或胃酸过多的人以及体质弱的人可以用来滋补身体。牛蛙可以促进人体气血旺盛，精力充沛，滋阴壮阳，有养心、安神、补气之功效，有利于病人的康复。牛蛙的内脏及其下脚料含有丰富的蛋白质，经水解生成复合氨基酸。其中，精胺酸、离氨酸含量较高，是良好的食品添加剂和滋补品。水解的复合氨基酸，经分离提纯，用于医药、化妆工业。牛蛙的内分泌系统分泌各种激素，经提取可用于医药、工业生产和科学研究，如脑垂体激素用作鱼类、两栖类的人工催产剂，利于人工繁殖。牛蛙的胃腺、肠腺及胰腺含有丰富的消化腺，尤其是水解蛋白质的腺类含量高，可提取利用。牛蛙的胆汁可以提取，加工后可以药用。

烹调应用：牛蛙一般刀工成块，可制作酱爆牛蛙、兰花牛蛙、香菇牛蛙煲、鸡汁牛蛙等菜肴。

酱爆牛蛙：牛蛙宰杀后切成小块，将牛蛙用盐捏一下，用水冲洗干净，切块。青椒切成合适大小，用开水焯一下。锅里放油，烧至六成热时倒入牛蛙煸炒，加少许盐、料酒炒到牛蛙断生后盛起。锅里倒入少许油，煸香葱花、姜丝，下甜面酱、白糖和水煮一下，倒入牛蛙翻炒，倒入青椒继续翻炒，让汁充分裹在材料上，最后

图8.29 酱爆牛蛙

淋些麻油盛起。酱爆牛蛙如图8.29所示。

[小组探究]

“四大淡水鱼”还可以做成哪些菜？尝试总结其原料、做法、功效。

[练习实践]

1. 如何评价青鱼的营养价值？
2. 简述鲈鱼的烹饪方法。
3. 简述蟹类的营养价值和烹饪运用。
4. 课后利用周末时间，选择当地一家三星级以上的酒店进行海产鱼类菜销售情况的市场调研，统计好制作成PPT，下节课小组汇报调研成果。

情境导入

✧ 菜肴的味是判断菜肴品质高低的重要依据。中国菜肴的味道独具一格，在国际上享有盛誉。美味可口的菜肴可以刺激人的食欲，不仅能在感官上给人以满足，而且能在精神上让人愉悦。各种调味品的广泛应用造就了众多风味各异的名菜名点。在烹饪技术中，科学地理解和应用各种调味品是非常重要的。调辅料分为两种：一是调味品，包括咸味、甜味、酸味、辣味和香味调味品；二是辅助原料，本章主要介绍食用油。

教学目标

✧ 了解调味品原料的概念，了解常用调味品品种的名称及烹调应用。
✧ 掌握食用油的品种、营养特性。

任务1 调味品基础知识

9.1.1 调味品的概念

调味品又称调味原料，是指在菜点制作过程中用量较少，但能调配口味、突出菜肴风味、改善菜点外观的可食性原料。中国烹饪注重味道，对调味料的使用有着悠久的历史，因此对调味品应用有比较深刻的认识。《吕氏春秋·本味篇》记载，早在周代民间就有酱和醋等调味品的生产，生姜、葱、桂皮、花椒等在周代之前已普遍使用，多种谷物酿造的酒则在商代就已出现。《周礼·天宫·食医》根据季节变化总结“凡和，春多酸，夏多苦，秋多辛，冬多咸，调以滑甘”的用味规律。《吕氏春秋·本味篇》也指出了“酸而不酷，咸而不减，甘而不浓，淡而不薄，辛而不烈”的用味标准。

9.1.2 调味原料的分类

调味品的种类很多，由于它们的来源、外观形态、内部化学成分，以及特性各不相同，具体的调味作用更是不同，因此，对各种调味品加以合理的分类是熟悉调味品、掌握调味品的性质和运用的重要内容。调味品的分类方法较多，可以从不同的角度进行划分，从目前的情况看一般有以下3种分类方法。

1）以调味原料的加工方法划分

酿造加工类：以粮食原料通过发酵酿造的调味品，如酱油、酱类、酒、醋、味精、香糟等。

提炼加工类：从某些原料中熬炼提制而成的调味品，如食用糖、食盐等。

采集加工类：通过对植物的花、果、籽、根、皮、叶等采集加工的调味品，如花椒、胡椒、桂皮、丁香、陈皮、茴香、姜、葱、蒜等。

复制加工类：以调味品原料经过进一步加工的调味品，如芥末粉、胡椒粉、咖喱粉、五香粉、番茄酱等。

2）以调味原料的形态划分

固态类：如糖、盐、味精、香料等。

液态类：如酱油、酒、醋、辣椒油等。

3）以调味原料的呈味性划分

咸味调味原料：如食盐、酱油、酱、豆豉等。

甜味调味原料：如食糖、饴糖、蜂蜜、糖精等。

酸味调味原料：如食醋、番茄酱、柠檬酸等。

鲜味调味原料：如味精、蚝油、虾油、鱼露等。

香辛类调味原料：辣椒、胡椒、八角、桂皮等。

以调味原料呈味性分类被饮食业所广泛接受，它比较明了、准确，能全面地反映各种调味原料的特性和作用，故本书对调味原料分类采用此方法。

9.1.3 调味品在烹调中的作用

调味品的品种很多，并且每一个品种都含有区别于其他原料的特殊的呈味成分。在烹饪中准确地使用调味品，运用不同的调味手段和方法，是形成菜点口味特点的主要因素。根据调味品的特性，其作用主要表现在以下5个方面。

1）确定菜点的口味

大部分烹饪原料本身并无明显的味道，只有通过科学、合理地使用调味品才能烹制出美味可口的菜肴。

2）矫除原料的异味

因为调味品也像其他原料一样，在烹饪过程中会发生各种物理和化学变化。一方面，调味品的特殊成分能溶解、分化，挥发食物中不良的异味。另一方面，调味品的特殊成分渗透并停留在食物中，能改变食品原有的口味，增加鲜美的味道。例如酒、姜等通过它们的挥发性物质在加热中使食物中的异味挥发，并且增加了香味。

3）改善食品的感观性状，增进菜点的色泽

各种调味品本身具有一定的颜色，根据菜肴制作所需要的颜色要求便可以选择相应的调味品。如有色的炒菜、烧菜可以使用酱油、红糖、番茄酱等。

4）增加菜点的营养

调味品和其他烹饪原料一样，一般都可以食用，含有人体所需要的营养物质，比如盐能为人提供丰富的氯化钠等无机盐。酱油、味精、糖等含有不同种类的氨基酸和糖类。某些调味品还具有调节人体机能、治病、防病的功用。因此，随着人们对调味品作用的认识不断深化，一些既有调味作用又有营养价值的调味品相继问世，如含碘量高的碘盐、补血酱油、维生素B_2酱油等。

5）杀菌消毒，保护营养

有些调味品的成分具有杀灭或抑制微生物生长繁殖的作用。如在冷菜制作中利用食盐、葱、蒜等调味品杀死微生物中的致病菌，提高食品的卫生质量。又如食醋的醋酸成分能有效杀灭细菌，并能保护有益微生物不受损失。

除此以外，调味品可以使食品在色、香、味及营养卫生等方面达到良好的效果，因此，调味品可以诱人食欲，帮助促进人体对食物的消化和吸收。

任务2　常用调味品

9.2.1 咸味调味品

咸味是中性无机盐的一种味道。各种中性无机盐的咸味性质由它们溶于水后的离子

所决定，主要取决于阳离子。因为咸味是一种能独立存在的味道，所以又将它称为“母味”“百味之主”。咸味是绝大多数复合味型的基础味。咸味是调味的主味，一般菜肴都离不开咸味，某些糖醋菜品、酸辣菜品也常常要加入咸味，使其滋味浓郁。咸味调料在烹饪中能起到提鲜味、除腥膻、解腻、突出原料本味的作用。咸味在烹调运用中不仅可增加菜品的味道，而且可与其他味相互作用产生一定程度上的口味变化。如与酸味相结合，微量食醋可使咸味增强，少量食盐可使酸味增强；与甜味结合，少量食盐可使甜味突出，而微量糖可使咸味降低；与鲜味结合，可使咸味柔和，鲜味突出；与辣味结合，可使辣味平和，易于接受。

咸味在烹调中虽然重要，但要注意用量及用法。常用的咸味调料有食盐、酱油等。

1）食盐

品种：食盐按产地不同可分为海盐、井盐、湖盐、矿盐、土盐等。按加工方式可分为粗盐、洗涤盐、再制盐。

粗盐又名原盐、大盐，主要成分为氯化钠。粗盐结构紧密，颗粒较大，色泽灰白，氯化钠含量在94%左右，因为生产食盐的卤水不同而含有不同的杂质。粗盐的主要杂质有氯化钾、氯化镁、硫酸钙、硫酸镁和一些微量元素，如锶、硅、碘等。因此，除咸味外，粗盐还兼有苦味，多用于腌制菜、鱼肉等。

粗盐经用饱和盐水洗涤后的产品即为洗涤盐。因为其表面杂质经洗涤已去除，所以杂质含量比较少，适用于一般调味和渍菜。

再制盐又称精盐，是将粗盐溶解后经过杂质处理后，再蒸发结晶而成。再制盐含杂质非常少，色白，呈粉状，易溶解，咸味比粗盐轻，最适合菜点调味，并可用于医药卫生方面。

烹调应用：食盐是咸味的主要来源，具有定咸味、提鲜味、增本味的作用。食盐具有一定的凝固黏结作用，在制作蓉、泥或馅、面时，加入适量食盐可使蓉、泥、馅的黏着力提高，面团的韧性增加，即“吸水上劲”。食盐具有防腐杀菌的作用，利用盐的渗透压，抑制菌的生长，防止原料腐败变质。烹饪中常用腌制的方法对原料进行加工、储存。盐可作为传热介质，对一些原料进行加热或半成品加工，如发制响皮、蹄筋等。食盐可调节原料的质感，增加其脆嫩度。

食盐品质以色泽洁白、结晶小、疏松、不结块、咸味醇正者为佳，含较多杂质、有苦涩味者较差。在运用上，用盐时机也会对菜肴的色香味产生影响。例如，制汤时盐不宜早放，因为盐会使蛋白质产生电中和使肌肉蛋白凝固，热量不易渗透，蛋白质不易溶于汤中，汤汁不鲜也不浓。炒叶茎蔬菜宜早放，盐会使水分溢出，滋味渗透，使维生素C与叶绿素等少受损失，并保持脆嫩鲜香等特点。用盐必须适量，过量使用不仅影响菜点的口味，而且不利于人体健康。

2）酱油

酱油又称酱汁、清酱，是以大豆或豆饼、面粉麸皮等为主要原料，经过发酵加盐酿制而成的液体调味品。

品种：根据加工方法不同，酱油分为酿造酱油和化学酱油两大类。根据形状不同可分为液体酱油、固体酱油、粉末酱油等。其著名品种有广东佛山的生抽王酱油、湖南湘潭的龙牌酱油、天津产的红钟牌酱油、美极鲜酱油、海鸥牌酱油、水仙牌酱油等。还有一些风味酱油，如辣味酱油、虾子酱油、五香酱油、鱼汁酱油等。此外，为满足人体健康需要还出现了各种营养酱油。

酱油品种较多，色味有别，但都应以色泽红褐、鲜艳透明、香气浓郁、滋味鲜美醇正、无沉淀和浮膜者为佳。

烹调应用：酱油是烹调中运用仅次于食盐的调味品，它在烹饪中的运用有着极其重要的地位。

①定味作用：代替食盐，起到定咸味增加鲜味的作用。

②增加色泽：利用其酱色，在烹调过程前、中、后对菜肴进行上色。

③增添香气：酱油含有比较复杂的芳香物质，通过加热烹制可使食品散发酱香气味。

④除腥解腻：在码味或烹制时，通过酱油所含氯化钠、乙醇、醋酸等物质，能起一定的除腥解腻的作用。

烹调使用酱油时，要注意菜肴的口味要求和风味特点，一般汁浓、色深、味鲜的酱油用于凉拌菜肴及上色菜品；色浅、汁清、味醇的酱油多用于加热烹调。长时间加热烹制的菜肴，不宜使用酱油着色，因为酱油加热过久会变黑，影响菜品的色泽。因此，加热时间过久的菜品应以糖色代替上色。

3）酱

酱是以大豆或麦面、米、蚕豆为原料采用曲制或酶制法加工而成的一种糊状物调味品，根据用料不同分为黄豆酱、面酱、蚕豆酱和味噌4类。复合调味酱的品种繁多，如虾米酱、牛肉酱、火腿酱、辣味酱等。此外，一些将原料加工成糊状的调味品或食品，习惯上也称为酱，如沙茶酱、椰酱、花生酱、芝麻酱等，其风味由原料特性所决定。

品种：黄豆酱又称大豆酱，是以黄豆或黑大豆为原料制作的一种酱类，其特点是色泽橙黄、光亮，酱香浓郁，咸淡适口，味长略甜。一般用于调味，多用于炸酱和北方菜肴中的酱爆菜肴。

面酱又称甜面酱、甜酱，是用面粉加盐、酵母经过发酵制成的酿制调味品。面酱是我国传统调味品之一，含有蛋白质、脂肪、碳水化合物、钙、磷及胡萝卜素等营养成分，品质以红褐色、有光泽、味道鲜甜、酱香醇正、浓稠细腻者为佳。著名品种有济南甜面酱、保定面酱等。在烹调运用中，甜面酱一般用于炒、烧类菜肴，或用于某些面食，主要起增加香味或增加色泽的作用。甜面酱还具有改善口味、赋咸味、增鲜味的作用。使用甜面酱时，要视烹调的需要恰当掌握其用量及注意不同菜品在色泽、味道、干稀度上的变化。热菜烹调时，宜先炒香出色，防止色泽或口味不佳，以确保菜品风味特色。蘸食时，宜将其蒸制，确保菜品味道鲜美。在使用保管中，应注意清洁，防止霉潮，避免高温，忌沾生水，可加熟菜油搅匀，既防霉又便于使用。

蚕豆酱是以蚕豆为主要原料制成的一种酱类。蚕豆有一层不能食用的种皮，应先剥去。制蚕豆酱一般和辣椒一起酿制，又称豆瓣酱，其烹调应用最为广泛。其特点是：色泽红褐或棕红，有光泽，咸淡适口，味鲜醇厚。著名品种有郫县豆瓣酱、临江寺豆瓣酱、安徽胡玉美蚕豆酱等。

烹调应用：酱品调味品在烹调中具有改善口味、增加香味、增加色泽等作用。烹饪运用时，要注意用量及用法，可作码味、调味和蘸食使用。

4）味噌

味噌来源于日本，在东南亚和欧美等普遍使用，近年来我国烹饪行业中已开始使用。

味噌大多呈膏状，与奶油相似，颜色从浅色的奶油白到深色的棕黑色。一般来说，颜色越深，风味越强烈。味噌具典型的咸味和芳香味。

品种：根据原料的不同可分为由大米、食盐制得的大米味噌，以及由大豆和食盐制得的大豆味噌。根据风味的不同可分为甜味噌、咸味噌和半甜味噌。

烹调应用：烹饪中适用于炒、烧、蒸、烩、烤、拌类菜肴的调味，具有丰富口味、提鲜、增香、上色的作用。日本人很喜欢将味噌调制成汤，具有特有的酱香气。中餐中可用于面条、饺子、馅心的调味。

酱的用量多少应根据菜点咸度、色泽及品种的要求来确定。因酱有较大的黏稠度，使用后可使菜品黏稠或包汁，无须勾芡或少勾芡，一般用前最好炒香出色。如果干了加植物油调稀，以便于运用。如果以酱作味碟蘸食，宜蒸或炒后食用，避免引起肠胃疾病。

5）豆豉

豆豉又称幽菽、香豉，是一种古老的传统发酵食品调味料，用大豆（或用少量面粉拌和）加曲霉菌种发酵制成，呈颗粒状。

品种：根据加工方法可分为干豆豉、水豆豉。根据风味分为咸、淡两种：前者供调味用，后者供入药。根据外观形态分为干态、半干态和稀态。咸豆豉名产很多，如广西午县的黄姚豆豉，江西上饶豆豉饼、湖口豆豉，山东临沂豆豉，四川潼川豆豉，云南易门豆豉等。

烹调应用：豆豉品质一般以色泽黄黑、味香鲜、油润质干、咸淡适口、无霉变和异味者为佳。在烹调中主要起提鲜味、增香味的作用，多用于炒、爆、蒸、烧、焖、拌等烹调方法，代表菜品有豆豉鱼、麻辣兔丁、麻婆豆腐、凉粉鲫鱼等。使用豆豉时，应注意其用量，以防压抑主味。在食用保管中，若出现生霉，应视情况酌量加入食盐、白酒或香料，以防变质，保证其风味质量。

豆豉小黄鱼：小黄鱼去头，去内脏，冲洗干净，在鱼身划几道口子。用少量盐抹遍小黄鱼，腌制半个小时。姜切丝，豆豉切碎，葱花切段。把锅烧热，用姜片擦遍锅底。锅中放油，大火烧热。转最小火，把小黄鱼均匀排列在锅底，第一面煎半个小时，煎至用铲子轻轻一铲便可翻身的程度，另一面继续用最小火煎20分钟左右，再盛起。锅底留油，把姜丝和豆豉放进锅里，小火爆香。再放入小黄鱼、葱花，轻轻翻炒均匀，即可出锅。豆豉小黄鱼如图9.1所示。

图9.1　豆豉小黄鱼

9.2.2　甜味调味品

甜味与烹饪的关系十分密切，许多菜肴的味道中都呈现出一定程度的甜味，烹饪时加少许糖可使菜肴甘美可口，滋味和谐。甜味调料在调料中的作用仅次于咸味调料。呈现甜味的物质主要是单糖和双糖。此外，还有合成甜味剂精钠、非糖类物质甜叶菊苷等。甜味最佳的是果糖。

甜味调料在烹饪中可以单独成味，同时也用于调制多种复合味型。甜味调料不仅能用于调味、矫味，还能增强鲜味，抑制辣味、苦味、涩味。同时，在某些菜品中具有着色和增加光泽的作用。

甜味调料在使用时，温度、浓度对它的甜度都有影响，如果糖在0 ℃时比蔗糖甜1.4倍，而在60 ℃时，这个值则为0.8倍。因为一定量的食盐或食醋会使甜味中的甜度减弱，所以，甜味调料在烹饪中常与咸味、酸味调味品混合使用，从而构成丰富的复合口味。

常用甜味调味品包括食糖、饴糖、蜂蜜、糖精、甜叶菊苷等。

1）食糖

食糖是从甘蔗、甜菜等植物中提取的一种调味料，其主要成分是蔗糖。食糖主要产于我国广东、广西、福建、内蒙古及东北等地。

品种：食糖根据其外形和色泽可分为以下几类。

白砂糖，又称砂糖。白砂糖的色泽洁白发亮，结晶如砂粒，颗粒大小均匀，糖质坚硬，水分和还原糖含量都很少（含蔗糖99%以上）。根据结晶颗粒大小可分为粗砂、中砂、细砂。粗砂主要用于食品工业，细砂多用于烹调中。白砂糖是机制糖的主要产品，也是烹调中最常用的甜味剂。因为白砂糖易结晶，所以多用于制作挂霜菜肴。白砂糖的品质以洁白带有光亮，颗粒均匀，松散干燥，不含带色糖粒和糖块，溶解后成清晰的水溶液，晶粒或水溶液味甜、无杂质、无异味为佳。

绵白糖，又称绵糖或细白糖。绵白糖纯度比白砂糖低，含有2%左右的水和2.5%左右的还原糖，也是机制糖的主要产品之一。由于煮糖结晶过程控制的过饱和度大于白砂糖，并在分蜜后加入2%~3%的转化糖浆，因此，绵白糖晶粒细小均匀，颜色洁白，质地绵软细腻。因为含还原糖多，甜度高而粒微细，入口即化，甜度温和，所以多用于凉拌菜。又因为含少量转化结晶，不易析出，所以更适宜制作拔丝菜肴。绵白糖的品质以不含带色糖和杂质，能完全溶解于水成为清澈透明的水溶液，味甜，无异味者为佳。

土红糖，又称红糖、粗糖，是以甘蔗为原料土法生产的食糖，纯度较低。土红糖因不经过洗蜜，水分、还原糖、非糖杂质含量较高，颜色深，结晶粒较小，容易吸潮融化，滋味浓，具有甘蔗的清香气和糖蜜的焦甜味。土红糖有多种颜色，一般颜色浅淡而色泽红艳者质量较好。烹调使用可制复合酱油、腌渍泡菜等。土红糖的品质以颜色金黄、色泽明艳、呈粉末状、干燥疏松、很少有结团现象为优。

冰糖是一种纯度较高的大晶体蔗糖，是白砂糖的再制品。因其形状似冰块，故称冰糖。冰糖的纯度略比白砂糖高，根据形状和加工方法不同，分为盒冰糖和单晶冰糖。单晶冰糖为纯蔗糖的单斜晶体，晶体整齐、规则、坚实，纯度高于盒冰糖，在烹饪中多用于甜品菜或扒菜。冰糖是我国人民较为喜爱的一种糖，在我国历史悠久。除食用外，优质者可作药用。冰糖的品质以纯度高、味清甜纯正、透明如冰者最佳。

方糖也是白砂糖的再制品，由白砂糖经溶化、脱色、煮糖、分蜜制成颗粒微细的精白糖，再经成型、干燥而成。方糖纯净洁白，有光泽，块形整齐，大小一致，溶解速度快，糖液清澈透明，口味纯正，便于携带和食用，多用于各种饮料。

烹调应用：食糖在烹饪中的主要作用是作为甜味调料。食糖也是制作小吃、糕点的重要原料。在腌制品中减轻加盐脱水的老韧，保持肉类制品肌肉软嫩，防止板结。食糖还可以制作糖色，增加菜品的色泽，在烹饪中制作挂霜、拔丝菜品。食糖的品质以色泽明亮、质干、味甜、晶粒均匀、无杂质、无回潮、不粘手、不结块、无异味为佳。

2）饴糖

饴糖又称麦芽糖、糖稀，是以粮食淀粉为主要原料经过加工后，用淀粉酶液化，再利用麦芽中的酶使原料中的淀粉糖化，经浓缩过滤制成的一种调味料。饴糖含有丰富的麦芽糖，约占1/3；此外，还含葡萄糖及糊精等，味甜柔爽口，富于营养。饴糖还有软硬之分，前者为淡黄色，后者为黄褐色。

烹调应用：饴糖在烹饪中主要用于面点小吃及烧、烤类菜品。其主要作用是增加色彩，使成熟点心松软，不易发硬，如脆皮乳鸽、挂炉烤鸭等。使用时，应掌握好温度、用量及加热时间，以保证菜肴品质。饴糖的品质以颜色鲜明、浓稠味纯、无酸味、无杂质为佳，在保管中应置于阴凉处，注意温度，防止融化。

3）蜂蜜

蜂蜜是蜜蜂采集花蜜后经过反复酿造而成的一种甜而有黏性，透明或半透明的胶状液体，一般带有花香味。蜂蜜含有蛋白质、有机酸、维生素及芳香物质，最主要的成分是糖类，占75%~80%，其中，葡萄糖约占36%，果糖约占37%，蔗糖占2%~3%。由于蜜源的种类不同，因此蜂蜜的颜色、香味和味道也不同。

烹调应用：蜂蜜在烹饪中主要用来代替食糖调味，具有矫味起色、增白的作用，在面点制作时还可起到增添酥香的作用。蜂蜜是酿酒、医药、烟草制品的重要原料，也是一种良好的滋补品，可作为甜味剂、品质改良剂广泛应用于食品工业中。蜂蜜具有很强的吸湿性和黏着性，使用时应注意用量。同时，应掌握好温度和加热的时间，防止制品发硬或焦煳。蜂蜜以色泽黄白、半透明、水分少、味纯正、无杂质、无酸味为佳。

4）糖精

糖精是一种人工合成的无营养价值、无热量的甜味剂。糖精的化学名称为邻苯酰磺酰亚胺，为无色晶体或结晶性粉末，微有芳香气。糖精虽然没有营养价值，不产生热量，却能辅助调味，强化食品的甜味，适合作为糖尿病人和需要低热量食品患者的甜味剂。

烹调应用：糖精在水溶液中有很强的甜度，相当于蔗糖的300～500倍，后味微苦。现在，我国规定其最高用量为0.15克，主要用于酱菜类、浓缩果汁、蜜饯类、糕点等食品的加工生产。但据研究表明，长期使用糖精会引起肾脏病变，影响人体健康，所以国际上一些国家已经禁用。

9.2.3 酸味调味品

酸味是无机酸、有机酸及酸性盐等可解离出氢离子的化合物所特有的一种味，呈酸味的本体是氢离子。氢离子刺激味觉神经后才感到酸。食用酸味的主要成分是醋酸、柠檬酸、乳酸、酒石酸等。

酸味在烹饪中是不能独立存在的味道，必须与其他味道合用才能起作用。但是，酸味仍是一种重要的味别，是构成多种复合味的主要调味原料。因为酸味剂可使菜肴增香、增味，并具有增进食欲、帮助消化等功能，所以酸味也是人们喜爱的味别之一。在使用时，应根据食用对象、季节变化、烹调要求、菜品特点等灵活运用，应掌握用量，遵循“酸而不酷”的原则。酸味调料主要包括食醋、番茄酱、柠檬酸、苹果酸等。

1）食醋

食醋又称醋，在古时称醯，是酸性液体调味料。食醋的主要成分是醋酸，还含少量不挥发酸。

品种：根据原料和制作方法的不同，食醋可分为酿造醋和人工合成醋两类。根据色泽的不同，可分为白醋和红醋两种。

酿造醋的原料以含糖或含淀粉的粮食为主，以谷糠、稻皮为辅料，经糖化、酒精发酵、下盐、淋醋等工序制成。因所用的原料和酿造方法不同，一般可分为米醋、熏醋、糖醋3种。

米醋是以发酵成熟的白醋坯直接过淋的一种食醋，其色红透明，有芳香味，品质较好。根据其酸度的不同，分为超级米醋、高级米醋、一级米醋（总酸度分别为6%，4.5%，3.8%）。米醋除供调味食用外，在中药中可作药引使用。

熏醋又名黑醋，原料与米醋相同，是用成熟的白醋坯装入缸内在80～100 ℃的高温下熏制10天左右成为熏坯，再以熏坯和白坯各半，加入适量的花椒和大料，经过淋取的食醋即为熏醋。熏醋色泽较深，具有特殊的熏制风味，存放时间越长，香味越浓。根据酸度不同分为高级熏醋、特级熏醋、一级熏醋（总酸度分别为6.2%，5.5%，5%）。熏醋在烹饪中使用普遍，多用于食用。

糖醋的主要原料是饴糖，加曲和水拌匀封缸发酵，经60～100天成熟后，取其上面澄清的透明液体即为糖醋。其颜色较浅，也叫白醋，味纯酸。由于酸味单调，缺乏香味，且易长白膜，因此品质不及米醋、熏醋。

酿造食醋在我国有悠久的历史，全国有许多著名的食醋品种。其中，最有名的为山西的老陈醋、江苏镇江的香醋和四川的保宁醋等。

山西老陈醋是山西的特产，生产历史悠久，品质精良，别具风味，味浓烈而芳香，主要原料是高粱、谷糖、麸皮、大曲和食盐、大料等，酸度虽高而无刺激感，为我国著名的食醋品种。

镇江香醋是江苏镇江的特产，主要原料为糯米、籼米、碎米和谷糠等，是经过固体发酵制成的产品，具有较好的芳香气味。镇江香醋经过炒色、烧煎过程，不仅使食醋香气更为突出，而且色泽也更为浓艳。其产品中还加有砂糖使之味酸而不烈，与一般食醋相比，别具风味。

保宁醋产于四川省阆中市（古称保宁府），距今已有300多年的历史。保宁醋的生产原料不同于一般食醋，保宁醋除了用麸皮作为原料外，还加有少量的大米、小麦和近百味中药，经过制曲、发酵、淋坯、熬制而成，熬制过程中能增加产品的香味、色泽和浓度。品质好的保宁醋，色呈乌红，味醇香，具有独特的风味。

人工合成醋即化学醋，是食用冰醋酸、水和食用色素配制而成的，其品种主要分为白醋和色醋（淡茶色）两种。醋中含有醋酸3%～5%，酸味大，无香味。由于冰醋酸具有一定的腐蚀作用，因此使用时应根据需要稀释和控制用量，白醋因其无色、酸味强，在烹调中用于一些特殊要求的菜品。

烹调应用：醋在烹调运用中极为广泛，主要起增加鲜味、香味、酸味，解腻等作用，是许多复合味型的重要原调料，如鱼香味、糖醋味、酸辣味、荔枝味等。此外，醋还具有抑制或杀灭细菌、防止原料褐变、降低辣味、保持蔬菜脆嫩及维生素C少受损失等功用。醋不仅是一种调味品，而且有一定的保健作用。在营养卫生方面，醋能分解食物中的钙、磷、铁等无机盐，软化肉、鱼骨刺，并有开胃健脾、促进食欲、清心益神、降低血压、治疗风湿及防治流感等作用。由于醋不耐高温，易于挥发，因此，在烹调时，应注意加入醋的时间和顺序，以保持菜品的风味特点和复合味味感。

2）番茄酱

番茄酱是将新鲜的成熟番茄去皮籽磨细后，加工而成的一种酱状调味品，其色泽红艳，汁液滋润，味酸鲜香，使用时以色红亮、味纯正、质细腻、无杂质者为佳。

番茄酱是从西餐引进的，经中国烹饪的运用，具有一定的发展和变化，现已广泛运用于中餐烹调。番茄酱主要用于甜酸味浓的菜品，突出色泽和特殊风味，如茄汁鱼花、茄汁龙虾、番汁兔丁等。番茄酱在烹饪运用时，宜先用温油炒香出色，增加其色泽并增添鲜香之味。若酸味不足可加柠檬酸补充以保其味，同时还要注意用量，防止压抑主味而败味。在保管中，应注意气温变化，开罐后的番茄酱容易发酵变质。

3）柠檬酸

柠檬酸又称枸橼酸、柠檬精，为无色半透明结晶、白色颗粒或白色结晶性粉末，无臭，味极酸，存于柠檬、柑橘、草莓等水果中，最初由柠檬汁分离制取而得名，也可由糖汁发酵或其他合成法制成。柠檬酸是所有有机酸中最温和、可口的酸味剂。

柠檬酸在烹饪上起保色、增香、添酸等作用，使菜品产生特殊风味，如珊瑚雪莲、怪味花生、柠檬鸡柳等。使用时应注意用量，使用量通常为0.1%～1%。在使用时，宜用水溶解后再进行调味。柠檬酸是食品工业制作饮料、果酱、罐头的重要原料。因为柠檬酸具有耐高温、易溶解的特点，所以在保管中应注意干燥通风，防止潮解，同时要注意清洁，防止污染，保证品质。

4）苹果酸

苹果酸是一种白色的结晶或结晶粉末，无臭，有特殊的酸味，易溶于水，存在于未成熟的苹果、葡萄、山楂等果实中，可由此类果实的汁液中提取。工业上使用的苹果酸由合成法生产制造。

苹果酸刺激缓慢，其刺激可保留较长时间，在烹饪中可作甜酸点心的酸味剂，广泛运用于果酱、饮料、罐头、糖果等食品工业之中，使用量通常为0.05%～0.5%。

5）浆水

浆水又称酸浆、酸浆水、米浆水，是我国传统酸味调味品，多见于西北的甘肃、宁夏、青海和陕西等省。其主要制作方法是将蔬菜切碎煮熟，放在缸中，另将豆面或面粉煮成稠汤倒入缸中，加适量冷开水搅匀密封，经旺盛的乳酸发酵而成，揭盖后酸香扑鼻即可食用，夏季只需2～3个月即可制成。

制好的浆水为一种白色或稍呈白色的酸味液体，凉爽可口，清甜曲香，酸味适口。民间常作为主食调味，如炝锅后加浆水烧沸，称为“炝浆水”，以此煮面条叫浆水面。此外，还可制浆水散饭、浆水拌汤、浆水面鱼等，夏季也用浆水做清凉饮料，用于清热解暑、和胃止渴。此外，还可用于点豆腐。

9.2.4 鲜味调味品

鲜味是食品的一种复杂的美味。鲜味物质广泛存在于动植物原料中，如畜肉、禽肉、水产品、豆类、菌类等。这里主要指用来增加菜肴鲜味的各种调味品，鲜味物质主要有核苷酸、氨基酸、酰胺、肽、有机酸等。但鲜味不能单独成味，必须在咸味的基础上才能发挥作用，鲜味调料在烹饪中主要用来增加菜点鲜美滋味，但使用时应掌握用量，不能压制主味和原料的本味。

1）味精

味精又称味素，是用小麦的面筋蛋白质或淀粉经过水解法或发酵法而制成的一种液态、粉状或结晶状的调味品，其主要成分是谷氨酸一钠，并含有食盐及矿物质等。根据味精含谷氨酸一钠的不同，一般可分为99%，98%，95%，90%，80% 5种。其中，主要商品味精是99%的颗粒状味精和80%的粉末状味精。

味精用于烹饪时，主要用于增鲜提味，且能直接被人体吸收，具有维持人体的正常生理机能、调节血液渗透、溶解纤维素及钙磷物质等功能。味精必须与咸味调料配合，才能把鲜味体现出来，如在无食盐的菜品中加入味精，不仅没有鲜味，而且有一种令人不快的腥味。烹饪时还应注意味精的用量，投放时的温度、时间和范围，其最适溶解温度是70～90 ℃。若长时间在高温下加热，味精会变成焦谷氨酸钠，不仅没有鲜味，而且有轻微毒素产生。因此，味精一般在菜起锅时加入，以突出鲜味。味精不宜在油锅中煎、炸，其最适宜使用的浓度为0.2%～0.5%。在制作酸性较大的菜品时，不宜使用味精调味，因为味精在酸性条件下会生成谷氨酸或谷氨酸盐，影响风味的形成。味精在碱性条件下会失去鲜味。此外，使用味精时，应突出菜品鲜味、主味，不能压制菜品的鲜味、本味。

2）蚝油

蚝油是用鲜牡蛎加工干制时的汤汁经浓缩制成的一种浓稠状液体调味品。蚝油含有鲜牡蛎肉浸出物中的各种呈味物质，具有浓郁的鲜味，是我国广东一带的常用调味料。蚝油的质量是以色泽棕黑、汁滋润、浓郁、无异味、无杂质为佳。

蚝油在烹饪中可作鲜味调料和调色料使用，具有提鲜、增香、补色等作用。蚝油也可作为菜肴的味碟使用，如蚝油牛肉、蚝油网鲍鱼、蚝油菜心。

蚝油菜心：将菜心放在开水里烫熟，水里加少许食用油。将烫好的菜心整齐地码在碟子里。炒锅加1汤匙油烧热，倒入盐、蚝油和水淀粉勾芡。将蚝油芡汁淋在菜心上即可。蚝油菜心如图9.2所示。

图9.2　蚝油菜心

3）鱼露

鱼露又名鱼酱油、水产酱油，主要利用三度鱼、七星鱼等水产品或其废弃物经过加工制成的液状调味品。鱼露含有多种呈鲜味的氨基酸成分，味极鲜美，营养价值高，是高级、名贵的调味料。鱼露因其加工方法不同，品质也有差异，以两年分解发酵加工的鱼露最好。鱼露主产于我国福建、广西等地。鱼露的应用与酱油基本相同，主要用于菜肴的鲜味调配，也可作味碟使用，适用于煎、炒、拌等烹调方法的应用。

4）虾油

虾油是利用虾加工干制时的汤汁，加入盐和香料熬制成的一种液体调味料。虾油含有鲜虾浸出物中的各种呈味成分，味道鲜美，其品质以色泽黄亮、滋味鲜美、汁液浓稠、无杂质、无异味者为好，在保管中应置于阴凉处，勿沾生水，以防霉变。虾油主要产于我国沿海加工虾米的地方。虾油在烹调中多用于制作汤菜，也可用于烧、拌等菜肴的调味，主要起增香、压异味、提鲜和味的作用。

5）豆腐乳

豆腐乳由豆腐加入香料、盐等发酵而成，为我国特产，是人们喜爱的一种佐餐食品。豆腐乳品种多样。根据工艺特点的不同，可分为红腐乳、白腐乳、青腐乳和酱腐乳4种，其发酵过程中溢出的卤汁即腐乳汁，含有丰富的游离氨基酸，是一种理想的鲜味调味品。

腐乳汁滋味鲜美，风味独特，在烹调中主要起提鲜增香、解腻的作用，适宜于烧、蒸等方法制作的菜肴，如腐乳烧肉、粉蒸肉、腐乳鸡等，也可直接用于拌菜和味碟。

腐乳烧肉：五花肉洗净切块，放入热水中滚开，变色后捞出。起油锅，放入花椒爆香，铲出花椒，放入腐乳和姜末，捣碎。放入五花肉翻炒，待肉块均匀裹上腐乳汁后，放入料酒、酱油、白糖，再倒点腐乳瓶中的腐乳汁水。加入适量水，大火烧开，改小火焖，1小时后，大火收汁，出锅。腐乳烧肉如图9.3所示。

图9.3　腐乳烧肉

6）菌油

菌油是选用蘑菇、平菇、金针菇等食用菌类，先将其清洗干净，腌制片刻，然后倒入热油中，用小火炒制，添加适量盐、酱油、姜、花椒、陈皮等调味品，炒至变色萎缩，离火冷却制成。湖南长沙特产菌油是在春季采集林中鲜嫩的松菌而制成，呈红褐色，色、香、味均佳。

菌油的鲜味主要来自鸟苷酸和谷氨酸，鲜味极强。烹饪中可用于干烧、炖、炒、焖、拌菜肴，如菌油煎鱼饼、菌油烧豆腐等颇具特色的菜品，也可在食用面条、米粉时淋入以增添鲜香味感。

9.2.5 辣味调味品

辣味是刺激触觉神经末梢产生的一种痛觉。辣味调味品的品种较多，性质差异较大。辣味一般分为火辣味和辛辣味两类。火辣味是一种在口腔引起烧灼感的辣味，如辣椒、胡椒的辣味。辛辣味如葱、姜、蒜、芥末的辣味。辣味调味品在使用时，应根据使用者的不同以及气候、环境、季节的变化而掌握用量，遵循“辛而不烈，辣而不燥”的原则。

辣味是一种强刺激的味道，在烹饪中不能单独使用，必须和其他味配合才能发挥作用，在烹调中有提辣上色、和味增香、解腻味、压异味等作用。此外，辣味还具有刺激食欲、帮助消化的功能。

1）辣椒干

辣椒干又称干辣椒，是各种新鲜长形尖头辣椒的干制品。干制后的辣椒干，带有小果柄，颜色有鲜红、紫红等，椒果内空，有多粒黄色种子，扁平状，气味辛辣，刺激性强，主要产于云南、四川、湖南、贵州、陕西等地。品种有朝天椒、线形椒、七星椒、羊角椒等。辣椒的主要成分是辣椒素，能促进血液循环、增加唾液的分泌以及淀粉酶活性，具有促进食欲、杀虫灭菌等功用。辣椒虽富含维生素，但食用过多会引起肠胃炎、腹痛等。干辣椒的品质以色泽紫红、油光晶亮、皮肉肥厚、身干籽少、辣中带香、无霉烂者为佳。干辣椒在烹饪中运用广泛，具有去腥味、压异味、增香味、提辣味、解腻味的作用，主要用于烧、煮、炖、炝、涮等烹调方法制作菜肴。在烹调时应注意投放时机、加热时间及油温的掌握，以保持辣椒味道和鲜艳色泽。

因为辣椒最忌受潮，受潮后会发热、霉变、生虫，所以应放在干燥通风的地方保管，注意清洁卫生，以保持辣椒风味。

2）辣椒粉

辣椒粉又称辣椒面，是由各种尖头辣椒磨成的一种粉面状调料。因辣椒品种和加工方式的不同，其品质也有差异，一般以质细色红、籽少、香辣的辣椒粉为好。辣椒粉在烹调中应用广泛，功用同干辣椒，可用于提辣上色，如麻婆豆腐。辣椒粉也是制作辣椒油的主要原料，辣椒油主要用于不同辣味味型的调制，如红油味、麻辣味、怪味等。可用作部分风味小吃的调料味，如红油抄手、担担面、凉粉等。

3）泡辣椒

泡辣椒又称泡海椒、鱼辣子、鱼辣椒，是用新鲜的红辣椒略微晾干水汽，在泡菜坛中泡制而成的。泡菜水中含有丰富乳酸，泡好的辣椒用于烹制菜肴，具有独特的香气和味道。泡海椒为四川特产之一，驰名中外。泡海椒以色泽红亮、滋润柔软、肉厚籽少、香辣味美、味道鲜咸略酸、体完整无霉者为佳。在烹调中的应用与辣椒基本相同，是调制鱼香味的重要原料之一，多用于烧、炒、蒸、拌等烹调方法，也可作菜肴的调色料、装饰料使用。使用时应掌握用量及变化，充分发挥其风味特色。

4）辣豆瓣酱

辣豆瓣酱用辣椒、去皮蚕豆瓣、面粉、食盐、植物油等加工酿造制成，是四川特产，西南地区主要辣味调料之一，具有色泽红亮、油润滋软、辣味浓厚、味道香醇的特点。著名品

种有郫县豆瓣、资阳临江寺豆瓣、富顺香辣酱等。

辣豆瓣酱在烹饪中常用于炒、烧、蒸、煮等方法制作的菜肴，也用于一些拌菜及小吃。烹调时，要剁细使用，一般在主料下锅前用热锅温油煸炒，以除去豆瓣较重水分和发酵的异味，而且能使香气四溢、油色红亮。

5）胡椒

胡椒又称大川，为胡椒科植物胡椒的果实，有黑胡椒、白胡椒之分。黑胡椒是在果穗基部的果实开始变红时，剪下果穗，用沸水浸泡到皮色发黑，晒干或烘干而成。白胡椒是在全果实均已变红时采收，用水浸渍数天，擦去外果皮，晒干，使表面呈灰白色而成。胡椒主要分布在热带、亚热带地区，我国的华南及西南地区也有生产。胡椒中主要含胡椒碱、胡椒脂碱、挥发油等成分。黑胡椒以粒大饱满、色黑皮皱、气味强烈者为佳，白胡椒以个大粒圆、坚实、色白、气味强烈者为佳。

胡椒作为调味品通常加工研磨成粉末状后使用，在烹调中主要起提味、增鲜、和味、增香、除异等作用。胡椒粉香气浓郁，入口辛辣，能解除腥膻，适用于鱼类、肉类等菜肴中。胡椒籽则经常用于西餐烹饪。此外，胡椒还具有一定的药用价值。

6）芥末

芥末又称芥末粉，是芥菜成熟的种子经研磨制成的一种粉状调味料，有淡黄、深黄之分。我国各地均产，以河南、安徽的产量最大。其干燥品辛辣味不明显，粉碎湿润后产生冲鼻的辛烈气味。芥末粉的质量以油性大、辣味足、有香味、无异味者为佳。保管时应注意防潮，最好放在玻璃瓶中存放。芥末粉含油量多，受潮后容易跑油，产生哈味和苦味，品质下降，严重时不能食用。

芥末是烹饪中制作芥末味型的重要调味品，多用于凉菜制作，风味独特，如芥末肘子、芥末鸭掌、芥末粉皮，也可以用于面食小吃的制作。使用时，以温开水搅成糊状，在常温下静置2小时左右待产生强烈的刺鼻气味和上口极辣的感觉后即可使用。在调拌成糊状时，常加入少许糖、醋除去苦味，加入少许植物油增进香味。现在市场上的芥末油、芥末膏等可以直接使用，其用量应视菜品的变化而加以准确掌握，灵活运用。

9.2.6　香味调味品

香味调味品是指用来增加菜品香味的各种香气浓厚的调味品。香味需要在甜味或咸味的基础上才能发挥。香味调味品在烹饪中运用较多，有除异味、增香味和刺激食欲的作用。香味调味品分天然香料和合成香料两大类，其香味类型有芳香料、苦香料和酒香料。

1）八角

八角，又称八角茴香、大料和大茴香（在某些地方，大茴香指的不是八角）。其干燥果实是中国菜和东南亚地区烹饪的调味料之一。八角原产亚洲东南部和美洲，主要产于中国广西、云南、福建南部、广东西部。除栽培的八角外，其他野生种类的八角果实多有剧毒，误用可引起死亡。

八角在烹饪中应用广泛，主要用于煮、炸、卤、酱及烧等烹调加工中，常在制作牛肉、兔肉的菜肴中加入，可除腥膻等异味，增添芳香气味，并可调剂口味，增进食欲。炖肉时，肉下锅就放入八角，它的香味可充分水解溶入肉内，使肉味更加醇香。做上汤白菜时，可在白菜中加入盐、八角同煮，最后放些香油，这样做出的菜有浓郁的荤菜味。在腌鸡蛋、鸭蛋、香椿、香菜时，放入八角则会别具风味。

八角的果实与种子可作调料，还可入药，具强烈香味，有驱虫、温中理气、健胃止呕、祛寒、兴奋神经等功效。除作调味品外，八角在工业上还可作为香水、牙膏、香皂、化妆品等的原料，也可用在医药上，制作祛风剂和兴奋剂。八角性温，味辛，具有温阳散寒、理气止痛之功效，可用于治疗寒呕逆、寒疝腹痛、肾虚腰痛、干湿脚气等症。

2）桂皮

桂皮又称肉桂、官桂或香桂，为樟科、樟属植物天竺桂、阴香、细叶香桂、肉桂或川桂等树皮的通称。本品为常用中药，又为食品香料或烹饪调料。商品桂皮的原植物比较复杂，有10余种，均为樟科樟属植物。各地常用的有8种，其中主要有桂树、钝叶桂、阴香及华南桂等，其他种类多为地区用药。各品种在西方古代被用作香料。中餐里用桂皮给炖肉调味。桂皮是五香粉的成分之一，也是最早被人类使用的香料之一。

桂皮主产于中国云南西部，尼泊尔、不丹、印度也有。桂皮主要分布于中国广东、浙江、湖南、湖北、四川等地。阴香又称山肉桂，主要分布于中南及福建、浙江、贵州、云南等地。

桂皮分为桶桂、厚肉桂、薄肉桂3种。桶桂为嫩桂树的皮，质细、清洁、甜香、味正、呈土黄色，品质最好，可切碎做炒菜调味品。厚肉桂皮粗糙，味厚，皮色呈紫红，炖肉用最佳。薄肉桂外皮微细，肉纹细、味薄、香味少，表皮发灰色，里皮红黄色，用途与厚肉桂相同。

桂皮因含有挥发油而香气馥郁，可使肉类菜肴祛腥解腻，芳香可口，进而让人食欲大增。在日常饮食中适量添加桂皮，有助于预防或延缓因年老而引起的糖尿病。据英国《新科学家》杂志报道，桂皮能够重新激活脂肪细胞对胰岛素的反应能力，大大加快葡萄糖的新陈代谢。每天在饮料或流质食物里添加1/4～1匙桂皮粉，对糖尿病可能起到预防作用。桂皮含苯丙烯酸类化合物，对前列腺增生有治疗作用，能增加前列腺组织的血流量，促进局部组织血运的改善。同时，桂皮还有药用功效。中医认为，桂皮性热，具有暖胃祛寒、活血舒筋、通脉止痛和止泻的功能。

3）丁香

丁香主要分布于中国、朝鲜、欧洲东南部、日本等地。中国拥有丁香属81%的野生种类，是丁香属植物的现代分布中心。中国西南、西北、华北和东北地区是丁香的主要分布区。其中四川、云南、西藏地区是中国丁香的重要分布区，自然分布13种，约占全属野生资源的50%。同时，这些地区也是特有种最多的地区，有藏南丁香、云南丁香、西蜀丁香、毛丁香、四川丁香、垂丝丁香、松林丁香、皱叶丁香等。

丁香是温中散寒、降逆止呕的中药材，并有促进胃液分泌、增强胃肠蠕动的功效。丁香常用于卤、酱、蒸、拌、烧等方法制作的菜肴，主要起增香、压异味等作用，使用时最好用纱布包扎。另外，丁香味道浓郁，用量不宜过大，否则会影响菜品的正常风味。

4）孜然

孜然又名枯茗、孜然芹，也被称为小茴香。属伞形目，伞形科一年生或二年生草本，高20～40厘米，全株（除果实外）光滑无毛，花瓣粉红或白色，长圆形，花期4月，果期5月。

孜然适应性较强，耐旱怕涝，对土壤要求不严，一般选择通透性、排水性良好的砂壤土种植较好。孜然原产于中亚、伊朗一带，现在主要分布于中国、印度、伊朗、土耳其、埃及等地。

孜然具有一定的抑制脂质过氧化的作用，对食品具有防腐作用，可用于食品防腐。孜然籽具有较高含量的蛋白质、脂肪、无机盐，还含有丰富的钙、铁、镁、钾、锌、铜、磷。孜然可利尿、镇静、缓解肠胃气胀并有助于消化。孜然具有醒脑通脉、降火平肝等功效，能祛寒除湿、理气开胃、祛风止痛，对消化不良、胃寒疼痛、肾虚便频、月经不调均有疗效。

孜然是一种特殊的香味调味品，在烹饪中可去除异味、增加香味、解羊肉膻味。孜然多用于羊肉菜品制作，如烤羊肉串、孜然羊肉等。使用时，应加工成粉，用量不宜太大，以保证菜品风味为度。

5）花椒

花椒，又名大椒、秦椒、蜀椒、川椒、山椒。花椒为芸香科、花椒属落叶灌木或小乔木，可孤植又可作防护刺篱，其果皮可作为调味料。

花椒产地北起东北南部，南至五岭北坡，东南至江苏、浙江沿海地带，西南至西藏东南部。花椒多产于平原至海拔较高的山地，在青海海拔2 500米的坡地也有栽种。

中医认为，花椒性温、味辛，具有温中散寒、健胃除湿、止痛杀虫、解毒理气、止痒祛腥的功效，可用于治疗积食、停饮、呃逆、呕吐、风寒湿邪所致的关节肌肉疼痛、脘腹冷痛、泄泻、痢疾、蛔虫、阴痒等病症。

花椒在烹饪中既可用于原料的腌制，又可用于炒、炝、烧、烩、卤、拌等烹饪方法，具有去异味、增香味的作用，在不同程度上增加菜品的风味。花椒是体现川菜麻辣的来源，花椒常与辣椒配合，是制作麻辣味、怪味、陈皮味以及部分家常风味菜品的重要原料之一。花椒还可与葱或熟盐配合，制成椒盐、椒麻等特殊味道。花椒经加工可制成花椒粉、花椒盐、花椒油等再制调味品。

6）五香粉

所谓五香粉是将超过5种的香料研磨成粉状混合一起，常用在煎、炸前涂抹在鸡、鸭肉类上，也可与细盐混合做蘸料之用。五香粉广泛用于东方料理的辛辣口味的菜肴，尤其适合用于烘烤或快炒肉类、炖、焖、煨、蒸、煮菜肴作调味。其名称来自中国文化对酸、甜、苦、辣、咸要求的平衡。五香粉因配料不同，有多种不同口味和不同的名称，如麻辣粉、鲜辣粉等，是家庭烹饪、佐餐不可缺少的调味料。

在食用五香粉方面，因其味浓，宜酌量使用，一般2～5克即可。五香粉香味浓郁，有辛辣味，还有些许甜味，主要用于调制卤水食品和烧烤食品，或用作酱腌菜的辅料以及火锅调料等。

五香粉汇集了各种原料的优点，气味芳香，具辛温之性，有健脾温中、消炎利尿等功效，对提高机体抵抗力有一定帮助。五香粉也有一些饮食禁忌，另外，五香粉有油脂渗出并变苦时不能食用。孕妇在怀孕早期不宜食用，否则容易引起肠道干燥、便秘。

7）陈皮

陈皮，别名橘皮、贵老、红皮、黄橘皮、广橘皮、新会皮、柑皮、广陈皮，为芸香科植物橘及其栽培变种的成熟果皮。橘为常绿小乔木或灌木，栽培于丘陵、低山地带、江河湖泊沿岸或平原，分布于长江以南各地区。10—12月果实成熟时，摘下果实，剥取果皮，阴干或通风干燥。陈皮剥取时多割成3～4瓣。

陈皮主产于湖北、广东、福建、四川、重庆、浙江、江西、湖南等地。其中，以广东新会、四会、广州近郊产的为佳，四川、重庆等地产量较大。陈皮味苦、辛，性温，归肺、脾经，可理气健脾、燥湿化痰，用于胸脘胀满、食少吐泻、咳嗽痰多。陈皮在使用前先用热水浸泡，使苦味水解，陈皮回软，香味外溢。在烹饪中，多用于炖、烧、炸的菜品调味，主要起除腥、增香、提味的作用，如陈皮牛肉、陈皮兔丁、陈皮鸭等。

8）黄酒

黄酒是中国汉族的民族特产，属于酿造酒，在世界四大酿造酒（白酒、黄酒、葡萄酒和啤酒）中占有重要的一席。酿酒技术独树一帜，是东方酿造界的典型代表和楷模。其中，以浙江绍兴黄酒为代表的麦曲稻米酒是黄酒历史最悠久、最具代表性的产品。它是一种以稻米为原料酿制成的粮食酒。黄酒不同于白酒，黄酒没有经过蒸馏，酒精含量低于20%。不同种类的黄酒颜色也呈现出不同的米色、黄褐色或红棕色。

黄酒在烹饪中广为应用，既适用于原料加工时的腌制品码味，又可以在烹饪菜品中起到去腥膻、解腻味、增香味以及增强味的渗透的作用，还具有一定的杀菌消毒作用，是重要的调味品原料之一。黄酒应在菜肴加热过程中加入，用量不宜过多，以不影响菜品口感、吃不出酒味为准。

9）白酒

白酒是以粮谷为主要原料，以大曲、小曲或麸曲及酒母等为糖化发酵剂，经蒸煮、糖化、发酵、蒸馏而制成的蒸馏酒。白酒又称烧酒、老白干、烧刀子等。酒质无色（或微黄）透明，气味芳香纯正，入口绵甜爽净，酒精含量较高，经储存老熟后，具有以酯类为主体的复合香味。

白酒因其酒精含量过高，容易破坏菜肴风味，烹饪中，主要是对腥膻味较重的原料进行加工除异味以及一些风味菜肴的制作，如醉鸡、茅台酒烤鸡球等。

10）葡萄酒

葡萄酒是用新鲜的葡萄或葡萄汁经发酵酿成的酒精饮料，通常分红葡萄酒和白葡萄酒两种。前者是红葡萄带皮浸渍发酵而成；后者是葡萄汁发酵而成。

葡萄酒在西餐菜肴中应用广泛，中餐烹饪中又有使用，具有增酒香、除腥膻、增色泽的作用，如贵妃鸡翅、葡汁鸡、红酒烧鸡等。

11）酒酿

酒酿旧时叫“醴”，是汉族传统的特产酒，是用蒸熟的江米（糯米）拌上酒酵（一种特殊的微生物酵母）发酵而成的一种甜米酒。酒酿又叫醪糟、酒娘、米酒、甜酒、甜米酒、糯米酒、江米酒、酒糟。

酒酿甘辛温，含糖、有机酸、维生素B_1、维生素B_2等，可益气、生津、活血、散结、消肿。酒酿不仅利于孕妇利水消肿，也适合哺乳期妇女通利乳汁。

酒酿主要起增香、和味、去腥、除异、提鲜、消腻的作用，还有增进食欲、温寒补虚等功用。酒酿可以直接食用也可作调料使用，可用于烧菜、甜品、糟汁菜以及风味小吃的制作。

任务3 食用油

9.3.1 豆油

大豆油取自大豆种子，大豆油是世界上产量最多的油脂。大豆毛油的颜色因大豆种皮及大豆的品种不同而异，一般为淡黄、略绿、深褐色等。精炼过的大豆油为淡黄色。大豆油中含有大量的亚油酸，亚油酸是人体必需的脂肪酸，具有重要的生理功能。幼儿缺乏亚油酸，皮肤会变得干燥，鳞屑增厚，发育生长迟缓。老年人缺乏亚油酸，会引起白内障及心脑血管病变。

大豆毛油有腥味，精炼后可去除，但储藏过程中有回味倾向。豆腥味由所含亚麻酸、异亚油酸所引起，选择氢化的方法将亚麻酸含量降至最小，同时避免异亚油酸的生成，则可基本消除大豆油的“回味”现象。

精炼过的大豆油在长期储藏时，其颜色会由浅变深，这种现象叫作“颜色复原”。大豆油的颜色复原现象比其他油脂显著，而油脂自动氧化引起的复杂变化可能是其基本原因。采取降低原料水分含量的方法可以防止这种现象的发生。

因为豆油除含有脂肪外，在加工过程中还带进一些非油物质，在未精炼的毛油中含有1%～3%的磷脂、0.7%～0.8%的甾醇类物质、少量蛋白质和麦胚酚等物质，容易引起酸败，所以豆油如未经水化除去杂质，是不宜长期储藏的。另外，由于精制豆油在长期储存中，油色会由浅逐渐变深，因此，豆油颜色变深时，便不宜再作长期储存。

9.3.2 花生油

花生油淡黄透明，色泽清亮，气味芬芳，滋味可口，是一种比较容易消化的食用油。花生油含不饱和脂肪酸80%以上。其中，含油酸41.2%，亚油酸37.6%。另外，还含有软脂酸、硬脂酸和花生酸等饱和脂肪酸。花生油的脂肪酸构成是比较好的，易于人体消化和吸收。

花生油由20%饱和脂肪酸和80%的不饱和脂肪酸所组成，其中主要是油酸、亚油酸和棕榈酸，碘值80～110。花生油属于干性油，有香味，是一种优质的烹调用油。花生油按制作工艺可分为浸出花生油和压榨花生油。浸出花生油是经溶剂浸出制取的油，压榨花生油是用压榨方法制取的油。

经研究证实，花生油含锌量是色拉油、粟米油、菜籽油、豆油的很多倍。虽然补锌的途径很多，但油脂是人们日常必需的补充物，因此食用花生油特别适宜于大众补锌。花生油含抗衰老成分，具有延缓脑功能衰老的作用。花生油还具有健脾润肺、解积食、驱脏虫的功效。在花生油中，还发现有益寿延年心脑血管的保健成分3种，即白藜芦醇、单不饱和脂肪酸和β-谷固醇。实验证明，这几种物质是肿瘤类疾病的化学预防剂，也是降低血小板聚集、防治动脉硬化及心脑血管疾病的化学预防剂。中老年人食用花生油中的胆碱，可以改善大脑的记忆力，延缓脑功能衰退。

9.3.3 菜籽油

菜籽油就是我们俗称的菜油，又叫油菜籽油、香菜油，是用油菜籽榨出来的一种食用油。菜籽油色泽金黄或棕黄，有一定的刺激气味，民间叫作“青气味”。这种气味是其中含有一定量的芥子甙所致，但特优品种的油菜籽则不含这种物质。

根据制取工艺，菜籽油可以分为压榨菜籽油和浸出菜籽油；根据原料是否为转基因，菜籽油可以分为转基因菜籽油和非转基因菜籽油；根据脂肪酸组成的芥酸含量，可以分为一般菜籽油和低芥酸菜籽油。

从营养价值方面看，人体对菜籽油消化吸收率可高达99%，并且有利胆功能。在肝脏处于病理状态下，菜籽酮也能被人体正常代谢。另外，菜籽油中含有少量芥酸和芥子甙等物质，一般认为这些物质对人体的生长发育不利。如果能在食用时与富含有亚油酸的优良食用油配合食用，其营养价值将得到提高。

中医理论认为，菜籽油味甘、辛、性温，可润燥杀虫、散火丹、消肿毒，临床用于蛔虫性及食物性肠梗阻，效果较好。由于人体对菜籽油的吸收性好，因此菜籽油所含的亚油酸等不饱和脂肪酸和维生素E等营养成分能很好地被机体吸收，具有软化血管、延缓衰老的功效。榨油的原料是植物的种子，一般会含有一定的种子磷脂，对血管、神经、大脑的发育十分重要。因为菜籽油的胆固醇很少或几乎不含，所以怕胆固醇的人可以放心食用。

9.3.4 玉米油

玉米油是由玉米胚加工制得的植物油脂，主要由不饱和脂肪酸组成。其中，亚油酸是人体必需脂肪酸，是构成人体细胞的组成部分，在人体内可与胆固醇相结合，呈流动性和正常代谢，具有防治动脉粥样硬化等功效。玉米油中的谷固醇具有降低胆固醇的功效。玉米油富含维生素E，有抗氧化作用，可防治干眼病、夜盲症、皮炎、支气管扩张等功效，并具有一定的抗癌作用。玉米油营养价值高、味觉好、不易变质，深受人们喜爱。在欧美国家，玉米油被作为一种高级食用油而广泛食用，享有健康油、放心油、长寿油等美称。

玉米油色泽金黄透明，清香扑鼻，特别适合快速烹炒和煎炸食品。在高温煎炸时，具有较高的稳定性。油炸的食品香脆可口，烹制的菜肴既能保持菜品原有的色香味，又不损失营养价值。用玉米油调拌凉菜香味宜人，烹调中油烟少，无油腻。玉米油的凝固点为-10 ℃。玉米油中含有少量维生素E，具有较强的抗氧化作用。

经专家论证，玉米油含大量不饱和脂肪酸和维生素，亚油酸含量高达60%，可以降低血压，能预防冠状动脉硬化、抗衰老及预防单纯性肥胖症等。同时，玉米油所含的维生素D对

促进人体钙的吸收作用较大，对儿童骨骼的发育极为有利。

9.3.5 麻油

麻油，一般指麻籽榨的油，在不少地区是花椒油的称呼，尤其是四川花椒油，在南方也可以指芝麻榨出来的油。麻油在长江以南地区非常受欢迎，夏天做凉拌菜时麻油是必不可少的。在生产工艺上，分为机制麻油和手工制作的小磨麻油两种。因芝麻品质和制作工艺的不同，分为上、中、下三品。其中，皖南重镇大通镇产的“沙艺棠”小磨麻油为上品，醇香无比，回味悠长。

如与米做成饭食，民间则称为“仙家食品”。根据科学分析，麻油中的主要成分不饱和脂肪酸占85%～90%，油酸和亚油酸基本上各占50%，其特点是稳定性强，而且易保存，这是因为麻油中含有一种天然抗氧化剂芝麻酸的缘故。麻油中还含有蛋白质、芝麻素、维生素E、卵磷脂、蔗糖、钙、磷、铁等，是一种营养极为丰富的食用油。

中医认为，麻油性味甘、凉，具有润肠通便、解毒生肌之功效。据《本草纲目》记载：“有润燥、解毒、止痛、消肿之功。”《别录》记载：“利大肠，胞衣不落。生者磨疮肿，生秃发。”

9.3.6 葵花籽油

从葵花籽中提取的油类称葵花籽油，油色金黄，有些令人喜食的清香味，是欧洲人的主要食用油。葵花籽油质地纯正，清亮透明，芳香可口。葵花籽油含有丰富的亚油酸和维护人体健康的营养物质，被誉为保健佳品、高级营养油或健康油等。

在21世纪，冠心病、脑中风、脑血栓、动脉硬化、高血压等心脑血管疾病增多，而长期食用合适的油脂产品，能够对上述症状有较大的改善。葵花籽油就是健康油脂中非常优秀的一种，它已经成为消费者和厨师的首选油，在世界范围内的消费量在所有植物油中排行第三。

葵花籽油含有甾醇、维生素、亚油酸等多种对人类有益的物质。其中，天然维生素E含量在所有主要植物油中含量最高。而亚油酸含量可达70%左右。葵花籽油能降低血清中的胆固醇水平，降低甘油三酯水平，有降低血压的作用。并且，葵花籽油清淡透明，烹饪时可以保留天然食品风味。葵花籽油的烟点也很高，可以免除油烟对人体的危害。

9.3.7 色拉油

色拉油俗称凉拌油，是将毛油经过精炼加工而成的精制食品油。色拉油可用于生吃，因特别适用于西餐“色拉”凉拌菜而得名。色拉油呈淡黄色，澄清、透明、无气味、口感好，用于烹调时不起沫、烟少。色拉油在0 ℃条件下冷藏5.5小时仍能保持澄清、透明（花生色拉油除外）。色拉油除作烹调煎炸用油外，主要用于冷餐凉拌油，还可以作为人造奶油、起酥油、蛋黄酱及各种调味油的原料油。

色拉油和调和油中均不含致癌物质黄曲霉素和胆固醇，对机体有保护作用。色拉油含有丰富的亚油酸等不饱和脂肪酸，具有降低血脂和血胆固醇的作用，在一定程度上可以预防心血管疾病。色拉油还含有一定的豆类磷脂，有益于神经、血管、大脑的发育生长。

9.3.8 奶油

奶油，或称淇淋、激凌、忌廉，是由未均质化之前的生牛乳顶层的牛奶脂肪含量较高的一层制得的乳制品。因为生牛乳静置一段时间之后，密度较低的脂肪便会浮升到顶层。在工业化制作程序中，这一步骤通常被分离器离心机完成。在许多国家，奶油都是根据其脂肪含量的不同分为不同的等级。国内市场上常见的淡奶油、鲜奶油其实是指动物性奶油，即从天然牛奶中提炼的奶油。

奶油用于西式料理，可以起到提味、增香的作用，还能让点心变得更加松脆可口。奶油的用途非常广泛，可以制作冰淇淋、装饰蛋糕、烹饪浓汤，以及冲泡咖啡和茶等。

[小组探究]

试比较常用咸味调味品在使用时有何区别。

[练习实践]

1. 阐述花生油的营养价值。
2. 举例说明一种辣味调味品的烹调应用。
3. 课后利用周末时间，选择当地一家三星级以上的酒店进行调味品使用情况的市场调研，统计好制作成 PPT，下节课小组汇报调研成果。

项目10

刀工基础知识

（4课时）

情境导入

✧ 年轻时当学徒，师傅总是在耳边唠叨着：你的手要和刀背、刀柄都有接触才能拿得稳，感觉有点像拿鼠标的姿势，食指按着刀脊后部，手心下部抵着刀柄，其他手指自己看怎样方便怎样安排，个人习惯不同。多练习，找窍门，多总结，多改进。另外，别忘了切菜时按着菜的那只手要猫爪姿势，这样不会切到手……这些类似的言语，在厨房间随处可以听到。可见，刀工是我们学习烹饪原料与加工技术的基本功。

教学目标

✧ 了解刀工中常见的基本刀法。
✧ 掌握各种刀法在烹饪原料加工过程中的应用。
✧ 根据所学的刀工技艺，能够准确合理地对常见的烹饪原料进行初步加工。

任务1　刀工

中国烹饪以择料精细、注重刀工、讲究火候而蜚声中外，刀工技术在中国烹饪中有着重要意义。早在2 000多年前，儒家学派的创始人，春秋末期著名政治家、思想家、教育家孔子就为中国烹饪的刀工提出了食不厌精、脍不厌细、割不正不食的要求。几千年来，前人创造和积累着实践经验，并不断加以创新，终于以众多的技法形成现代的刀法体系。

10.1.1　刀工的意义

刀工在烹饪过程中是一道非常重要的技艺。我国烹饪刀工技艺在经历了一代又一代厨师锤炼之后，形成了独特的风格。刀工的第一个特点就是运用各种不同的刀法将原料加工成特定的形状，可以创造千姿百态、生动形象的菜品。刀工的第二个特点是使原料经过刀工处理后由大变小，便于入味，可以使菜肴取得入味三分的效果。刀工的第三个特点就是经过刀工的烹饪原料，在制成品后具有艺术表现力。刀工本身就是一门艺术，厨师运用各种刀法，将普通的原料综合制成一道道色香味形俱佳的美味，呈现在食客面前的实际上是一件件珍贵的菜肴艺术品。第四个特点是刀法具有系统性。随着烹饪技术的发展，刀工技术也随之发生变化，但是目前的刀法已经由比较简单的技法逐渐发展成切、排、批、抖、剞、旋等一系列刀法组成的刀法体系。这一体系不是固定不变的，它还在随着时代的前进而不断丰富和发展。作为初学者，必须继承前人精湛的刀工技艺并予以不断发展提高。

刀工是根据烹饪原料的质地和特性，运用各种行刀技法，把烹饪原料加工成符合菜肴成型要求、适应烹调方法和食用需要、具有一定形状的操作过程。刀工不仅是改变原料的形状，对菜肴的形成也有着多方面的意义和作用。

1）便于成熟

烹饪原料品种繁多，形态、质地各异，烹调方法多样，操作特点各不相同。刀工因料而异，因烹调方法而决定加工原料形状。比较大的原料只有通过刀工处理，才能成为整齐、划一、薄小的形状，便于成熟，并保证成熟度的一致，较好地突出菜肴鲜嫩或酥烂的风味特色。

2）便于入味

许多烹调原料，如不经过刀工的细加工，烹调时调味品的滋味不容易渗透入原料内部。只有通过刀工处理，将原料由大改小，或在表面剞上一定深度的刀纹，调味品才能渗入原料内部，使成品口味均匀、一致。

3）便于食用

中餐的就餐工具主要是筷子和汤匙，形状太大的原料食用起来不方便，如整头的猪、牛、羊，整只的鸡、鸭、鹅等，不经刀工而直接烹调，食用时就很不方便。而经过去皮、剔骨、分档，切、片、剁、剞等刀工处理后再烹调，或烹调后再经刀工处理，食用时就方便得多了。

4）利于吸收

有利于人体的消化吸收。通过刀工的处理，把原料化整为零，切割成大小适中的形状有利于人的咀嚼。在方便人们食用的同时，也有助于人体的消化吸收。

5）美化形态

所谓“刀下生花”，就是赞美刀工美化原料形态的技艺。经刀工把各种不同形状的原料加工成规格一致、整齐划一、长短相等、粗细厚薄均匀的不同状态。在一些象形菜品中就是运用剞刀法，在原料的表面剞切成各式刀纹，经刀工处理的原料加热后卷曲成各种美妙的形状，如金鱼形、松鼠形、荔枝形等，看上去清爽、利落、外形美观、诱人食欲。

6）丰富品种

同一种原料，要做出不同的品种，可以通过刀工处理将不同质地、不同颜色原料加工成各种不同的形状，经整合、配伍制成不同的菜品。同一原料在不同的刀工处理后可以形成不同的菜品，如一条草鱼可加工成丝、片、丁、米、蓉或剞刀处理再经合理的烹调可形成多种菜品。

7）提高质感

不同特性的原料经刀工技术（如切、剞、拍、捶、剁等刀法）处理，可以使肌肉纤维组织断裂或解体，扩大肉的表面积，从而使更多的蛋白质亲水基团显露出来，增大肉的持水性，再通过烹调即可取得肉质嫩化的效果，如炸猪排、爆炒鱿鱼卷等。

8）传递信息

增加切配与烹调之间的信息传递。不同的菜肴有不同的烹调方法，相同的原料，不同的搭配也可以烹制不同味型的菜品，要使烹调人员了解各个菜的烹调方法，能准确无误地烹制好菜肴，就得在切配与烹调之间传递信息，将菜品成菜要求，通过主、配原料刀工处理略有变化，传递给下一道工序。

10.1.2　刀工的原则

1）操作规范

刀工不仅是劳动强度较大的手工操作，而且是一项技术性高的工作。操作者除了有健康的体格、较耐久的臂力和腕力外，还要掌握正确的操作规范。规范刀工的操作姿势，有利于提高工作效率和身体健康，同时也体现了操作者精神风貌。在刀工操作过程中，我们的站姿、操刀、运刀动作必须自然、优美、规范。

2）运刀恰当

在刀工操作中，必须掌握烹饪原料的特性，同时，还要掌握好各种刀法的操作要领，这样各种刀法在运用时才能达到恰如其分。烹饪原料品种繁多，质地不尽相同，不同的菜品对原料的质地和形状的要求也不尽相同，只有熟练地掌握刀工技能，才能做到整齐划一。

3）合理用料

原料的综合利用是餐饮经营提高利润的一条基本原则。视烹饪原料各个部位质地不同而合理分割，计划用料，落刀时心中有数，以达到物尽其用，力求利润最大化。

4）配合烹调

一般情况下，刀工与配菜是同时进行的。刀工与菜肴的质量密切相关，原料成形是否符合要求直接影响着菜肴的质量。烹饪原料的形状必须适应烹调技法和菜品的质量要求。如旺火速成的烹调方法，所采用的火力强，加热时间短，成菜要求脆嫩或滑嫩，就要注意将原料加工得薄小一些。反之，如果是长时间加热的烹调方法，采用慢火，加热时间较长，成菜要求酥烂、入味，原料形状就要厚大一些。如果原料的形状过于厚大，旺火速成外熟里生，既影响质量和美观，又影响人们的食用。因此，刀工要密切配合烹调，适应烹调的需要。

5）营养卫生

符合卫生规范，力求保存营养是现代餐饮业基本原则。在刀工操作过程中，从原料的选择，到工具、用具的使用，必须做到清洁卫生。生熟原料要分砧板、分刀工进行，做到不污染、不串味，确保所加工的原料清洁卫生。根据营养学的要求，做到适时刀工、适量刀工，以确保少流渗、少氧化。

10.1.3 刀工操作者的基本要求

1）站姿的要求

操作时，两脚自然分立与肩同宽站稳，上身略向前倾，前胸稍挺，不要弯腰曲背，要精力集中，目光注视砧板和原料的被切部位，身体与砧板保持约10厘米的距离，砧板放置的高度以砧板水平面在人体的肚脐至脐下8厘米为宜，方便操作。

2）执刀的要求

两手臂自然抬起在胸前成十字交叉状，两腋下以夹稳一枚鸡蛋为度，右手持刀，以拇指与食指捏住刀箍，全手握住刀柄，掌心对着刀把的中部。不宜过前，否则用刀不灵活；也不宜过后，否则握刀不稳。刀背与小臂成一直线与人体正面呈45°角，左手小臂与刀身垂直，左手中指的第一个关节弯曲并顶住刀身，以控制刀具，其他手指以背稳控被切原料。

3）运刀的方法

在刀工操作过程中，动作必须自然、优美、规范。用力的基本方法一般是握刀时手腕要灵活而有力。一般用腕力和小臂的力量，左手控制原料，随刀的起落而均匀地向后移动。刀的起落高度一般为刀刃不超过左手中指第一个关节弯曲后的第一个骨节。总之，左手持物要稳，右手落刀要准，两手的配合要紧密而有节奏。

在刀工操作中，各种刀法必须运用恰当。同时，还要掌握好各种刀法的操作要领。由于原料的性质各有不同，因此在刀工处理过程中所采用的刀法也应有所不同。一般情况下，脆性原料采用直刀法中直切加工，韧性原料采用推切或推拉切加工，硬的或带骨的原料采用剁的刀法加工。

刀工是比较细致而且劳动强度较大的手工操作，操作者除了有正确的刀工操作姿势，平时应注意锻炼身体，保证健康的体格，有较耐久的臂力和腕力。刀工的基本操作姿势，主要从既能方便操作，有利于提高工作效率，又能减少疲劳，利于身体健康等方面考虑。

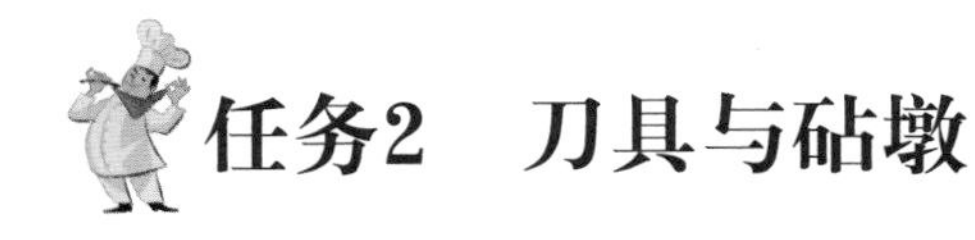

任务2　刀具与砧墩

刀具和砧墩在厨房中随处可见，由于制作的荤素菜肴的不同，因此需要加工的刀具和砧墩也有相应变化。

10.2.1　刀具的种类及用途

刀具（图10.1）的种类很多，形状、功能各异。

按使用地域分，在江浙一带使用较多的为圆头刀；在川广等地使用较为广泛的是方头刀；而京津地区马头刀最为常见，马头刀又称北京刀。

按刀的尺寸和重量可分为一号刀、二号刀、三号刀。

按刀具加工工艺和用材可分为铁质包钢锻造刀、不锈钢刀。不锈钢刀轻便灵活、钢质较纯、清洁卫生、外形美观，备受专业人员的欢迎。

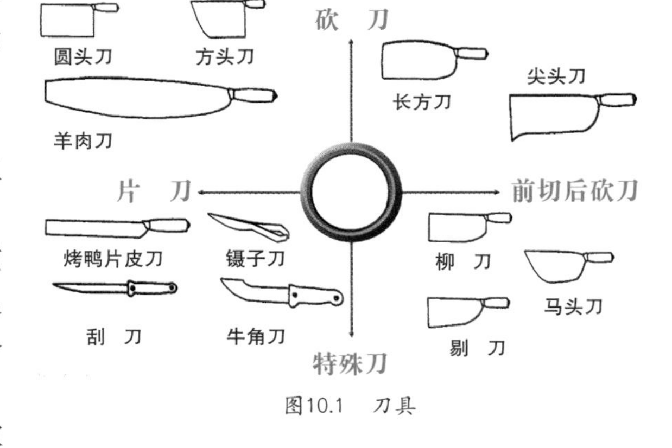

图10.1　刀具

按刀具的功能可分为片刀、切刀、砍刀（斩骨刀或劈刀）、前切后砍刀、烤鸭片皮刀、羊肉片刀（涮羊肉刀）、整鱼出骨刀、馅刀、剪刀、镊子刀、刮刀以及食品雕刻专用刀具等。

1）片刀

片刀的特点是重量较轻，刀身较窄而薄，钢质纯，刀刃锋利，使用灵活方便，加工硬性原料时易迸裂产生豁口。片刀适宜加工无骨无冻的动、植物性原料，主要用于加工片、条、丝、丁、米（粒）等形状，如片方干片、片肉片、片姜片等。

2）切刀

切刀的形状与片刀相似，刀身与片刀相比略宽、略重、略厚，长短适中，应用范围广，既能用于切片、丝、条、丁、块，又能用于加工略带小骨或质地稍硬的原料，此刀应用较为普遍。

3）砍刀（斩骨刀或劈刀）

砍刀刀身较厚，刀头、刀背重量较重，呈拱形。根据各地方的特点，刀身有长一点的，也有短一点的，主要用于加工带骨、带冰或质地坚硬的原料，如猪头、排骨、猪脚等。

4）前切后砍刀

前切后砍刀的刀身大小与切刀相似，但刀的根部较切刀略厚，钢质如同砍刀，前半部分薄而锋利，近似切刀，重量一般在750克左右。其特点是既能切又能砍。前切后砍刀又称文武刀，在淮扬地区较为常见。

5）烤鸭片皮刀

烤鸭片皮刀（小片刀）刀身比片刀略窄而短，重量轻，刀刃锋利。专用于片熟烤鸭用。

6）整鱼出骨刀

整鱼出骨刀比烤鸭刀更窄且长，前端为月牙形有刃，刀刃锋利一般。专门用于整鱼出骨。

7）羊肉片刀（涮羊肉刀）

羊肉片刀重量较轻，刀身较薄，刀口锋利。其特点是刀刃中部是内弓形。羊肉片刀是片切涮羊肉片的专用工具，现已被机械化代替。

8）馅刀

馅刀刀身较长，刀背较厚，刀刃锋利。专门用于加工馅料，如青菜馅等。

9）其他类刀

一般指刀身窄小，刀刃锋利，轻而灵活，外形各异且用途多样的刀。常用的其他类刀有以下4种。

剪刀：剪刀的形状与家用剪刀相似，实际上是刀工处理的辅助工具。剪刀多用于初步加工，如整理鱼、虾以及各类蔬菜等。

镊子刀：镊子刀的前半部是刀，后半部分是镊子。镊子刀是刀工初加工的附属工具。

刮刀：刮刀体形较小，刀刃不锋利。刮刀多用于刮去砧板上的污物和家畜皮表面上的毛等污物。有时也用于去鱼鳞。

刻刀：刻刀是用于食品雕刻的专用工具，种类很多，多因使用者习惯自行设计制作。

10）西式刀具和日式刀具

目前，西餐和日式料理在我国也有较好的市场，其刀具也各具特色。

西式厨房刀具品种较多。常见的有：西式厨刀、比萨刀、面包刀、屠夫刀、磨刀棍、切片刀、钓鱼刀、鱼片刀等。

在日本，日式刀具菜刀又被称为包丁，有薄刃包丁、刺身包丁（生鱼片刀）、出刃包丁之分。

10.2.2　刀具的保养与磨砺

孔子曰：“工欲善其事，必先利其器。”要想有好的刀工，就必须有上好利器。用于刀工中的刀具，要保持锋利不钝、光亮不锈、不变形，必须通过磨刀这一过程来实现。俗话说：“三分手艺七分刀。”厨刀是厨师的脸面，磨刀是我们必备的基本功。

1）刀具的一般保养方法

在刀的使用过程中，必须养成良好的使用保养习惯。

①要经常磨刀，保持刀的锋利和光亮。

②要根据刀的形状和功能特点，正确掌握磨刀方法，保持刀刃不变形。

③刀用完后必须用清洁的抹布擦拭干净，不留水和黏物，防止水与刀发生氧化作用而生锈，特别是在切带有咸味、腥味、黏物的原料，如切咸菜、藕、鱼、茭白、山药之后，因为黏附在刀面上的鞣酸物质容易使刀身氧化、变色发黑、锈蚀，所以更要将刀面彻底擦洗干净。在正常使用时，刀使用后应放在刀架上，刀刃不可碰在硬的东西上，避免伤人或碰伤刀口。长时间不用的刀，应擦干后在其表面涂一层油，装入刀套，放置于干燥处，以防止生锈、刀刃损伤或伤人。

2）磨刀的工具

磨刀的工具是磨刀石。常用的磨刀石有粗磨刀石、细磨刀石、油石和刀砖4种。粗磨刀石的主要成分是天然糙石，质地粗糙，多用于新开刃或有缺口的刀。细磨刀石的主要成分是青砂，质地坚实、细腻，容易将刀磨锋利，刀面磨光亮，不易损伤刀口，应用较多。油石是人工合成的磨刀石，窄而长，质地结实，携带方便。刀砖是砖窑烧制而成的，质地极为细腻，是刀刃上锋佳品。

磨刀时，一般先在粗磨刀石上将刀磨出锋口，再在细磨刀石上将刀磨快，最后在刀砖上上锋。这样的磨刀方法，既能缩短磨刀时间，又能提高刀刃的锋利程度和延长刀的使用寿命。

3）磨刀的方法

（1）磨刀前的准备工作

磨刀前，先将刀面上的油污清除干净，再将磨刀石放置在高度约90厘米的平台上（固定为佳），以前面略低、后面略高为宜，并备上一盆清水。

（2）磨刀时站立姿势

磨刀时，双脚自然分开，或一前一后站稳，胸部略微前倾。一手持好刀柄，一手按住刀面的前段。刀口向外，平放在磨刀石面上。

（3）磨刀时的手法

先将磨刀石（砖）浸湿，然后在刀面上淋水，将刀面紧贴磨刀石面，后部略翘起，前推后拉（一般沿刀石的对角线运行），用力要均匀，视石面起砂浆时再淋水。刀的两面、前后、中部都要磨到，两面磨的次数基本相等。只有这样，才能保持刀刃平直、锋利、不变形。磨刀石应保持中部高，两端低。

（4）刀锋的检查

磨完后洗净擦干，然后将刀刃朝上，迎着光线观察。如果刀刃上看不见白色的光斑，表示刀已磨好，也可以用大拇指在刀面上推拉一下。如有涩的感觉，即表明刀口锋利；反之，还要继续磨。

10.2.3　砧墩的选择、使用和保养

1）菜墩的选择

菜墩（图10.2）属于切割枕器。菜墩又称砧板、砧墩、剁墩，是对原料进行刀工操作时的衬垫工具。菜墩的种类繁多，按菜墩的材料分为天然木质结构、塑料制品结构、天然木质和塑料复合型结构3类，并有大、中、小多种规格。

图10.2　菜墩

菜墩一般选择木质材料，要求树木无异味、质地坚实、木纹紧密、密度适中，树皮完整、无结疤，树心不空、不烂，菜墩截面的颜色应呈青色、均匀、没有花斑。可选用银杏树（白果树）、橄榄树、樱桃树、皂角树、榆树、柞树、橡树、枫树、栗树、楠树、铁树、榉树、枣树等木材，以横截断或纵截面制成。常见的有银杏木、橄榄木、柳木、榆木等。优质的菜墩具有抗菌效果好、透气性好、弹性好的特点。菜墩的尺寸以宽20～25厘米，长35～45厘米为宜。银杏树是常用的菜墩原料之一。

2）菜墩的使用

使用菜墩时，应在菜墩的整个平面均匀使用，保持菜墩磨损均衡，防止墩子凹凸不平，影响刀法的施展。如果墩面凹凸不平，切割时原料不易被切断。墩面也不可留有油污，如留有油污，在加工原料时容易滑动，既不好掌握刀距，又易伤害自身，还影响卫生。

3）菜墩的保养

最好将新购买的菜墩放入盐水中浸泡数小时或放入锅内加热煮透，使木质收缩，组织细密，以免菜墩干裂变形，达到结实耐用的目的。树皮损坏时，要用金属加固，防止干裂。使用菜墩之后，要用清水或碱水洗刷，刮净油污，立于阴凉通风处，用洁布或砧罩罩好，防止菜墩发霉、变质。每隔一段时间后，还要用水浸泡数小时，使菜墩保持一定的湿度，以防干裂，切忌在太阳下暴晒造成开裂。另外，还需要定期对菜墩进行高温消毒。

任务3　刀法与技术

不同的原料具有不同的特性，在进行刀工处理时，应根据原料的不同性能选用不同的刀具，采用不同的刀法。例如，对于具有韧性肉类原料，必须用拉切的刀法。猪肉较嫩，肉中结缔组织少，可斜着肌肉纤维纹路切，如果横刀，就容易断。如果肉较老，只有斜切，才能达到既不断又不老的目的。牛肉较老，结缔组织多，必须横着肌肉纤维的纹路，把纤维、筋切断，炒熟后才不会老。鸡脯肉和鱼肉最嫩，要顺着肌肉纤维纹路来切，可以使切出的丝和片不断不碎。又如脆性的原料，冬瓜、笋等，可用直上直下的直刀法切。如果是豆腐等易碎或薄小的原料则不宜直切，应该采用推切法。只有根据原料的特性进行适当的刀工处理，才能保证菜肴的质量。

刀法的种类很多，各地的名称也都不同，但根据刀刃与墩面接触的角度、运刀方向和刀具力度等运动规律，大致可分为直刀法、平刀法、斜刀法、剞刀法4类。每类根据刀的运行方向和不同步骤，又分出许多小类。初学者首先必须了解各种常用刀法的行刀技法，必须从空刀运刀练起。

10.3.1　直刀法

直刀法是刀工中最常用的刀法，也是较为复杂的刀法之一。直刀法是指刀具与墩面或原料基本保持垂直运动的刀法。这种刀法按照用力大小的程度和刀刃离墩面的距离长短，可分为切、剁（又称斩）、砍（又称劈）等。

1）切

切（图10.3）分为直刀切、推刀切、拉刀切、锯刀切等。

（1）直刀切

直刀切又称跳切。在直刀切过程中，如运刀的频率加快，就如同刀在墩面“跳动”，跳切因此而得名。这种刀法在操作时要求刀具与墩面或原料垂直，刀具做垂直上下运动，着力点布满刀刃，从而将原料切断。

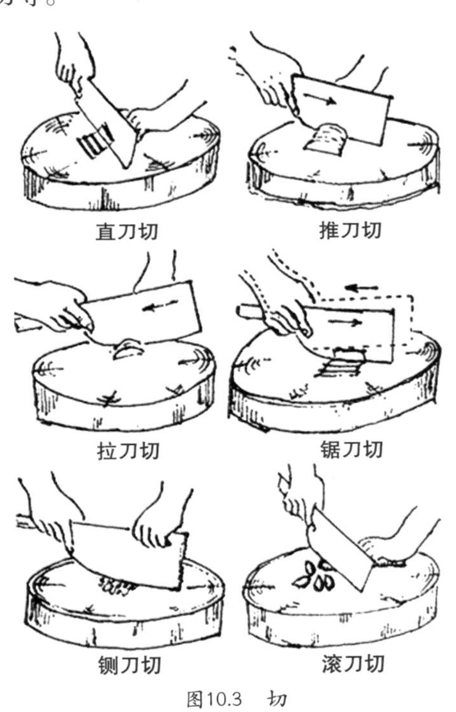

图10.3　切

适用范围：直刀切适合加工脆性原料，如白菜、油菜、荸荠（南荠）、藕、莴笋、冬笋及各种萝卜等。

操作方法：左手扶稳原料，一般是左手自然弓指并用中指指背抵住刀身，与其余手指配合，根据所需原料的规格(长短、厚薄)，呈蟹爬姿势不断退后移动。右手持稳刀，运用腕力，用刀刃的中前部位对准原料被切位置，刀身紧贴着左手中指第一节指关节背部，并随着左手移动，以原料规格的标准取间隔距离，一刀一刀地跳动直切下去。刀垂直上下，刀起刀落将原料切断。如此反复直切，直至切完原料为止。

技术要领：左手运用指法向左后方向移动，要求刀距相等，两手协调配合，灵活自如。刀具在运动时，刀身不可里外倾斜，作用点在刀刃的中前部位。所切的原料不能堆叠太高或切得过长。如原料体积过大，应放慢运刀速度。按稳所切原料，持刀稳，手腕灵活，运用腕力，稍带动小臂。两手必须密切配合，从右到左，在每刀距离相等的情况下，有节奏地匀速运动，不能忽宽忽窄或按住原料不移动。刀口不能偏内斜外，提刀时刀口不得高于左手中指第一关节，否则容易造成断料不整齐，或放空刀，或切伤手指。

（2）推刀切

在操作时，要求刀具与墩面垂直，刀的着力点在中后端，刀具自上而下、从右后方向左前方推刀下去，一推到底，将原料断开。

适用范围：推刀切适合加工各种韧性原料，如无骨的猪、牛、羊各部位的肉。对硬实性原料，如火腿、海蜇、海带等，也都适合用这种刀法加工。

操作方法：左手扶稳原料，右手持刀，用刀刃的前部位对准原料被切位置。刀具自上至下、自右后方朝左前方推切下去，将原料切断。如此反复直切，直到切完原料为止。

技术要领：左手运用指法向左后方向移动，每次移动都要求刀距相等。刀具在切割原料时，要通过右手腕的起伏摆动，使刀具产生一个小弧度，从而加大刀具在原料上的运行距离。使用刀具要有力，避免连刀的现象，要一刀将原料推切断开。

（3）拉刀切

拉刀切是与推刀切相对的一种刀法。操作时，要求刀具与墩面垂直，用刀刃的中后部位对准原料被切位置，刀具由上至下、从左前方向右后方运动，一拉到底，将原料切断。这种刀法主要用于把原料加工成片、丝等形状。

适用范围：拉刀切适合加工原料韧性较弱、质地细嫩并易碎者，如里脊肉、鸡脯肉等。

操作方法：左手扶稳原料，右手持刀，刀的着力点在前端，用刀刃的中后部位对准原料被切的位置。刀具由上至下、由左前方向后方运动，用力将原料拉切断开。如此反复直切，直至切完原料为止。

技术要领：左手运用指法向左后方向移动，要求刀距相等。刀具在运动时，应通过腕的摆动，使刀具在原料上产生一个弧度，从而加大刀具的运动距离，使用刀具要有力，避免连刀的现象，一拉到底，将原料拉切断开。如此反复直切，直至切完原料为止。

（4）推拉刀切

推拉刀切是推刀切与拉刀切连贯起来的一种刀法。操作时，刀具先向左前方行刀推切，接着再向右后方拉切，一前推一后拉迅速将原料断开。这种刀法效率较高，主要适用于把原料加工成丝、片的形状。

适用范围：推拉刀切适合加工有韧性且细嫩的原料，如里脊肉、通脊肉、鸡脯肉等。

操作方法：左手扶稳原料，右手持刀，先用推刀的刀法将原料切断（方法同推刀切）。然后运用拉切的刀法将后面的原料切断（方法同拉刀切）。如此将推刀切和拉刀切连接起来，反复推拉切，直至切完原料为止。

技术要领：首先要求掌握推刀切和拉刀切各自的刀法，再将两种刀法连贯起来。操作时，只有在原料完全推切断开以后再做拉刀切，使用要有力，运用要连贯。

（5）锯刀切

锯刀切是直刀法的一种。锯刀切与推拉刀切的运刀方法相似，但行刀的速度较慢。

适用范围：锯刀切适合加工质地松软或易碎的原料，如面包、精火腿等。

操作方法：右手持刀，用刀刃的前部位接触原料被切的位置，要求刀具与墩面垂直。刀具在运动时，先向左前方运动，刀刃移至原料的中部位之后，再将刀具向右后拉回，形同拉锯，如此反复多次将原料切断。锯刀切主要是把原料加工成片的形状。

技术要领：刀具与墩面保持垂直，刀具在前后运动时的用力要小，速度要缓慢，动作要轻，还要注意刀具在运动时的下压力要小，避免原料因受压力过大而变形。

（6）滚料切

在操作时，要求刀具与墩面垂直，左手一边扶料，一边向后滚动原料。右手持刀，原料每滚动一次，采用直刀切或推刀切一次，将原料切断。

适用范围：直刀滚料切主要是把原料加工成块的形状。适合加工一些圆形或近似圆形的脆性原料，如各种萝卜、冬笋、莴笋、黄瓜、茭白等。

操作方法：直刀滚料切是通过直刀切来加工原料的。左手扶稳原料，使其与刀具保持一定的角度。右手持刀，用刀刃前中部对准原料被切位置。运用直刀切的刀法，将原料切断开。每切完一刀后，把原料朝一个方向滚动一次，再做直刀切，如此反复进行。

技术要领：每完成一刀后，随即把原料朝一个方向滚动一次，每次滚动的角度都要求一致，才能使成型原料规格相同。

（7）铡刀切

铡刀切，是直刀法的一种行刀技法。铡刀切用力点近似于铡刀，要求一手握刀柄，一手握刀背前部，两手上下交替用力压切。

适用范围：铡刀切适合加工带软骨或比较细小的硬骨原料，如蟹、烧鸡等。圆形、体小、易滑的原料，如花椒、花生米、煮熟的蛋类等原料也适合用这种方法加工。

操作方法：铡刀切的操作方法有3种。

①右手握住刀柄，提起，使刀柄高于刀的前端，左手按住刀背前端使之着墩，使刃口的前部按在原料上，对准要切的部位用力下压切下去。

②右手握住刀柄，将刃口放在原料要切的部位上，左手握住刀背的前端，左右两手同时用力压下去。

③右手握紧刀柄，将刀刃放在原料要切的部位上，左手用力猛击刀背，使刀猛铡下去。

技术要领：操作时，左右手反复上下抬起，交替由上至下切，动作要连贯。

2）剁

根据用刀多少，可以将剁分为单刀剁和双刀剁两种。根据用刀的方法，又可以将剁分为直剁、刀背锤、刀尖跟排等。其操作方法大致相同。操作时，要求刀具与墩面垂直，刀具上下运动，抬刀较高，用力较大。这种刀法主要用于将原料加工成末、蓉、泥等形状。

（1）直剁

适用范围：直剁适合加工脆性原料，如白菜、葱、姜、蒜等。对韧性原料，如猪肉、羊肉、虾肉等也适合用剁法加工。

操作方法：将原料放在墩面中间，左手扶墩边，右手持刀（或双手持刀），将刀刃的中前部对准原料，用力剁碎。当原料剁到一定程度时，将原料铲起归堆，再反复剁碎原料直至达到加工要求为止。

技术要领：操作时，用手腕带动小臂上下摆动，用力大于直刀切且适度。用刀要稳、准，富有节奏，注意抬刀不可过高，以免将原料甩出造成浪费。同时，要勤翻原料，使其均匀细腻。

（2）刀背捶

刀背捶分为单刀背捶和双刀背捶两种。两种操作方法大致相同。操作时，要求左手扶墩，右手持刀（或双手持刀），刀刃朝上，刀背与墩面平行，垂直上下捶击原料。刀背捶主要用于加工肉蓉和捶击动物性烹饪原料，使肉质疏松，或将厚肉片捶击成薄肉片。

适用范围：刀背捶适合加工经过细选的韧性原料，如鸡脯肉、里脊肉、净虾肉、肥膘肉、净鱼肉等。

操作方法：左手扶墩，右手持刀（或双手持刀），刀刃朝上，刀背朝下，将刀抬起，捶击厚料。当原料被捶击到一定程度时，将原料铲起归堆，再反复捶击原料，直至符合加工要求为止。

技术要领：操作时，刀背要与菜墩面平行，加大刀背与菜墩面的接触面积，使之受力均匀，提高效率。用力要均匀，抬刀不要过高，避免将原料甩出，要勤翻动原料，使加工的原料均匀细腻。

（3）刀尖（跟）排

使用刀尖（跟）排操作时，要求刀具做垂直上下运动，用刀尖或刀根在片形的原料上扎排上几排分布均匀的刀缝，以剁断原料内的筋络，防止原料因受热而卷曲变形，同时便于调料入味和扩大受热面积，易于成熟。

适用范围：刀尖排适合加工已呈厚片形的韧性原料，如大虾、通脊肉、鸡脯肉等。

操作方法：左手扶稳原料，右手持刀，将刀柄提起，刀具垂直对准原料。刀尖在原料上反复起落扎排刀缝。如此反复进行，直到符合加工要求为止。

技术要领：刀具要保持垂直起落，刀缝间隙要均匀，用力不要过大，轻轻将原料扎透即可。

3）砍

砍是指从原料上方垂直向下猛力运刀断开原料的直刀法。根据运刀力量的大小（举刀高度）将砍分为拍刀砍、直刀砍、跟刀砍、直刀劈。

（1）拍刀砍

适用范围：拍刀砍适合加工形圆、易滑、质硬、易碎、带骨的韧性原料，如鸭蛋、鸭头、鸡头、酱鸡、酱鸭等。

操作方法：操作时，要求右手持刀，并将刀刃架在原料被砍的位置上，左手半握拳或伸平，用掌心或掌根向刀背拍击，将原料砍断。拍刀砍主要是把原料加工成整齐、均匀、大小一致的块、条、段等形状。

技术要领：原料要放平稳，用掌心或掌根拍击刀背时要有力，原料一刀未断开，刀刃不可离开原料，可连续拍击刀背，直至将原料完全断开。

（2）直刀砍

适用范围：直刀砍一般用于较大型的带骨的原料。

操作方法：左手扶稳原料，右手持刀，将刀举起，用刀刃的中前部对准原料被砍的位置，一刀将原料砍断。直刀砍主要用于将原料加工成块、条、段等形状，也可用于分割大型带骨的原料，如排骨、鸭块等。

技术要领：右手握牢刀柄，防止脱手，将原料放平稳，左手扶料要离落刀点远一点，以防伤手。落刀要有力且适度、准确，将原料一刀砍断。

（3）跟刀砍

适用范围：跟刀砍适合加工猪脚爪、大鱼头及小型的冻肉等。

操作方法：左手拿稳原料，右手持刀，用刀刃的中前部对准原料被砍的位置快速砍入，紧嵌在原料内部。左手持原料并与刀同时举起，用力向下砍断原料，刀与原料同时落下。

技术要领：左手持料要牢，选好原料被砍的位置，而且刀刃要紧嵌在原料内部（防止脱落引起事故）。原料与刀同时举起同时落下，向下用力砍断原料。一刀未断开时，可连续再砍，直至将原料完全断开。

（4）直刀劈

直刀劈是所有刀法中用力最大的一种。

适用范围：直刀劈适合体积较大、带骨或质地坚硬的原料，如劈整只的猪头、火腿等。

操作方法：左手扶稳原料，右手的大拇指与食指必须紧紧地握稳刀柄，用手腕之力持刀，高举到与头部平齐，将刀刃对准原料要劈的部位用力向下直劈。

技术要领：下刀要准，速度要快，力量要大，力求一刀劈断。如需复刀，可采用跟刀砍的刀法。左手扶稳原料，应离开落刀点有一定距离，以防伤手。

10.3.2 平刀法

平刀法又叫批刀法，是指刀身与墩面平行，刀刃在切割烹饪原料时作水平运动的刀法。平刀法可分为平刀直片、平刀推片、平刀拉片、平刀抖片、平刀滚料片等。

1）平刀直片

操作时，要求刀膛与墩面平行，刀做水平直线运动，将原料一层层地片开。平刀直片主要是将原料加工成片的形状。在此基础上，再运用其他刀法将原料加工成丁、粒、丝、条、段等形状。

平刀直片（图10.4）可分为两种操作方法。

（1）第一种方法

适用范围：适合加工固体性较软的原料，如豆腐、鸡血、鸭血、猪血等。

操作方法：将原料放在墩面里侧（靠腹侧一面），左手伸直顶住原料，右手持刀端平，用刀刃的中前部从右向左片进原料。

技术要领：刀身要端平，不可忽高忽低，保持水平直线片进原料。刀具在运动时，下压力要小，以免将原料挤压变形。

图10.4　平刀直片

（2）第二种方法

适用范围：适合加工脆性原料，如生姜、土豆、黄瓜、胡萝卜、莴笋、冬笋等。

操作方法：将原料放在墩面里侧，左手伸直，扶按原料，手掌或大拇指外侧支撑墩面，左手食指和中指的指尖紧贴在被切原料的入刀处。右手持刀，刀身端平，对准原料上端被片的位置，刀从右向左做水平直线运动，将原料片断。然后左手中指、食指、无名指微弓，并带动已片下的原料向左侧移动，与下面原料错开5～10毫米。按此方法，使片下的原料片片重叠，呈梯田形状。

图10.5　平刀推片

技术要领：左手的食指和中指的指尖紧贴在被切原料的入刀处，以控制片形的厚薄。将刀身端平，刀在运动时，刀膛要紧紧贴住原料，从右向左运动，使片下的原料形状均匀一致。

2）平刀推片

平刀推片（图10.5）要求刀身与墩面保持平行，刀从右后方向左前方运动，将原料一层层片开。平刀推片主要用于把原料加工成片的形状。在此基础上，再运用其他刀法可将其加工成丝、条、丁、粒等形状。平刀推片一般适用于上片的方法。

适用范围：平刀推片适合加工韧性较弱的原料，如通脊肉、鸡脯肉等。

操作方法：将原料放在墩面近身侧，距离墩面边缘约3厘米。左手扶按原料，手掌作支撑。右手持刀，将刀刃的中前部对准原料上端被片位置。刀从右手后方向左前方片进原料。原料片开以后，用手按住原料，将刀移至原料的右端。将刀抽出，脱离原料，用中指、食指、无名指捏住原料翻转。将片下的原料贴在墩面上，如此反复推片。

技术要领：在行刀过程中，端平刀身，用刀膛紧贴原料，动作要连贯紧凑。一刀未将原料片开，可连续推片，直至将原料片开为止。

3）平刀拉片（批）

平刀拉片（图10.6）要求刀身与墩面保持平行，刀从右前方向左后方运动，将原料一层层片开。平刀拉片主要用于把原料加工成片。在此基础上，再运用其他刀法可将其加工成丝、条、丁、粒等形状。一般适用于下片的方法。

图10.6　平刀拉片

适用范围：平刀拉片适合加工韧性较强的原料，如五花肉、坐臀肉、颈肉、肥肉等。

操作方法：将原料放在墩面近身侧，距离墩面边缘约3厘米。左手手掌按稳原料，右手持刀，在贴近墩面原料的部位起刀，根据目测厚度或根据经验将刀刃的中后部位对准原料被片(批)的部位，将刀具的后部进入原料，刀刃从右手前方进原料向左后方运动，呈弧线运动。

技术要领：操作时，一定要将原料按稳，紧贴在刀板上，防止原料滑动。刀在运行时要充分有力，原料应一刀片(批)开，可连续拉片(批)，直至原料完全片(批)开为止。

4）平刀抖片

平刀抖片，又称抖刀片，属平刀法，其原料成形的片状呈波浪形或锯齿形。

适用范围：平刀抖片适合质地软嫩、无骨或脆性原料，如蛋黄、白糕、松花蛋、豆腐干、黄瓜等。

操作方法：将原料放置在墩面的右侧，用左手扶稳原料，右手持刀端平并且使刀膛与墩面也平行。当刀刃进入原料后，用刀背成上下波动，逐渐片(批)进原料，直至将原料片(批)开为止。

技术要领：当刀刃进入原料后，刀背上下波动不可忽高忽低，行进的速度要均匀，刀纹的深度和刀距要相等。

5）平刀滚料片

平刀滚料片是运用平刀推、拉片的刀法，一边片一边展滚原料的刀法。平刀滚料片是将圆形或圆柱形的原料加工成较大的片，刀刃在水平切割的同时，原料以匀速向前或后滚动，将原料批切成片的一种刀法。

适用范围：平刀滚料片适合加工球形、圆柱形、锥形或多边形的韧性且质地较软的原料或脆性原料，如鸡心、鸭心、肉段、肉块、腌胡萝卜、黄瓜等。

操作方法：将原料放置在墩面里侧，左手扶稳原料，右手持刀与墩面或原料平行，用刀刃的中前部位对准原料右侧底部被片(批)的位置，并使刀锋进入原料，刀刃匀速进入原料，原料以同样的速度向左后方滚动，直至原料批切成片。入刀也可从原料右侧的上方进入，原料向右前方滚动。其他手法与平刀推拉片相似。

技术要领：刀身要端平，两手配合要协调，刀刃挺进的速度与原料滚动的速度应一致。反之，则容易造成批断或伤及手指。

10.3.3 斜刀法

斜刀法是刀与墩面或刀与原料形成的夹角为0°～90°，或90°～180°。斜刀法按照刀具与墩面或原料所呈的角度和方向可以分为：正刀斜片和反刀斜片两种。

1）正刀斜片

正刀斜片（图10.7）是指左手扶稳原料，右手持刀，刀背向右，刀口向左，刀身的右外侧与墩面或原料呈0°～90°，使刀在原料中作倾斜运动的行刀技法。

图10.7　正刀斜片

适用范围：正刀斜片适合质软、性韧的各种韧性且体薄的原料，将原料切成斜形、略厚的片或块。正刀斜片适合加工原料如鱼肉、猪腰、鸡肉、大虾肉、猪肉、牛肉、羊肉等，白菜帮、青蒜等也可加工。

操作方法：将原料放置在墩面左侧，左手4指伸直扶按原料，右手持刀，刀刃从右前方向左后方沿着一定的斜度运动，与平刀拉片相似。

技术要领：刀在运动过程中，运用腕力，进刀轻推，出刀果断。刀身要紧贴原料，避免原料粘走或滑动，左手按于原料被片下的部位。对片的厚薄、大小及斜度的掌握，主要依靠眼光注视两手的动作和落刀的部位，右手稳稳控制刀的斜度和方向，随时纠正运刀中的误差。左、右手有节奏地配合运动，一刀一刀地片下去。

2）反刀斜片

反刀斜片（图10.8）又称右斜刀法、外斜刀法。反刀斜片是指左手扶稳原料，右手持刀，刀背向左后方，刀刃朝右前，刀身左侧与墩面或原料呈0°～90°角，使刀刃在原料中做倾斜运动的行刀技法。

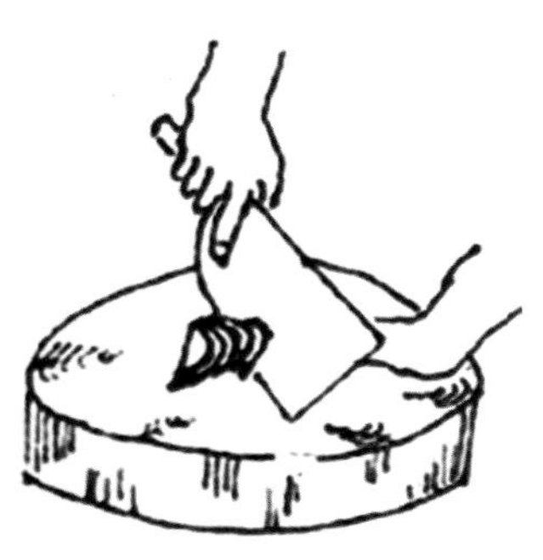

图10.8　反刀斜片

适用范围：反刀斜片主要是将原料加工成片、段等形状，适用于脆性、体薄、易滑动的动、植物原料，如鱿鱼、熟肚子、青瓜、白菜帮等。

操作方法：左手呈蟹爬形，按稳原料，以中指第一关节微曲抵住刀身，右手持刀，使刀身紧贴左手指背，刀口向右前方，刀背朝左后方，刀刃向右前方推切至原料断开，左手同时移动一次，并保持刀距一致，刀身倾斜角度应根据原料成型的规格作灵活调整。

技术要领：左手有规律地配合向后移动，每一次，应移动相同的距离，使切下的原料在形状、厚薄上均匀一致。运刀角度的大小，应根据所片原料的厚度和对原料成型的要求而定。

10.3.4 剞刀法

剞刀法又称混合刀法、花刀法，因为有雕之意，所以又称剞花刀。剞刀法是指在经加工后的坯料上，以斜刀法、直刀法为基础，刀刃在原料表面或内部做垂直、倾斜等不同方向的运行，并在原料表面形成横竖交叉，深而不断、不穿的规则刀纹或形成特定平面图案，使原料在受热时发生卷曲、变形而形成不同花形的一种行刀技法。这种刀法比较复杂，主要是将原料加工成各种造型美观、形象逼真(如麦穗、菊花、玉兰花、荔枝、核桃、鱼鳃、蓑衣、木梳背、松鼠等)的形状。用这种刀法制作出的菜品不仅是美味佳肴，而且能给人以艺术享受并为整桌酒席增添气氛。

剞刀法主要用于原料刀工美化，是技术性更强、要求更高的综合性刀法。在具体操作中，由于运刀方向和角度的不同，剞刀法可分为直刀剞、直刀推（拉）剞、斜刀剞等。

1）直刀剞

直刀剞是以直刀切为基础，在直刀切时，刀运行到一定深度时停止运行，不完全将原料切开，在原料上切成直线刀纹。

适用范围：直刀剞适合加工脆性、质地较嫩的原料，如黄瓜、冬笋、胡萝卜、莴笋等。

操作方法：左手按扶原料，中指第一关节弯曲处顶住刀身，右手持刀，用刀刃中前部位对准原料被切的部位，刀在原料中做自上而下的垂直运行，当刀刃运行到一定深度（如原料厚度的4/5或3/4深度）时停止运行。运刀的方法与直刀切相同。

技术要领：左手扶料要稳，右手握刀，做垂直运动，速度要均匀，以保持刀距均匀。右手持刀要稳，控制好腕力，下刀准，每刀用力均衡，掌握好进刀深度，做到深浅一致。

2）直刀推（拉）剞

直刀推（拉）剞是以直刀推（拉）切为基础，在直刀推（拉）切时，刀运行到一定深度时停止运行，不完全将原料切开，在原料上切成直线刀纹。

适用范围：直刀推（拉）剞适合加工各种韧性原料，如腰子、猪肚尖、净鱼肉、鱿鱼、墨鱼等，也可用于一些纤维较多的脆性原料，如生姜等。

操作方法：左手按扶原料，中指第一关节弯曲处顶住刀身，右手持刀，将刀刃前部对准原料被切的部位，刀刃进入原料后保持刀垂直，做右后方向左前方运动（拉切的运动方向与之相反），当刀刃运行到一定深度（如原料厚度的4/5或原料不破、不断为佳）时停止运行。运刀的方法与直刀推（拉）切相同。

技术要领：左手扶料要稳，从右前方向左后方移动时，速度要均匀，以保持刀距均匀。右手持刀要稳，控制好腕力，下刀准，每刀用力均衡，掌握好进刀深度，做到深浅一致。

3）斜刀剞

斜刀剞是在斜刀法的基础上，在刀切割时，刀运行到一定深度时停止运行，不完全将原料切开，在原料上切成直线刀纹。

适用范围：这种刀法适合加工各种韧性原料，如墨鱼、鱿鱼、腰子、猪肚尖、净鱼肉等，也可用于一些纤维较多的脆性原料，如生姜等。

操作方法：斜刀剞是指左手扶稳原料，右手持刀，刀背向里，刀口对外，刀身的左外侧与墩面或原料呈0°～90°角，使刀在原料中做倾斜运动，当刀刃运行到一定深度（如原料厚度的4/5或原料不破、不断为佳）时停止运行。运刀的方法与反刀斜批相同。

技术要领：左手有规律地配合向后移动，每一次移动应掌握同等的距离，使剞刀成形的原料花纹一致。运刀角度的大小应根据所片原料的厚度和对原料成型的要求而定。

10.3.5 其他刀法

其他刀法是指在刀工实际操作中不可缺少的一类特殊的刀法，较为常用的有削法、拍法、旋法、刮法、剔法、剖法、戳法、捶法、剜法、揿法等。

1）削法

削法一般用于去皮，是指用刀平着去掉原料表面一层皮，也用于加工成一定形状的加工方法。

适用范围：削法多用于初加工和一些原料的成形，如削山药、莴苣、黄瓜、鲜笋、萝卜、土豆、茄子等。

操作方法：削时左手拿原料，拇指和无名指拿捏原料的内端，食指和中指托扶原料的底部，右手持刀，用反刀紧贴原料的表面向外削，对准要削的部位，一刀一刀地按顺序削。

技术要领：要掌握好厚薄，精神要集中，看准部位，否则容易伤手。

2）拍法

拍法（拍刀）是指用刀身拍破或拍松原料的一种刀法，也可使新鲜味料（如葱、姜、蒜等）的香味外溢，使韧性原料（如猪排、牛排、羊肉）肉质疏松。

适用范围：较厚的韧性原料用拍法，使之片形变薄，达到肉质疏松鲜嫩作用，如猪排、牛排、羊肉等。脆性原料用拍法，使之易于入味，如芹菜、黄瓜等。

操作方法：左手将刀身端平，用刀膛拍击原料，因此，拍刀又称为拍料。

技术要领：拍击原料时用力的大小，应根据原料的性能及烹调的要求加以掌握，以把原料拍松、拍碎、拍薄为原则。用力要均匀，一次未达到目的，可再拍刀。

3）旋法

旋法可用于去皮，也可将原料放在砧墩上加工即为滚料片。

适用范围：旋法适合圆球形原料的去皮，如苹果，也适合圆柱形原料片薄的长条形，如酱黄瓜条成片状。

操作方法：左手拿捏原料，右手持刀，从原料表面批入，一边旋批一边匀速转动原料。

技术要领：两手动作要协调，使原料成型厚薄均匀。

4）刮法

刮法又称背刀法。

适用范围：刮法可用于原料的初步加工，去掉原料表皮杂质或污垢，如刮鱼鳞，刮去猪爪、猪蹄等表面的污垢及刮去嫩丝瓜的表皮。刮法也可用于制取鱼蓉，如刮鱼青取鱼胶。

操作方法：用于原料初步加工时，左手持料，右手持刀，将原料放在砧礅上，从左到右，或从右到左，将需要去掉的东西刮下来。

刮取鱼蓉时，左手按住鱼肉尾部，右手持刀，将刀身倾斜，刀口向左，右手握刀柄，用刀身底部压着原料，连拖带按向右运刀。

技术要领：用刀尖从尾向上刮，持刀的手腕用力要均匀，才能将鱼肉刮成蓉状。如果用力时大时小，会造成鱼肉表面不平整，刮起来不顺，而且会刮出肉粒，或带有骨丝。刮时要顺着鱼的骨刺，否则会脱出骨刺。

5）剔法

剔法又称剔刀法，一般用于取骨、部位取料等。

适用范围：剔法适合动物性原料的去骨，如猪蹄膀去骨、整鸡去骨等。

操作方法：右手执刀，左手按稳原料，用刀尖或刀根沿着原料的骨骼下刀，将骨肉分离，或将原料中的某一部位取下。

技术要领：操作时，刀路要灵活，下刀要准确。随部位不同可以交叉使用刀尖、刀根。分档正确，取料要完整，剔骨要干净。

6）剖法

剖法是指用刀将整形原料破开的方法，如鸡、鸭、鱼等剖腹时，先用刀将腹部剖开。

适用范围：剖法适合整形原料的剖腹去内脏，如鸡、鸭、鱼等取脏。

操作方法：右手执刀，左手按稳原料，将刀尖和刀刃或刀根，对准原料要剖的部位下刀划破。

技术要领：要根据烹调需要掌握下刀部位及剖口大小而准确运刀。

7）戳法

戳法又称斩法，一般用于加工畜、禽等肉类带筋的原料，目的是将筋斩断而保持原料的整形，以增加原料的松嫩感。

适用范围：戳法适合筋络较多的肉类原料，如鸡脯、鸭脯等。

操作方法：戳法是指用刀尖或刀根戳刺原料，且不致断的刀法。戳时要从左到右、从上到下，筋多的多戳，筋少的少戳，并保持原料的形状。戳后使原料断筋防收缩、松弛平整，易于成熟入味，质感松嫩。

技术要领：尽可能保持原料的形状完整。

8）捶法

捶法是将厚大韧性强的肉片用刀背捶击，使其质地疏松并呈薄形。还可将有细骨或有壳的细嫩的动物性原料加工成蓉，如制虾蓉或鱼蓉。

操作方法：右手持刀，刀背向下，上下垂直捶击原料。

技术要领：运刀时抬刀不要过高，用力不要过大。制蓉时，要勤翻动原料，并及时挑出细骨或壳，使肉蓉均匀、细腻。

9）剜法

剜法是指用刀具挖空原料内部或原料表面处理的一种刀法，如剜去苹果、梨核，剜去山药、土豆等表面的斑点。

操作方法：左手抓稳原料，或按稳在砧墩上，用刀尖或专用的剜勺将原料要除去的部分剜去。

技术要领：刀具应旋转着进行，两手的动作要协调，剜去的部分大小要掌握好。

10）揿法

揿法是将本身软、烂性的原料加工成蓉泥的一种刀法。如豆腐、熟山药、熟土豆等。如果加工成豆腐泥、山药泥、土豆泥，则不需要用排剁的刀法，而用揿。

操作方法：将原料放在砧墩上，用刀身的一部分对准原料，从左向右在砧墩上磨抹，使原料形成蓉泥。

技术要领：刀身倾斜接近平行，用刀身将原料揿成泥。

任务4　象形刀法

象形刀法是指在原料表面划出距离均匀深浅一致的刀纹，运用两种或者两种以上的刀法，然后改刀成小块状，经过加热后能使原料卷曲成不同形状的方法。其操作方法为：先将原料平铺，用反斜刀法在原料表面划出距离均匀深浅一致的刀纹，然后转个角度用直刀法、斜刀法、剞刀法等，所切的刀纹深浅一致、距离相等、相互对称、整齐均匀。因为剞法不同，所以加热后的形态也不一样。

10.4.1　交叉十字形花刀

交叉十字形花刀（图10.9）就是运用直刀推剞和拉剞相结合的方法加工而成。一般可分为单十字花刀形、双十字花刀形和多十字花刀形。多十字花刀形根据刀纹之间的夹角不同，又可分为棋盘花刀和菱格花刀两种。棋盘花刀又名丁字花刀，其刀纹交叉角为90°，整个外观如同棋盘。菱格花刀，相交十字刀纹的夹角小于90°，即成菱格图案。加工单十字形花刀时，右手持刀，左手按稳原料，先用推刀剞的方法在原料的表面斜剞一刀，然后在剞好的刀纹上再拉剞一刀，使其呈十字交叉状。双十字形花刀、多十字形花刀和单十字形花刀的刀法相同。原料体大而长的，用剞多十字花刀，刀距可窄一些（约2厘米）；体小而短的，则用剞双十字形花刀或单十字形花刀，刀距可适当宽一些。

适用十字形花刀的原料有鲤鱼、鳊鱼、鲳鱼、鳜鱼等。单十字形花刀宜用红烧、白汁、酱汁；双十字形花刀宜用干烧成菜；多十字形花刀宜用干烧、炸熘、网烤等方法成菜。用十字形花刀加工处理后的原料，一般需要拍粉、挂糊或上浆，否则易使原料表皮脱落。

图10.9　交叉十字形花刀

1）干烧鳜鱼刀工基础训练

刀法：在鳜鱼身体的两侧剞多十字形花刀。

操作过程：将净鳜鱼（600～750克）一侧鱼体朝上剞成深度为鱼肉的1/2，刀距约2厘米，十字刀纹的夹角小于90°的菱格图案，又称为斜象眼刀纹。

2）技术要求

①把握下刀的深度和下刀的刀距。

②十字刀纹的夹角小于90°，不可过大。

10.4.2 蓑衣形花刀

蓑衣形花刀（图10.10）是在原料的一面如麦穗形花刀那样剞一遍，再把原料翻过来，用推刀法剞一遍，其刀纹与正面斜十字刀纹成交叉纹，两面的刀纹深度约原料的4/5，然后将原料改刀成3厘米见方的块，经过这样加工的原料提起来两面通孔成蓑衣状。

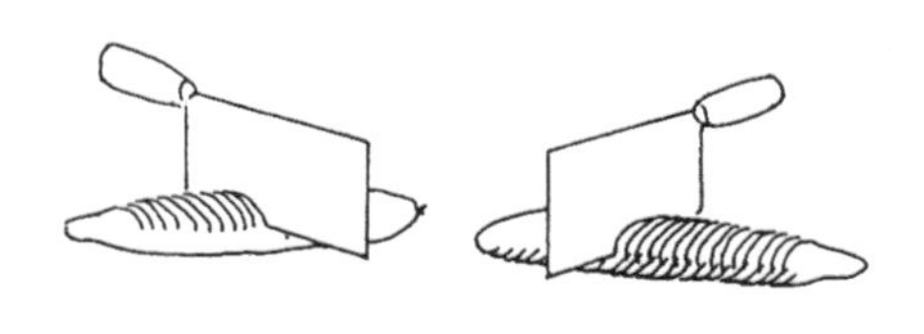

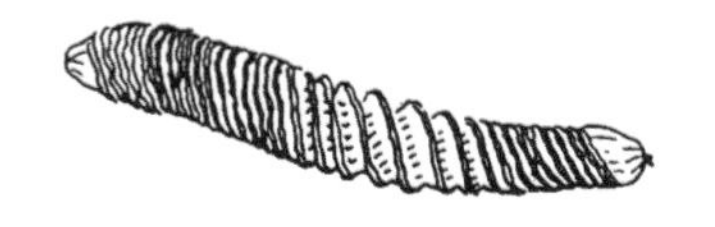

图10.10 蓑衣形花刀

1）蓑衣黄瓜刀工基础训练

①黄瓜去头尾，从右向左跳刀剞，保持0.1厘米的间距，翻身，斜刀15°左右继续剞，两面下刀深度是原料的4/5，展开即成蓑衣形。

②摆在9寸腰盘中，整理即成蓑衣黄瓜。

2）技术要求

①把握下刀深度，用力均匀。

②刀纹深度约原料的4/5，不可过大。

10.4.3 松鼠鱼花刀

松鼠鱼花刀（图10.11）就是整条鱼去头，剖开鱼身至鱼脐门，去脊骨、胸腹肋骨，运用直刀拉剞和反刀斜剞成松鼠形。

图10.11 松鼠鱼花刀

1）松鼠鳜鱼刀工基础训练

①去鱼头后沿脊骨将鱼身剖开，至鱼脐门后1厘米处停刀，然后去脊骨，再去胸腹肋骨。

②在鱼去骨的肉面，顺长直刀拉剞平行刀纹深至鱼皮，刀距约0.6厘米，刀刃转90°反斜刀批剞，刀身与墩面呈60°角，深至鱼皮，刀距为0.6厘米；拍粉后，炸制松鼠鱼的身和尾。

2）技术要求

①刀距的大小，刀纹的深浅以及斜刀的角度都要均匀一致。

②通常选择净重为1 500～2 000克的原料。

10.4.4 菊花形花刀

菊花形花刀（图10.12）有两种加工方法，一是两次直刀剞，二是先斜刀剞再直刀剞的刀法加工而成，适用于青鱼肉、肫仁等原料。

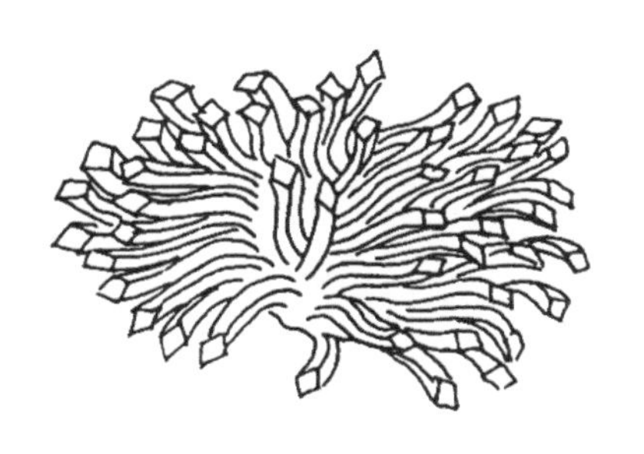

图10.12 菊花形花刀

1）菊花青鱼刀工基础训练

①将去骨并修整的带皮青鱼肉正斜刀批剞，刀距为0.2厘米，深至鱼皮，连剞四刀，第五刀切断。

②将剞好的鱼块转90°，再用直刀剞，刀距为0.2厘米，深至鱼皮，连剞数刀。

2）技术要求

①鱼肉较为细嫩，鱼皮不可去，否则易碎。

②刀距不宜过小，鱼丝过细易断。

10.4.5 荔枝形花刀

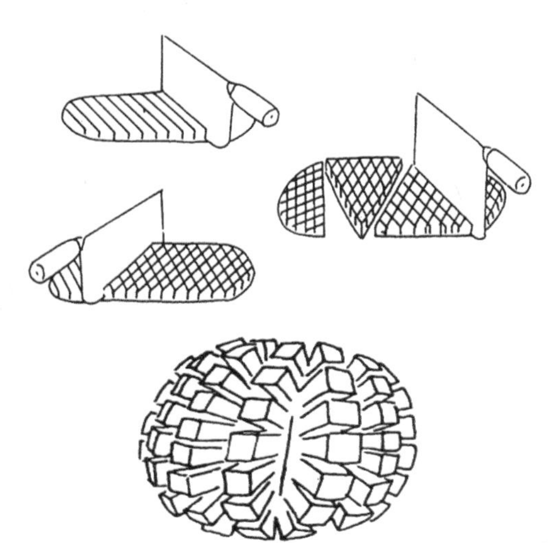

图10.13 荔枝腰花刀

荔枝形花刀（图10.13）是将原料用两次直刀剞的刀法加工而成，适用于猪腰、鱿鱼、墨鱼等原料。

1）荔枝腰花刀工基础训练

①先在猪腰内侧（去腰臊）用直刀推剞出若干条平行刀纹，刀距相等，进刀深度为原料厚度的4/5。

②将猪腰转80°～90°，仍用直刀推剞出若干条平行刀纹，刀距、深度同上，与上一步推剞出的刀纹相交呈80°～90°角。

③将剞好花刀的猪腰改刀成菱形块或等边三角形块，前者受热后对角卷曲，后者三面卷曲成荔枝形。

2）技术要求

刀距、进刀深度及改块大小都要均匀一致。

10.4.6 麻花形花刀

麻花形花刀（图10.14）是先将原料用批、切的刀法，再经穿拉制作而成，适用于猪腰、鸡脯肉、里脊肉等原料。

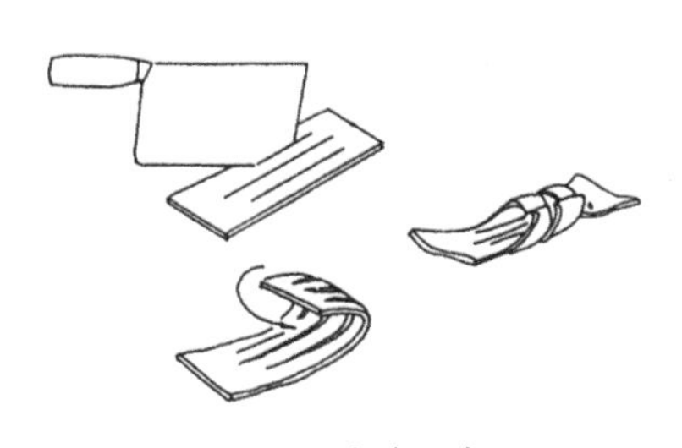

图10.14 麻花形花刀

1）麻花形猪腰刀工基础训练

①将腰子去腰臊，批切成4.5厘米×2厘米×0.3厘米的片。

②在长方形腰片中间顺长划开约2厘米的口子，两边各划一道2厘米的口子，用手抓住原料的两端，将其中的一端从中间的切口穿过，整理即成麻花形。

2）技术要求

切口要适中，不宜过长，否则不利于造型。

[小组探究]

在日常的刀工练习中，尝试各种象形刀法的练习，并比较它们之间有哪些异同点。

[练习实践]

1. 刀具的保养和磨砺的方法分别有哪些？
2. 平刀法、直刀法、斜刀法和剞刀法分别有哪些技术要领？
3. “干烧鳜鱼”和“松鼠鳜鱼”在原料初加工时，各应用什么刀法？在实践中进行对比、总结。

项目11

鲜活原料的加工技术

（6课时）

情境导人

✧ 鲜活原料的初步加工是整个烹饪过程的基础。初步加工质量的好坏，对以后的精处理和熟处理，乃至烹饪制作影响很大，应高度重视。

教学目标

✧ 了解蔬果类原料初步加工的方法。
✧ 掌握畜肉类和鱼类原料初步加工的方法。
✧ 根据所学鲜活原料的初步加工知识，在厨房能够准确合理地对常见烹饪原料进行初步加工。

任务1　蔬果类原料初步加工

蔬果类原料初步加工中，新鲜蔬菜是烹制各种菜肴的重要原料。新鲜蔬菜既可以广泛用作各种菜肴的配料，也可作为主料单独制成菜品，如炝芹菜、拌黄瓜、油焖冬笋、奶汤蒲菜等，还可以用蔬菜制作出一些高档的菜品，如素鱼翅、素海参、素虾仁等。一些著名的素菜馆，还可以全用蔬菜制作出整桌宴席。蔬菜加工时，应该注意以下事项。

①黄叶老叶需拣净。蔬菜上的黄叶、老叶及不能使用的部分必须去净，否则会影响菜肴的质量。

②虫卵杂物洗涤净。蔬菜叶背上和根部会带有虫卵，泥沙较多，必须洗涤干净。

③蔬菜要先洗后切。蔬菜一定要先洗干净后再切，否则，会从刀口处流失许多有营养价值的汁液，也容易被污染。

④尽量保留食用部分。蔬菜在拣选过程中应尽量保留食用部分，物尽其用。比如，芹菜取杆也要留叶，香菜食叶也要吃根。

11.1.1　叶菜类的初步加工

叶菜类是以肥嫩的菜叶及叶柄作为烹饪原料的蔬菜，主要有摘剔和洗涤两种加工方法。洗涤还包括清水洗涤、盐水洗涤和高锰酸钾溶液洗涤。

韭菜：择去黄尖，除去老根，洗净，控干水分。

香菜：择去黄、烂叶，原棵洗净。

空心菜、菠菜：择去黄、烂叶及不能食用的部分，削去根须，原棵洗净。

卷心菜：切去根和老叶，洗净。

大白菜：先剥去外层老帮，然后逐一分瓣，洗净。根据菜肴要求，将帮、叶切开。

油菜：先除去外层的老叶和黄叶，分瓣洗净。如用油菜心，内里留着4～5片不要剥开，然后用刀把根部削尖，洗净即可。油菜茎根部易藏有泥沙，一定要洗涤干净。

油麦菜、茼蒿、木耳菜、豌豆苗、豆瓣菜：捡净杂质，洗净。

生菜：分瓣逐一洗净。如有生吃，必须洗净，以彻底去除可能有的农药化肥残留。

芥蓝：除去老叶、外皮老根，洗净沥干。

香椿：先切去茎下部质老的部分，洗净。

芦荟：用小刀削去表层薄皮，洗净。

仙人掌：用小刀削去表层薄皮及刺，洗净。

11.1.2　瓜类的初步加工

瓜类是指以植物的瓠果作为烹饪原料的蔬菜。

佛手瓜：刨去外皮，按需要加工形状。

黄瓜：先用清水洗净，再用刨皮刀把黄瓜把处的皮削去，因为这部分皮发苦。

苦瓜、丝瓜、冬瓜：通常先刨去外皮，再一切为二，挖去籽瓤即可。

南瓜：洗净，切开，去籽瓤即可。

11.1.3 根茎、球茎类的初步加工

茎菜类蔬菜包括根茎和球茎两块，以肥大的嫩茎、根茎作为烹饪原料的蔬菜。

山药：先洗净，再用刀削去外皮，放入凉水中备用，也可蒸熟后去皮使用。

萝卜、胡萝卜：削去头部和尾部的老皮，用清水洗净即可。

藕、莴苣、土豆、芋头等带皮原料：用刀削去或刮去外皮，用清水洗净，放入凉水中浸泡备用。

冬笋、茭白等带壳的原料：先将外壳去掉，削去老根和硬皮。鲜冬笋要用水煮透，去其所含的鞣酸（涩味很重），方能食用。

11.1.4 鲜果类的初步加工

鲜果类是指以水果果肉为主要食用对象的一大类水果的总称。

苹果去皮法：苹果最有营养的是贴在皮下的那部分，用刀削皮总是会把最有营养的部分一起削掉。只要把苹果放在开水中烫2～3分钟，剥苹果皮便可以像剥水蜜桃那样，轻松撕下来。这样既去了皮，又保留了苹果的营养。

柑橘去皮法：柑橘皮很难剥。剥柑橘皮时，先将柑橘洗净，放在桌上，用手按住转圈滚动数分钟。然后以蒂尾为中心，用刀顺着柑橘瓣向下划开柑皮，划的深度以划到柑肉为好。这时，只要用手轻轻一剥，皮肉即可分开。

鲜桃去皮法：先将鲜桃放在滚水中浸泡约1分钟捞出，再浸入冷水中，皮就会很容易剥下。

葡萄去皮、去籽法：先将葡萄洗净后放在小盆内，注入烧滚的沸水，浸泡一会，葡萄皮就很容易撕下来了。然后用牙签把籽剔出即可。

11.1.5 茄果类的初步加工

茄果类是指以植物的浆果作为烹饪原料的蔬菜。

番茄：择去蒂，洗净，或在其顶面划一十字刀口，用沸水略烫，撕去皮即可。

青椒、尖椒：先用清水洗净，再去蒂，去籽瓤。多数人在清洗青椒时，习惯将它刨为两半，或直接冲洗，其实这些方法是不正确的。因为青椒独特的造型与生长的姿势，喷洒过的农药会累积在凹陷的果蒂上。

茄子：将茄子洗净，刨去外皮，切掉蒂部即可。

11.1.6 花菜类的初步加工

花菜类是指以植物的花作为烹饪原料的蔬菜。这类蔬菜最大的特点是质嫩且易于人体消化吸收，为理想的烹饪原料。

西兰花、菜花：切去托叶，切成小朵便可。

黄花菜（金针菜）：洗净便可。由于鲜黄花菜中含有秋水仙碱，有剧毒，因此，在洗涤

时先用开水将鲜黄花菜烫后浸泡，再用清水洗净。

花椰菜：先去茎叶洗净，放入沸水锅烫透，然后放入冷水中浸凉即可。

韭菜花：用冷水洗净，一般经腌制后才使用。

11.1.7 菌类的初步加工

菌类植物结构简单，没有根、茎、叶等器官，一般不具有叶绿素等色素，大多营养丰富。菌类植物可分为细菌门、黏菌门和真菌门3类彼此并无亲缘关系的生物。其中，黏菌是介于动物和真菌之间的生物。黏菌在营养期为裸露、无细胞壁、多核的原生质团，称变形体（与变形虫相似）。但在繁殖期，黏菌可以产生具有纤维素细胞壁的孢子，且具有真菌的性状。

鲜蘑菇：削去泥根，洗净即好。由于鲜蘑菇表面有黏液，因此泥沙黏着不易洗净。洗蘑菇时，水里先放点食盐搅拌，泡一会再洗，就很容易将泥沙洗净。

鲜平菇：除去老根，洗净即好。由于新鲜平菇本身就有水分，而且鲜平菇海绵般的菌体也能吸收大量水分，因此在清洗时千万不能用水浸泡。先清除表面脏污可用湿布抹，再用干布或洁净的纸擦干就可以了。这样清理出来的平菇，在炒菜时避免了过多的水分溢出，味道更鲜更美。

鲜冬菇、茶树菇、鸡腿菇、金针菇：洗净即可。

干香菇：洗净后浸泡，发起后去老蒂备用。

11.1.8 藻类的初步加工

藻类植物，包括数种不同类以光合作用产生能量的生物。藻类植物一般被认为是简单的植物，并且一些藻类与比较高等的植物有关。目前，已经被人类知道的藻类有3万种左右。所有藻类缺乏真的根、茎、叶和其他可在高等植物上发现的组织构造。

发菜、紫菜：洗净即可。

海带、裙带菜：洗净、去沙后浸泡，发起后去老蒂备用。

任务2 畜禽类原料初步加工

畜禽类原料是烹制菜肴的重要原料之一，其内脏和四肢的初步加工较为复杂。这些原料必须经过认真细致的加工处理，才能成为适合烹调和食用的原料。

11.2.1 畜肉的初步加工

鲜肉的清洗：鲜肉上沾了脏污，难以用水清洗干净，用温淘米水洗两遍，再用清水洗，脏污即可除去。也可用一小团和好的面在沾上脏污的鲜肉上来回滚动，肉上的脏污便能很快除净。

咸肉的清洗：先用浓度低于肉中所含盐分的盐水漂洗咸肉，咸肉中所含的盐分就会逐渐溶解于盐水中，再用清水漂洗两遍即可。

11.2.2 内脏的初步加工

洗肚：先将猪肚切成两半，将附在上面的油污杂物除净后，浇上一汤匙植物油，然后正反面反复揉搓，再用清水漂洗几次即可。

洗肺：将气管套在自来水管上，开小流量慢慢冲洗，直至肺叶呈白色。

洗口条：先将口条浸泡在热水中，然后刮去舌苔、白皮，清洗干净即可。

洗肠：先将肠子翻出，剔净油污后，加碱面和食醋，反复揉搓后再用温水反复冲洗，即可除掉黏液和恶臭味。也可先将肥肠灌可乐腌半小时，再用淘米水搓洗，能迅速洗去大肠的异味。

洗心：将其放入清水中，一边洗一边用手挤压，迫使内部污血流出，方可洗净。

洗肝：先用少量面粉揉搓表面，再用清水反复漂洗，便可去除异味。

11.2.3 四肢的初步加工

加工步骤：火燎去毛—刮去硬皮—洗涤—初步熟处理。

将猪爪放在火上烤，待猪爪上的硬毛燎去、外皮焦黄时，取下放入清水盆内。先用小刀刮去猪爪的余毛和硬皮，然后用清水反复冲洗，除去污物。将干净的猪爪投入冷水锅中，一边加热，一边搅拌，使得猪爪受热均匀。待水烧沸，猪爪的血污凝固，随即捞出用清水反复冲洗干净，备用。

11.2.4 禽肉的初步加工

1）活鸡（鸭）的初步加工

割喉放血：一手抓住鸡翅，用小指勾住一只鸡脚，大拇指和食指捏鸡颈，使鸡喉管突出，迅速切断喉管及颈部动脉。持刀的手放下刀，转抓住鸡头，捏鸡颈的手松开，让鸡血流出。

褪毛：鸡死后，把鸡放进热水中烫毛。烫片刻后取出，拔净鸡毛。烫毛时，应先烫鸡脚试水温。若鸡脚衣能轻易脱出，说明水温合适；若脱不出，则说明水温太低；若脚变形，脚衣难脱，则说明水温偏高。待水温合适时再烫鸡的全身，烫毛水温一般在65～70 ℃（活鸭75～80 ℃）。

开腹取内脏：在鸡颈背处切开一个3厘米长的小口，取出嗉囊、气管和食管。将鸡放在砧板上，鸡胸朝上，用手按住鸡腿，使鸡腹鼓起，用刀在鸡腹上顺切开口，掏出所有内脏及肛门边的肠头蒂（屎囊），在鸡脚关节稍下一点的地方剁下双脚。

洗涤：将鸡全面冲洗干净即可。

技术要点：割喉放血位置要准确，刀口越小越好，确保顺利放血和鸡（鸭）迅速死亡。要把血放净，否则肉中带血，影响肉体的色泽。鸡断气后，立即用65～70 ℃的热水烫，一边烫，一边翻拔毛。烫的时间不能过长，否则影响鸡肉鲜味。水温过低，不易拔毛；水温过高，会把皮烫烂。挖出内脏时，一定要将肺除干净。肛门处要处理一下，避免带有鸡屎味。鸡体、内脏的血水和污物必须清洗干净。

此加工方法同样适用于活鸭，但鸭子的毛较难去除，宰杀之前喂一些酒，可使其毛孔增大，便于去毛。当然，行业里还有将沥青加热后用来煺毛，禽体表面确实干净，但易损坏表皮完整性，影响制作后菜肴成品的质量和美观度，不建议使用。

2）鸭掌的初步加工

将鸭掌洗净，放在开水锅中氽烫片刻，烫的时间不能过长，以能煺下老皮为度。将鸭掌捞出，用手轻轻剥下掌上的老皮，然后放到开水锅中煮至八成熟捞出。煮时千万不能煮烂煮碎，以断生为度。接着用小刀从鸭掌背部划开，把鸭掌上的骨头抽出来，即可备用。抽骨时，既要抽净骨头，又要保持鸭掌完整不破。

任务3　水产类原料初步加工

水产类原料种类很多，如鱼类、虾类、蟹类等。其中，鱼类可分为淡水鱼和海水鱼两大类。鱼类营养丰富，是人类不可缺少的食物，是一类重要的烹饪原料。由于鱼类形态、性质各异，因此，初步加工的方法较为复杂，必须认真细致地加以处理，才能成为适合烹饪的原料。

11.3.1　淡水鱼的初步加工

淡水鱼一般初步加工的方法有以下几种。

1）刮鳞破腹取脏法

将鱼头朝左平放在案板上，左手压住鱼头，右手持刮鳞刀由尾往前把鳞刮掉，刮完鱼鳞后把鱼鳃抠出。然后在鱼腹顺长拉一口子，掏出内脏，用清水洗净内部血污和黑膜即可。这种方法适用范围较广，适用于鲤鱼、草鱼、鲢鱼、鲫鱼、武昌鱼等。

2）刮鳞不破腹法

将鱼头朝左平放在案板上，左手压住鱼头，右手持刮鳞刀由尾往前把鳞刮掉，刮完鱼鳞后，在鱼肛门处横切一刀，用两根筷子（或铁棍）将两面鱼鳃和内脏搅出来，用水洗净即可。适用这种方法的有黄鱼、鳜鱼等。

3）不刮鳞破腹法

剁掉鳍，用刀削掉腹部一层硬鳞（有的鱼没有这一步骤），剖开鱼腹，掏净内脏，刮去黑膜，挖去鱼鳃，用清水洗净血污即可。这种方法只适用于鲥鱼和一些无鲮鱼，如鲇鱼、带鱼等。

4）剥皮破腹法

将鱼放在案板上，先用手撕取鱼皮，再用刀在鱼的下巴处竖刀刺开，取出内脏，用清水洗净血污即可。这种方法适用于比目鱼。

5）剔取鱼肉法

第一步：去大骨（脊骨、头、尾）。将洗净的鱼平放在案板上，头向左，背朝外。操作者左手持毛巾按紧鱼头，右手握刀从尾部肉皮进刀紧贴脊骨推拉刀片到鱼头处退刀。抽出刀在鳃盖后用直刀切下带胸刺的半片鱼肉，再用同样的方法把另一面取下。

要点：左手一定要用力压住鱼头，刀面紧贴脊骨片进，尽量使鱼骨上少带肉或不带肉。

第二步：去小骨。将一片带刺鱼肉的皮面朝下平放于案板上，背侧朝右，腹侧朝左，尾部朝外，左手压住胸部，右手握刀紧贴鱼的肋骨向左向下斜片至无骨处，然后立刀将鱼刺切下。另一半鱼肉也按此法片下胸刺。

要点：片胸刺时，刀刃应紧贴胸刺片进，尽量做到鱼肉上不带小刺。

第三步：去鱼皮。将一片鱼肉皮朝下平放在案板上，鱼头部分朝外，鱼尾朝里，左手的手指拉住鱼皮抵在菜板外缘，右手握刀在鱼尾端用立刀切至鱼皮后，把刀转为坡刀向前批进至鱼肉与鱼皮完全分离，即可得净鱼肉。另一半鱼肉也按此方法取下鱼皮。

要点：直刀切时用力要适度，千万不能切断鱼皮。批鱼皮时，左手应用力往后拉，右手握刀用力向前推，这样才能顺利剔下鱼皮。要根据菜的要求选择去皮或不去皮，如剁鱼泥、切鱼片、切鱼丝就需要去皮；而做水煮鱼、酸菜鱼、菊花鱼则不能去皮。

6）巧去苦胆味

宰鱼时，如果不小心弄破了苦胆，鱼肉就会发苦，影响食用。鱼胆不仅有苦味，而且有毒，经高温蒸煮也不会消除苦味和毒性。其去除方法是：在沾了胆汁的鱼肉上涂抹一些白酒、小苏打或发酵粉，然后用手指轻轻揉搓一会，再用清水漂净酒味或碱分，苦味便可消除。

7）巧抽鲤鱼筋

鲤鱼的皮内两侧各有一条似白色的筋，在初步处理时一定要抽出。一是因为其腥味重；二是因为其属于强发性物（俗称“发物”），特别不适于某些病人食用。抽筋时，应在鱼的一边靠鳃后处用直刀切下至鱼骨，掰开刀口，见鱼肉上有一点白便是白筋，用手指捏住，另一只手轻拍鱼的表面慢慢拉出即可。另一侧也按此法抽出即可。

淡水鱼初步加工实例1：鳝鱼

其方法有两种：一种是先将鳝鱼摔昏，然后用尖利的小铁锥把头钉在砧板上，再用锋利的小刀从头下腹部至尾划一刀，挖去内脏，洗干净即可。这种方法适用于带骨烹调的菜品，如珍珠竹节鳝、红烧鳝段等。另一种是先将鳝鱼摔昏，然后用尖利的小铁锥把鳝鱼头定在砧板上，再用锋利的小刀从头下边紧贴鳝鱼的脊骨从头拉到尾，让鳝鱼的脊肉与脊骨分离，腹部的肉必须连着，再用小刀从头下边把脊骨切断转平刀划至尾起出脊骨，然后去肠脏和头尾，洗净即得净鳝肉。如小鳝鱼，应先用水煮熟，再按此法取肉。

淡水鱼初步加工实例2：甲鱼

先将活甲鱼腹部朝上、盖朝下放在案板上，待甲鱼的头伸出来时，迅速用刀将头砍下

（或将甲鱼盖朝上置于案板上），用重物压住甲鱼盖，左手再压在上面，迫使其头伸出，右手拿钳子夹住甲鱼的头使劲拉出甲鱼脖子，用刀剁下头。然后用手拿起甲鱼使其头腔朝下，控净血，放在已经烧开的沸水锅中烫约1分钟，捞出来放在有温水的盆中，用小刀刮去甲鱼表面和腿部的黑膜，并刮去腹部的白膜，再用小刀沿着锯齿形的盖划开，揭去甲鱼盖，去净内脏，剁去爪尖，用凉水冲洗干净，即可用于正式烹调。

宰杀时应注意两点：一是应根据甲鱼的老嫩掌握好开水烫的时间，嫩甲鱼时间短一些。反之，时间长一些。烫的时间千万不要过长，否则，甲鱼表面的黑膜不易刮开。二是刮黑膜时用刀要轻，不能划破裙边。

11.3.2 海水鱼的初步加工

因为海水鱼是生活在海洋中的鱼，所以，饲养海水鱼必须有相关的设备，采取相关的措施来模拟大海中的生活环境。如温度应控制在25 ℃左右，盐度应控制在1.020%～1.023%，并需摆上海里的动植物，如珊瑚、海葵、海蟹、海草等。只有这样，海水鱼才肯高高兴兴地在这里安居乐业，继续生活下去。养海水鱼说难也难，说易也易。只要掌握要领，海水鱼比金鱼、热带鱼还好养。养海水鱼的关键在于水质和盐度的控制。如果控制不好，鱼儿少则三五天，多则两个星期就会撒手而去。养得好的，可以三年五载长期生存下去。

因为海水鱼主要以珊瑚、海葵、海草等为伍，所以在鱼缸中摆入珊瑚、海葵、海草之类的东西，不仅可以与海水鱼交相辉映，点缀其生活环境，而且还是海水鱼赖以生存的衣食父母。当然，在人工饲养时，要按时加些营养液用来调剂。

海水鱼初步加工实例：海鳗

海鳗的初步加工要根据菜肴的要求去进行，通常有3种方法。

第一种：从背部横向下刀切成连刀段。其方法是：把鳗鱼放在案板上，用刀在鳗鱼的头颈处切开一刀口，放净血后，投入装有80 ℃的热水中烫一下，拿出来用刀刮去表面的黏液，再用清水洗净，揩干水分，然后从背部横向下刀，切成1.5～2厘米的连刀段，抠去内脏，洗净血污即可。

要点：用刀在颈部切刀口时，力度要适中，不能把头切下来，否则会影响成菜的造型。刀工处理时，腹部一定要连着。

第二种：直接横刀切成段。其方法是：先将鳗鱼的头剁掉，然后抠去内脏，并放到热水桶里烫掉黏液，揩干水分，切成3～5厘米长的段即可，也可先把鳗鱼的腹部划开，挖去内脏，再经过烫洗、改刀。

要点：切断的长短要根据菜肴的要求而定。切好段后，还可在其表面均匀地拉上一些刀口，不仅美观，而且容易入味。

第三种：从背部顺向划开去骨取肉。详细方法同鳝鱼取肉法一样。

11.3.3 虾类的初步加工

1）带壳虾的初步加工

虾有多种类型，应根据烹制菜肴的需要进行初加工。如制作红烧大虾女、盐水虾之类的菜品，用的虾是带壳的，初步加工时应先用剪刀去虾须，接着在头部剪一小口，用牙签挑出沙包，再剪开脊梁，挑去泥肠，冲洗干净便可。

2）小龙虾的初步加工

应先将小龙虾两边的鳃剪掉，挑出沙包，再剪开脊背，抽出肠子（即背部白筋），洗净即可。

3）冷冻海虾仁的洗涤

先将其解冻，浸泡在饱和浓度的食盐水溶液中，再用手顺一个方向不断地搅拌，至海虾仁筋膜脱落为止，虾仁即呈现玉白色，这段过程约20分钟。然后用清水将海虾仁冲洗干净，除去筋膜，加干淀粉（每500克虾仁加100克淀粉）和少量清水搅和，静置半小时，再用清水反复漂洗干净之后，放入少量清水中泡一段时间，海虾仁即可恢复到原有的形态。

11.3.4　蟹类的初步加工

螃蟹胃肠道内含有大量病菌和毒素，如果不注意卫生和煮熟，就会引起中毒，甚至危及生命。因此，吃螃蟹前必须进行一次初加工。

蟹类初步加工的方法将螃蟹投入淡盐水中待一段时间，促使体内污物排出，再放入清水中洗净，一边洗一边用毛刷洗干净。刷洗时不要冲击到蟹肉，以免鲜味流失。

任务4　动物性原料的出肉与去骨

11.4.1　猪的去骨

猪在屠宰场宰杀后，先从杀口处，将猪头切下，再将猪脚砍下，然后剖腹取出内脏，扯下边油，将猪开为两个半边，一般开为硬边和软边。下面，以硬边的出骨为例分述。

1）猪骨名称

背脊骨：从猪的颈部直至尾臀处的一根骨头，总称为背脊骨。背脊骨包括颈椎（龙眼骨和颈杆骨）、胸椎（篦子骨）、腰椎（梳子骨）、尾椎（尾脊骨）。

髋骨（包括髂骨、耻骨、坐骨）：通称胯骨、三叉骨等。髋骨是位于坐臀篦上面的骨头，上端与尾椎相连。

肋骨(俗称肋巴骨）：背脊骨两侧的骨头。

肋弓：肋骨下端的软骨，俗称仔骨、软签骨。

肩胛骨（扇子骨）：位于篦子骨与夹心肉之间，下端与臂骨（前棒子骨）连接。

臂骨（前棒子骨）：俗称筒筒骨，位于前蹄膀夹心肉中的骨头。

股骨（后棒子骨）：也称筒筒骨，位于弹子肉与坐臀肉之间，上端与髋骨连接。

2）出骨方法

出颈椎(即龙眼骨和颈杆骨）：先将猪平放在案板上，开腹面向上，右手握刀，从颈骨连着胸椎骨之间骨缝处用刀砍断，然后把刀放平，左手捏住颈杆骨，刀刃顺着贴紧骨头，用拖刀将颈杆骨取下，在拖刀时一边拖刀一边将颈杆骨慢慢滚动，使刀刃沿着颈杆骨和肉之间分离，这样便将颈杆骨和龙眼骨出下。

出胸椎（篦子骨）：篦子骨位于颈杆骨后面的一段，两面都有几路扁骨，形如篦子，用刀将连接背脊骨处的骨缝砍断，将刀放平顺着腰拖刀从扁骨处拖进去，左手握住骨头慢慢往上提动，拖到背脊骨时，左手将骨头提高一些，避免划破上面的肉，逐步取下篦子骨。

出腰椎骨与肋骨、肋弓（软签骨）：先从背脊骨和梳子骨连接处（背脊骨上没有肋巴骨的地方）砍断，左手握着软签子骨，右手用拖刀贴着软签骨和肉之间慢慢拖进，在拖刀时左手同时也要慢慢将骨头往上提，两方面配合进行，拖至背脊骨时也要注意不能把扁担肉划烂。

出尾椎骨（尾脊骨）：先用砍刀将尾椎（尾脊骨)同髋骨（胯骨）之间连接处砍断，左手握着尾椎骨，右手将刀放斜，用斜刀片，刀刃紧贴着骨头，顺着拖拉，左手慢慢将骨滚动，一直出下。

出髋骨(通称胯骨）：先用刮刀将髋骨两边的肉刮下，再顺着将髋骨和股骨（后棒子骨连接处的韧带、结缔组织）割断，然后将刀放平片进去使骨肉分离。将刀放下，右手按着坐臀肉，左手握着髋骨往上一掰，便把髋骨拉下。

出股骨（即后棒子骨）：先将坐臀肉上面的一块肉（俗称盖板肉）划开，从弹子肉和坐臀肉之间的黏膜处（又名刀路）用直刀划进去，一直划到股骨处，顺着蹄髈剖开，再用斜刀刮去股骨两边的肉，使骨露出来，再用平刀顺着紧贴骨头，左手握着股骨使骨与肉分离，出下股骨。

出肩胛骨（扇子骨）：先用直刀对准刀路划进去，用斜刀片开肩胛骨上面的肉，然后将肩胛骨同臂骨（前棒子骨）连接处的筋划断，再将肩胛骨两边的筋膜刮开，将刀放平，一只手按住前膀，另一只手握住肩胛骨，用力往上掰，拖下肩胛骨。

出臂骨（前棒子骨）：出臂骨大体与出股骨相同。

出猪头骨：先将猪头仰放在案板上，猪嘴巴对着自己，猪头向外，用直刀从下嘴缝中剖开（剖时刀刃深处要紧贴骨头），然后将刀偏斜，用拖刀慢慢地剔。握紧头肉向上提动，使肉与骨之间张开，便于刀刃易于贴紧过头，顺着往上剔进直至耳朵处，用刀剖开耳门的颞骨（硬软骨），然后从另一边用同样的方法将另一边剔开。再从嘴筒将鼻须横划一刀，用手紧握鼻嘴，用刀沿吻骨往上直剔至顶骨处，这样就可以使一只连皮带肉的完整猪头剔下来了。

11.4.2 家禽的整料出骨

鸡鸭的出骨技术比较复杂，也比较精细，鸡和鸭的体形结构相似，出骨的方法也基本相同，一般可分为以下几个步骤。

1）划开颈皮，砍断颈骨

先在鸡头颈处（两肩当中的地方）沿着颈骨直划一刀，将颈部的皮肉划开约7厘米的一条长口，把刀口处的皮肉用手掰开，将颈骨从刀口处拉出，然后将鸡放在墩子上，用刀尖在靠近鸡头枕骨处将颈骨砍断，砍时可用右手执刀，左手在刀背上一拍（拍刀砍的方法）。但必须注意刀尖不可碰破颈皮。

2）出前肢骨

从颈部刀口处将皮掰开，鸡头往下，连皮带肉用手缓慢向下翻剥至两个前肢骨的关节（肩臼）露出后，可用刀将连接前肢骨关节的结缔组织割断，使前肢骨与鸡身脱离，然后将前肢骨用手抽出。所谓前肢骨包括臂骨、前臂骨、腕骨、掌骨、指骨等。

3）出躯干骨

将前肢骨取出后，先将鸡的胸部朝上，放在墩子上，一只手拉住鸡颈，另一只手按住鸡胸突起的胸骨处(俗称胸部坚骨）向下按低一些，以免再向下翻剥时骨尖将皮刺破。然后将皮继续向下翻剥，但要特别注意鸡的背部肉少，皮紧贴着胸椎骨，很容易拉破。要将鸡放在墩子上，一只手拉住鸡颈，另一只手拉住鸡背的皮肉，轻轻翻剥。如果遇到皮与骨连得很紧（特别是胸椎骨处）不易剥下时，可以用刀在皮和骨之间将皮骨轻轻剥离，再进行翻剥。

剥到腿关节髋臼处时，将鸡胸腹朝上，两只手分别执鸡的左右大腿，用拇指掰着剥下的皮肉，将两腿向背部轻轻掰开，使髋臼露出，将连接髋臼和股骨头的韧带割断，使鸡的后肢骨与鸡的躯干骨脱离，再继续往下翻剥，至尾椎处割断尾椎。注意不要割破鸡皮，使鸡尾连皮带尾椎，尾综骨仍连接在鸡皮上。然后，沿坐骨往下翻剥至耻骨（肛门）处，从其皮层内侧将直肠割断，取出躯干骨骼，内脏仍包裹在骨骼中，洗净肛门，防止污染。

4）出后肢骨

在髋臼处割断连接股骨头的韧带的基础上，分别沿左右股骨头往下翻剥至膝盖骨（膝关节）上端，注意不要翻剥至膝盖骨。将股骨斩断抽出（斩时要留一小节股骨连接膝盖骨）让其仍附着在皮层上，使之封闭皮层的膝关节，在酿馅时不致露馅。在膝关节下端，除留一小节胫骨，腓骨连着膝关节起封闭作用外，即可将小腿骨连皮带骨斩断。也有将小腿的胫骨、腓骨都出尽的。如无特殊要求，一般都不出小腿的胫骨、腓骨。

5）翻转鸡皮

鸡的骨骼出完后，可以将鸡翻转，仍使鸡皮朝外，在形态上仍成为一只完整的鸡。在鸡腹中加入馅料，经过加热后仍然饱满好看，如椒盐八宝鸡。

11.4.3 鱼类的出肉

鱼的出肉加工，是将生鱼去骨、去皮而用其净肉。用来出肉的鱼一般选择肉厚、刺少的品种。鱼类的剔骨出肉，要根据鱼的自然形状和烹调要求进行。有的将鱼去头、骨、皮，只取净肉；有的只去鳞去骨，不去皮；还有的不去头尾，不破腹，直接从鱼体上剔下鱼肉。因为鱼的形状不同，所以具体加工方法也不尽相同，下面举例说明。

1）一鱼三片的出肉加工（适合一般鱼类）

①刮除鱼鳞，切掉鱼头，摘除内脏，用水洗净。

②从头部切口处入刀，贴住鱼脊骨从前至后割断鱼肋骨，成为一块带皮鱼肉，用相同的方法从另一边将带皮的鱼肉分离下来。

③去腹刺，然后去皮。

④整鱼分成两片鱼肉，一片鱼骨。

2）一鱼五片的出肉加工

①刮除鱼鳞，用刀在鱼的周边切出一圈切口，纵向在鱼体中间切开一长切口。
②用刀从中间向外切，将腹部的鱼片切下来。
③将鱼尾调转180°，用刀把背部鱼片切下来。
④将鱼翻身，用同样的方法把另一侧的两片鱼片切下来。
⑤剔除腹部，铲去鱼片，成为4片鱼肉、1块鱼骨。

3）鱼排的出肉加工（以金枪鱼为例）

①刮除鱼鳞，切掉鱼头，摘除内脏，用水洗净。
②将鱼横向切成2厘米厚的圆段。

11.4.4 鱼类的整料去骨

鱼的出骨，一般可分为两个步骤。

1）出背脊骨

先将鱼头朝外，鱼腹靠近左手，鱼背靠近右手放置在墩子上，左手按住鱼腹，右手用刀紧贴鱼的背脊骨上部，横刀进去，从鳃后直到鱼尾，片开一条刀锋。然后将按着鱼腹的左手向下略揿一揿，这条缝口便张裂开来。再从缝口继续贴骨向里片，片过鱼的背脊骨，将鱼的胸骨与背脊骨相连处片断，鱼的背脊骨和鱼肉完全分离。片时要注意刀刃千万不可碰破鱼腹内的肉。将鱼翻身，鱼头朝内仍然是鱼腹靠左手，鱼背靠右手，放置在墩子上，再用刀紧贴着鱼的背脊骨上部横片进去，刀法同前，也是将鱼的胸骨与脊骨相连处片断为止。鱼身另一面的脊骨与肉完全分离开来。鱼的两面背脊骨均与鱼肉分离后，即可在背部刀口处将背脊骨拉出，在靠近鱼头和鱼尾处将脊骨斩断，这样就可取出整个背脊骨（图11.1）。

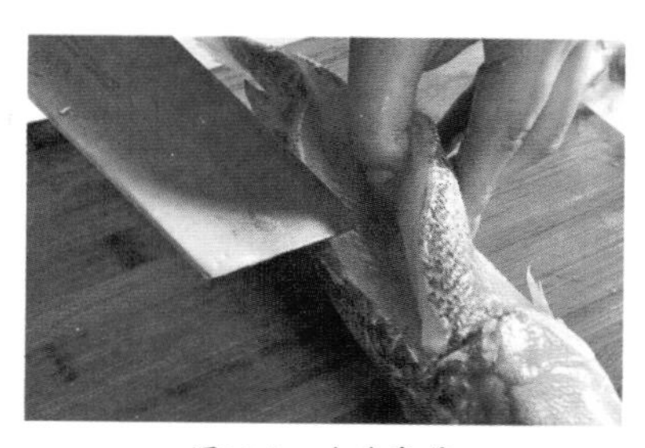

图11.1 出背脊骨

2）出胸骨

将鱼腹朝下放在墩子上，鱼背刀口处朝上，从刀口处翻开鱼肉，在被割断的胸骨与背脊骨相连处，胸骨根端已露出肉外，可将刀身略斜，紧贴着一排胸骨的根端下面横片进去，刀从近鱼头处向近鱼尾处拉出。先将鱼尾处的胸骨片离鱼身，再用左手将近鱼尾处的胸骨提起，用刀将鱼头处的胸骨片离鱼身，则鱼胸骨的一面就全部片下。然后将鱼掉一个头，用同样的方法将鱼另一面的鱼胸骨片去。

背脊骨与胸骨都取出后，整条鱼除头尾的骨头外都全部出完，然后将鱼身合起，在外形上仍然成为一条整鱼。

11.4.5 虾类的出肉加工

若用虾肉作原料，如炒大明虾、清炒虾仁都用虾肉。取虾肉的方法有两种：一种是挤。这种方法一般用于小虾，即一手捏住头，一手捏住尾，往虾身背颈部一挤，虾肉（即虾仁）

便脱壳而出。另一种是剥。这种方法一般用于身大得多的虾，先剪去虾须，去头、尾和壳，再顺脊背拉一刀，剔除虾肠，洗净即可。可以将虾煮熟再剥出虾肉。

要点：用于取虾仁的河虾应该是鲜活的，但鲜活的河虾胶质多，出肉比较困难，可以先在虾体上洒些冷水盖上湿布捂一捂，待虾死后，体质转白离壳就易于挤出虾仁。如果用淡明矾水浸泡较短的时间，再挤虾仁，效果更好。

11.4.6　蟹肉的出肉加工

要想使蟹肉出得好、出得净，其方法是：先将螃蟹（图11.2）洗净后上笼蒸熟，取出晒凉，用刀切下肚脐，剥开蟹斗，去肚污、鳃，刮下蟹黄。再用刀将蟹的两只大脚和八只小脚斩下待剥。然后用刀沿蟹身将蟹劈成两半，用竹签剔下蟹肉。接着将两只大脚放在案板上，用刀背轻轻敲拍，剥去外壳剔出蟹肉，用剪刀剪去8只小脚的脚尖，用小圆木棍滚压挤出蟹肉。至此，蟹肉全部剥完。

图11.2　螃蟹

11.4.7　贝类的出肉加工

图11.3　蛤子

1）蛤子

将蛤子（图11.3）放在加有少许盐的清水中喂养1～2天，让其吐尽泥沙，将刀由蛤出水孔处插入，沿壳向中一端推进，割断壳上闭壳肌，将另一闭壳肌割断，摘去边缘，由中间片开相连，再片去内脏、黄，洗净即成。

2）海螺

海螺（图11.4）的初步加工分为生取肉和熟取肉。

图11.4　海螺

生取肉：将海螺壳砸破，取出肉，掐去螺腚，揭去螺头上的硬质胶盖，抠去螺黄，用盐和醋搓去黏液，清水洗净便可。生取螺肉色泽淡黄，质地紧密脆嫩，出肉率较低。

熟取肉：将洗净的海螺放在冷水锅中煮，待肉壳分离时捞出，用竹筷旋转挑出螺头和螺腚，揭去螺盖，抠去螺黄，清水洗净即可。虽然熟取肉出肉率高，但肉色灰白，质地糯软。

图11.5　鲍鱼

3）鲍鱼

将鲜活的鲍鱼（图11.5）放在案板上，用小刀沿鲍鱼边缘旋转一周，取出鲍肉，放在淡盐水中用小刷刷洗污物，备用。将鲍鱼壳放在含碱5%的水中，用毛刷刷净，放入开水中煮过，捞出控尽水备用。

4）蛏

图11.6　蛏

鲜蛏（图11.6）外具贝壳，内含泥沙，必须先进行初加工以去除外壳、泥沙。其常用的方法有两种。第一种：将活蛏放于2%的盐水中，静养1～2天，待其自行吐尽泥沙后捞出，放入开水中煮至蛏壳张开，捞起，剥出蛏肉，反复洗净即可。第二种：先将活蛏外的泥沙洗净，用小刀将壳剥开，铲下蛏肉。再用小刀刨开蛏肉，刮去细沙，用冷水漂洗三四次至泥沙洗净即可。

5）牡蛎

将鲜活的牡蛎（图11.7）买回后，先用小铁锤将连在一起的牡蛎敲开，再用细刷子将其外壳上的泥沙洗干净。然后用尖刀插入其缝中，将牡蛎分开成两半，没连肉的那一半弃之不用，留下连肉带壳的那一半。根据菜品的不同食法，可分为两种加工方法。第一种是生吃类，用钳子先将牡蛎壳修成较为规则的圆形，再用冷水冲净备用。第二种是熟食类，将牡蛎肉从壳上用小刀取下来，用清水漂洗干净，沥干水分即可。

图11.7　牡蛎

6）蚌仔

蚌仔（图11.8）可食部位主要为其吸水管。初加工时将蚌仔洗净，撬开壳除去内脏（或敲破壳除去内脏）及裙边原条，顺长在吸水管划一刀，洗净，放在80 ℃的热水中烫一下，剥去外皮，取肉清洗干净，备用。

图11.8　蚌仔

要点：

①去内脏后的蚌仔入热水中烫一下，能将外皮顺利脱下，这样可最大量地取出蚌肉。

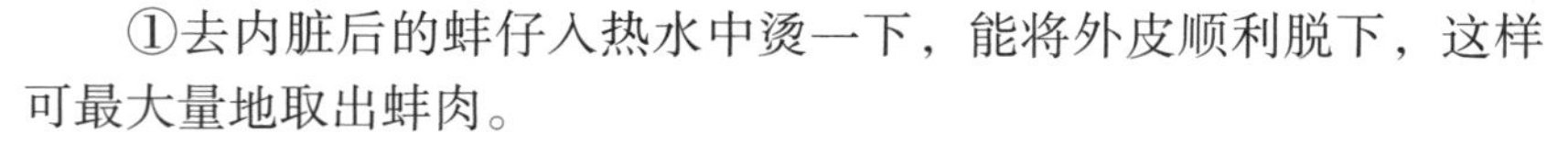

②在吸水管顺长划一刀，再经洗涤，蚌肉上的沙粒便容易去除。

③有人认为，蚌仔的内脏非常鲜美，可用于制菜。其实此举不可取，因为其内脏含有红潮毒素，人体吸收多了，可能会发生食物中毒。

[小组探究]

在小组合作练习中，尝试选用鲜活烹饪原料中的一类，进行初步加工，并拍照、总结、汇报。

[练习实践]

1. 蔬果类原料的初步加工范围有哪些方面？
2. 家禽的初步加工有哪些技术要领？
3. 鱼类整料去骨的方法是什么？
4. 猪的去骨方法有哪些？
5. 课后尝试对鸡进行分档取料，并运用学过的烹调方法对分档后的各个部位进行烹制。

附 录

全国人民代表大会常务委员会关于全面禁止非法野生动物交易、革除滥食野生动物陋习、切实保障人民群众生命健康安全的决定

（2020年2月24日第十三届全国人民代表大会常务委员会第十六次会议通过）

为了全面禁止和惩治非法野生动物交易行为，革除滥食野生动物的陋习，维护生物安全和生态安全，有效防范重大公共卫生风险，切实保障人民群众生命健康安全，加强生态文明建设，促进人与自然和谐共生，全国人民代表大会常务委员会作出如下决定：

一、凡《中华人民共和国野生动物保护法》和其他有关法律禁止猎捕、交易、运输、食用野生动物的，必须严格禁止。

对违反前款规定的行为，在现行法律规定基础上加重处罚。

二、全面禁止食用国家保护的“有重要生态、科学、社会价值的陆生野生动物”以及其他陆生野生动物，包括人工繁育、人工饲养的陆生野生动物。

全面禁止以食用为目的猎捕、交易、运输在野外环境自然生长繁殖的陆生野生动物。

对违反前两款规定的行为，参照适用现行法律有关规定处罚。

三、列入畜禽遗传资源目录的动物，属于家畜家禽，适用《中华人民共和国畜牧法》的规定。

国务院畜牧兽医行政主管部门依法制定并公布畜禽遗传资源目录。

四、因科研、药用、展示等特殊情况，需要对野生动物进行非食用性利用的，应当按照国家有关规定实行严格审批和检疫检验。

国务院及其有关主管部门应当及时制定、完善野生动物非食用性利用的审批和检疫检验等规定，并严格执行。

五、各级人民政府和人民团体、社会组织、学校、新闻媒体等社会各方面，都应当积极开展生态环境保护和公共卫生安全的宣传教育和引导，全社会成员要自觉增强生态保护和公共卫生安全意识，移风易俗，革除滥食野生动物陋习，养成科学健康文明的生活方式。

六、各级人民政府及其有关部门应当健全执法管理体制，明确执法责任主体，落实执法管理责任，加强协调配合，加大监督检查和责任追究力度，严格查处违反本决定和有关法律法规的行为；对违法经营场所和违法经营者，依法予以取缔或者查封、关闭。

七、国务院及其有关部门和省、自治区、直辖市应当依据本决定和有关法律，制定、调整相关名录和配套规定。

国务院和地方人民政府应当采取必要措施，为本决定的实施提供相应保障。有关地方人民政府应当支持、指导、帮助受影响的农户调整、转变生产经营活动，根据实际情况给予一定补偿。

八、本决定自公布之日起施行。

参考文献

[1] 杨正华.烹饪原料[M].北京：科学出版社，2012.
[2] 赵廉.烹饪原料学[M].北京：中国纺织出版社，2008.
[3] 王克金.烹饪原料与加工技术[M].北京：北京师范大学出版社，2010.
[4] 王向阳.烹饪原料学[M].4版.北京：高等教育出版社，2021.
[5] 孙传虎，许磊.烹饪原料学[M].重庆：重庆大学出版社，2019.
[6] 闵二虎，穆波.中国名菜[M].重庆：重庆大学出版社，2019.
[7] 张仁东，许磊.烹饪工艺学[M].重庆：重庆大学出版社，2020.